Springer

食品科技译丛

食品科学中的新兴技术

Emerging Technologies in Food Science

［印］莫妮卡·塔库尔
［印］V.K.莫迪　编著

孙丽萍　译

中国纺织出版社有限公司

原书名：Emerging Technologies in Food Science

原书作者名：Monika·Thakur V. K. Modi

First published in English under the title

Emerging Technologies in Food Science：Focus on the Developing World

edited by Monika Thakur and V. K. Modi，edition：1

Copyright © Springer Nature Singapore Pte Ltd.，2020

This edition has been translated and published under licence from

Springer Nature Singapore Pte Ltd..

Springer Nature Singapore Pte Ltd. takes no responsibility and shall not be made liable

for the accuracy of the translation.

本书中文简体版经 Springer Nature Singapore Pte Ltd. 授权，由中国纺织出版社有限公司独家出版发行。

著作权合同登记号：图字：01-2022-2751

图书在版编目（CIP）数据

食品科学中的新兴技术／（印）莫妮卡·塔库尔，
（印）V. K. 莫迪编著；孙丽萍译. -- 北京：中国纺织出
版社有限公司，2023. 3

书名原文：Emerging Technologies in Food
Science

ISBN 978-7-5180-9498-1

Ⅰ.①食… Ⅱ.①莫… ②V… ③孙… Ⅲ.①食品科
学—新技术 Ⅳ.①TS201

中国版本图书馆 CIP 数据核字（2022）第 065450 号

责任编辑：毕仕林 国 帅 责任校对：高 涵

责任印制：王艳丽

中国纺织出版社有限公司出版发行

地址：北京市朝阳区百子湾东里 A407 号楼 邮政编码：100124

销售电话：010— 67004422 传真：010— 87155801

http：//www.c-textilep.com

中国纺织出版社天猫旗舰店

官方微博 http：//weibo.com/2119887771

北京华联印刷有限公司印刷 各地新华书店经销

2023 年 3 月第 1 版第 1 次印刷

开本：710×1000 1/16 印张：18.25

字数：280 千字 定价：168.00 元

凡购本书，如有缺页、倒页、脱页，由本社图书营销中心调换

译者的话

Monika Thakur 和 V. K. Modi 所著的《食品科学中的新兴技术》全面论述了发展中国家尤其是印度食品科学中的新方法和新技术，包括食品行业概述、食品安全、营养安全和可持续性，新技术和创新。随着现在的消费者越来越明白他们吃的是什么，更重要的是他们想吃什么，食品公司的竞争越来越激烈。近年来，为了改善或替换传统的加工技术以获得更好的品质和以消费者需求为目的的食品产品，提出并实施了数个创新技术和方法。本书不仅对发展中国家的食品工业研究概况进行了探讨和总结，还涉及了"食品安全、营养安全和可持续性"领域的新技术发展，目的是为消费者提供营养健康的优质安全食品。另外，本书还提及了食品领域的"新技术"，以提供高质量和基于消费者需求的食品产品。

为了使更多的学者、研究者、学生及对食品工业感兴趣的读者能够一睹本书的精华，我们精心组织翻译出版本书。本书由郑州轻工业大学食品与生物工程学院的孙丽萍博士翻译。不得不坦诚地说，我十分"艰难"地完成了本书的翻译。里面涉及到印度的地方小吃和部分地名，为力求其真实性，作者对这些保持了原貌，未进行翻译，恳请读者给予理解。

本书从开始翻译到出版，前后历时一年之久。译者翻译时力求忠于原文，表达简练。为了保证翻译质量，每翻译完一章后，译者都会放置一段时间，再重新检查一遍。全书完工之后，前前后后又检查和定夺了无数遍，以求更好的呈现给读者。然而，由于译者才疏学浅，翻译中难免存在一些错误或疏漏，恳请读者批评指正。

孙丽萍

2022 年 9 月

序 1

《食品科学中的新兴技术》主要研究发展中国家食品行业的新兴技术和新方法。如果所有人都能够吃到足够的、安全有营养的食品，以保证健康而有活力的生活，就实现了食品安全。根据粮农组织（FAO），由于安全食品的短缺，发展中国家超过 7.95 亿人遭受饥饿的困扰。由于面临的主要挑战是粮食短缺，食品科学和技术领域出现了某些新技术。这将会完全改变人们对发展中国家食品行业的看法。现在的消费者越来越明白他们吃的是什么，但更重要的是他们想吃什么。对此，食品公司的竞争越来越激烈。最近几年，为了改善或替换传统的加工技术以获得更好的品质和以消费者需求为目的的食品产品，越来越多的创新技术（"新兴"或"新颖"技术）被提出、调查、发展，并在某些情况下得以实施。

过去几十年中，食品研究人员和学者发展出了新兴的食品加工技术。这些技术非常有利于产品安全和高质量食品产品。而且，缩短了产品加工时间，降低了成本，与传统产业相比环境可持续发展。所以，这些新技术最终会使食品工业受益。为了使新技术应用于商业生产，研究者需要进行进一步的研究。在这种背景下，许多研究者致力于发展和优化多种食品加工技术。

本书分为四个部分，共 25 章，包含了丰富的内容。本书可作为学者、研究者和技术人员的入门书，能够帮助读者学习、教授和实践相关知识。

作者和编者所做的工作表明，还需要开展很多的研究和创新工作，以及对该领域的过去、现在和未来展望的了解。本书可作为从事食品科学新兴技术研究者的参考书，有助于改变他们对发展中国家食品工业的看法。对发展中国家而言，本书有利于发展中国家和发达国家互惠互利。对于国际和国内机构、政府、官员和科研机构而言,本书的内容有助于他们对该领域产生更深远的影响。非常感谢所有贡献者所作的努力工作,感谢编辑—— Monika Thakur 和 V. K. Modi 博士所做的重要工作。

Ashok K. Chauhan

利特恩巴尔夫教育基金会(RBEF)

AKC 企业集团

印度北方邦诺伊达阿米提大学

序　2

《食品科学中的新兴技术》侧重于发展中国家,对发展中国家食品行业中食品安全、营养保障、创新思想和新兴技术做了综述。

本书论述了食品科学中的新方法,以应对现代食品安全、营养保障和可持续性等问题。本书分为四个部分:食品行业概述、食品安全、营养保障和可持续性、新兴技术和创新。这些部分分为 25 章的内容,从不同方面概述了全球发展中国家食品科学和技术的不同领域。

本书可作为年轻的研究人员、科研工作者、大学生、公司领导和政策制定者的重要参考书,帮助他们了解食品科学和技术领域的新兴技术、发展现状和研究进展。此外,本书也有利于学术界和企业共同促进新举措,探索新思想和新方法。

Balvinder Shukla
印度北方邦诺伊达阿米提大学

序　3

    《食品科学中的新兴技术》侧重于发展中国家,描述了食品生产和加工领域的新技术及其对我们日常生活的影响。本书对最新的技术革新进行了概述,包括食品加工领域的重要信息:食品安全、营养保障和可持续性。本书讨论的目的是让消费者了解并向他们展示发展中国家食品工业的总体情况。

    人们把工业 4.0 称为"未来的工业",此时机器和系统之间已经有了联系。各种新兴技术极大地促进了安全、高质量的具有附加功能的食品的生产。

    本书共分为四个部分,25 章,由印度各地的作者撰写。它涵盖了由该领域专家撰写的各种主题,可作为食品科学家和技术人员、食品加工工程师、研究人员、教师和学生,以及食品行业中其他许多人的参考用书。

Amarinder Singh Bawa

印度迈索尔邦国防食品研究实验室,DRDO

前　言

近年来,创新食品加工技术在食品加工领域得到了广泛研究。这些技术有助于提高传统食品的质量,有助于应对全球化、竞争压力的增加和消费者需求多样化带来的日益严峻的挑战。然而,还需要进一步探索这些新技术在未来食品工业中的使用。

本书对食品科学中的新技术做了一个全面的综述,以应对食品安全、营养保障和可持续性的挑战,并指出未来研究和发展的趋势。本书包括四个部分:食品工业概述、食品安全、营养保障和可持续性、新兴技术和创新。这些内容分布于 25 章中,涵盖了食品科学和技术的不同领域。

第一部分为"食品工业概述"。其概述了创新在食品工业中的作用、纳米技术在各个食品行业中的应用及糖产业所面临的机遇和挑战。

第二部分涉及"食品安全"的新技术的发展。食品科学家的主要目标是为消费者生产健康安全的食品。

第三部分专门讨论粮食和农业行业的"营养保障和可持续性"。其目的是提供足够的优质食品,以满足日益增长的人口的营养需求,并为后代保存自然资源。可持续的食品系统有助于食品安全,充分利用自然资源和人力资源,为后代提供营养充足、安全、健康和负担得起的食品。食品消费和生产的改变对于确保食品系统的可持续性和实现食品安全及营养安全是非常重要的。

第四部分涉及食品领域的"新兴技术和创新"。近年来,为了改进或取代传统的加工技术,以提供更高质量和基于消费者需求的食品产品,提出、研究、开发并在某些情况下实施了一些创新技术,也称为"新兴"或"新"技术。

作者对所有分享其研究成果的研究人员表示感谢。我们也感谢施普林格·自然集团给我们这个机会。我们希望本书所呈现的内容将对食品科学技术领域的读者有所帮助。

Monika Thakur
印度诺伊达
V. K. Modi
印度诺伊达

缩 写 词

%	百分比	EFSA	欧洲食品安全局
&	和	EPA	环境保护局
/	每	*et al.*	等等;以及其他
℃	摄氏度	etc.	等等
3D	三维的	EVA	乙烯醋酸乙烯酯
APC	菌落总数	EVOH	乙烯醇
APFO	肉类食品法规(MFPO)	FAO	粮农组织
AR	增强现实	FBO's	食品企业经营者
ATP	腺苷三磷酸	FCM	食品接触材料
BHA	羟基苯甲醚	FDA	食品药品管理局
BHT	丁基羟基甲苯	FDI	外商直接投资
BIS	印度标准局	Fig.	图
BMR	基础代谢率	FME	食品基质工程
CAGR	复合年增长率	FSSAI	印度食品安全标准局
cAMP	环腺苷酸	FSSAI	印度食品安全与标准
cm	厘米	g	克
conc.	浓度	GNP	国民生产总值
CPSC	消费品安全委员会	GVA	总增加值
D W	干重	HPP	超高压处理
DG	糊化度	h	小时
dil.	稀释	i.e.	即
DNA	脱氧核糖核酸	kg	千克
e.g.	例如	L	升
Ed.	版本	LCA	生命周期分析
ed.	编辑	LM	本地市场
eds.	编辑们	m	米

MAP	气调包装	PVOD	脉冲真空渗透脱水
mg	毫克	QCR	速煮米
min	分钟	RA	风险评估
mL	毫升	RC	风险沟通
mln tons	百万吨	RDA	膳食营养素供给量
mm	毫米	RFID	射频识别技术
MOFPI	食品加工工业部	RM	零售市场
MPP	芒果皮粉	RSM	响应面法
MT	百万吨	SBM	斯瓦赫巴拉特任务
MUFA	单不饱和脂肪	SFA	饱和脂肪酸
NFC	近距离无线通信	sp.	物种（单数）
NIOSH	国家职业安全卫生研究所	spp.	物种（复数）
NPD	新产品开发	sq km	平方千米
OD	常压渗透脱水	TBHQ	叔丁基对苯二酚
ODF	开放式厕所	TRC	透明的风险沟通
OSHA	职业安全和健康管理局	UNDP	联合国开发计划署
OT	渗透疗法	USD	美元
OTA	赭曲毒素A	USDA	美国农业部
PA	聚酰胺	USPTO	美国专利局
PAC	生理活性成分	var.	品种
PDE	磷酸二酯	VI	真空浸渍
PE	聚乙稀	viz.	即
PET	聚对苯二甲酸乙二酯	VOD	真空脱水
PG	没食子酸丙酯	vol.（s）	体积
PP	聚丙烯	w.r.t.	关于，至于
PP	风险预防	WHO	世界卫生组织
PS	聚苯乙烯	YMC	酵母和霉菌
PUFA	多不饱和脂肪酸	μg	微克
PVC	聚氯乙烯	μL	微升
PVDC	聚氯乙烯	μm	微米

目 录

彩图二维码

第一部分　食品工业概述

1 食品工业概述和创新在食品工业中的作用

摘要 食品行业是影响印度经济发展的重要因素之一。社会经济和技术的变化及食品加工制造业发生的变化对整个食品供应链产生了重大影响,从牧场到餐桌,食品企业的利益相关者必须将注意力转移到满足消费者对健康生活方式需求的食品上。因此,创新也受到了业内人士的广泛关注。

关键词 食品工业;创新;加工食品

1.1 引言

食品加工是将原材料转化为可食用食品并提高其货架期的过程。加工食品工业包括初级加工食品和增值加工食品。初级加工食品包括盒装牛奶、茶叶、果蔬、精米、面粉、非品牌的食用油、咖啡、香料、盐和豆类,他们以非包装或包装形式出售,增值加工食品包括加工乳制品(奶酪、黄油、煎饼和酥油)、果酱、加工果蔬、果汁、加工过的家禽产品和海产品等。食品工业为全世界人民带来各种各样的食品生意。这一行业提供了大量就业机会,因此有助于国家的全面发展。

食品行业是影响印度经济发展的重要因素之一。食品加工工业部(MOFPI)数据显示,印度食品工业产值预计为 397.1 亿美元,复合年增长率(CAGR)11%。印度食品和杂货市场零售额占销售额的 70%,在全世界排名第六。据美国农业部(USDA)估计,2013 年全球和印度食品零售额分别为 4 万亿美元和 4900 亿美元。发展中国家的粮食和农业部门极大地改变了食品的生产、加工、销售和消费等环节(Busch 和 Bain,2004;Henson 和 Reardon,2005;Pinstrup-Andersen,2000;Swinnen 和 Maertens,2006;Deshingkar 等,2003)。

印度的食品加工业在 20 世纪 80 年代独立后取得了长足的发展。绿色革命使农业生产成倍增长,并增加了采后管理的必要性。商业团体认识到该行业的真正潜力,使该行业从粮食贸易到加工多样化发展(Kachru,2006)。市场上有组织及无组织参与者的出现及全国各地消费者的不同饮食模式,使得印度市场区别于世界上其他成熟市场。印度消费者更喜欢自制的未加工果蔬,这与喜欢即食食品的发达国家不同。这是印度农业生产和技术基础雄厚,但食品加工业仍不发达的主要原因。乳制品占加工食品的 35%,在加工食品工业中所占份额最高,而果蔬所占份额最低,只占 2.2%。这可能是由于消费者更倾向于新鲜果蔬而非加工果蔬(Merchant,2008)。然而,由于城市生活节奏快,人们正慢慢向加工食品转变。

由于企业文化的影响,印度消费者越来越倾向于加工食品,这导致该行业数量大幅增加。在过去几年中,该行业增长了 31%。这种扩张给食品加工业带来了一个非常有利的前景。零售业也受益于外商直接投资(FDI)的流入。它为农民提供了一个不通过中间商就可以将农产品以有利可图的价格出售给农民的买卖平台。

FDI 的流入和食品加工业数量的不断增加,凸显了印度食品加工业对科技竞争力的需求。完善的技术基础设施将进一步促进印度食品加工业的发展。仅靠国内市场的需求是不够的,因此,按照外交部的要求,零售业约 100% 的外商直接投资有助于促进加工食品的出口。如果允许外商直接投资,零售连锁企业引进的外国专业知识和技术将最终使农民受益。因此,零售业的外商直接投资可以增加加工业的前景(农业和加工食品出口发展局)

CSO 年度调查报告评估了食品加工业的年度增长情况。增长绩效以就业、总增加值(GVA)和单位数量来衡量。结果表明,在投资、产出增长、单位数量、就业等方面,改革后的鱼和鱼制品、肉和肉制品、奶和奶制品、淀粉和淀粉制品、果蔬、糖果等高附加值行业有了显著增长。在自由化时期,淀粉和淀粉制品的单位数量增长最大,其次是果蔬。

1.2 食品工业革新

经济、技术、社会和食品加工制造业的改变对整个食品供应链(从农场到餐桌)产生了重大影响,食品企业将注意力转移到满足消费者需求的更健康的生活方式。因此,创新在行业内受到广泛关注。

食品行业通常被归类为研究强度较低的行业,因此是所有行业中研发与销售比例最低的行业之一。此外,就技术变革而言,这一部门的活力较低,因为专利发明的数量比制造业部门少得多(Martinez 和 Briz,2000)。Beckeman 和

Skjöldebrand(2007)评估了食品行业的创新程度,强调了"食品行业的创新很少"这一事实。然而,由于技术从生产时代到信息时代再到服务时代的转变,食品行业一直在以更快的速度增长。

此外,技术创新必须同社会和文化发明同步,以使其易于接受,从而满足消费者的营养、社会和个人需求(Bigliardi 和 Galati,2013)。

1.3　创新的基本需求

1.3.1　循环经济中优质原材料的供应

目前世界人口为 76 亿,并以每年 1.09%的速度增长,每年还要养活 8300 万人。为了养活日益增长的人口,我们需要"用更少的资源生产更多的产品",并可以向所有人平等分配资源。此外,我们还需要研究最大限度地提高单位产量和质量的问题。原材料的质量是生产高品质产品的关键。可持续生产预计将成为未来国内和出口市场的主要竞争优势。据联合国粮农组织估计,全球约有 33%的粮食被浪费。在发展中国家,这种浪费处于食品价值链的起点;在发达国家,这种浪费通常发生在食品价值链的终点,即消费者或零售商层面。根据联合国开发计划署(UNDP)的数据,印度高达 40%的粮食被浪费,美国公民每天浪费约15 万吨粮食(Conrad 等,2018)。因此,我们迫切需要在这一领域进行研究和创新,以解决日益严重的食品浪费问题,并帮助从生产到消费的各个食品利益相关者有效减少食物浪费。

1.3.2　面向全球消费者的产品

市场是以消费者为中心的多元化市场,不断变化的食品偏好以及食品经营者对消费者偏好缺乏正确理解导致不适合的和高消费群体的进入。掌握知识,适应新市场和不断变化的消费趋势,以及对消费者未来需求预见的能力,对食品企业的成功至关重要。当推出新产品或现有产品进入新市场时,与消费者建立强有力的互动是降低失败风险的关键。

大多数消费者对食品生产趋势有清醒的认识,不喜欢大规模的工业化食品生产。他们更喜欢"清洁标签"和不含添加剂的食品,更关心食品质量。仅仅提供更多产品信息并不总是能够减轻消费者对食品质量的担忧。向全球消费者出口产品面临着许多技术挑战,包括在整个运输过程中保持产品的新鲜度、质量和保质期。在运输和配送过程中的颠簸和高温高湿也对产品质量提出了挑战。这可以通过更快或更耗能的产品运输或使用冷藏/冷冻技术来克服。最后,稳定的包装技术的发展可能有助于保持食品质量的完整性。

1.3.3 食品安全

当食源性疾病爆发时,消费者对食品生产者产生不可逆转的怀疑。现代消费者的食品安全意识和关注度大大提高。全球化增加了动物、人类和消费品的运输,这反过来又增加了传染病迅速传播的风险。由于禽流感和猪瘟等流行病的蔓延,食品出口受到阻碍。此外,防止食源性疾病的爆发是一项非常具有挑战性的工作。因此,严格控制所生产食品的安全性变得非常重要。

使用高效节能的冷却系统和减少清洗过程中的用水不应损害食品生产的安全。食品安全面临的挑战还包括配送时间过长,以及为使产品更健康或符合不断变化的消费者需求而对产品成分进行的改变。最后,严格的出口指南和客户需要须明确食品的可追溯性及产品成分、安全性及保质期的文件记录。从这个角度来看,保持并单独记录出口产品从农场到餐桌的可追溯性很重要。此外,个人分析技术的引入使消费者和客户能够检测产品,提供的结果可以全球实时共享。这可能导致一些公司倒闭。

1.3.4 健康生活的食品

健康营养和体育锻炼是健康生活方式的基础之一,其与社会的健康成本直接相关。心血管疾病、世界范围内的肥胖、抑郁症等疾病使人们转向更健康的饮食观念,健康饮食有助于减少此类疾病的发生。随后,责任转移到食品工业,因为食品工业在生产健康食品方面发挥着重要作用,能帮助消费者对其所摄入的食品作出明智的选择。食品工业各个阶段都影响到消费者的健康。以研究为基础的见解可以帮助消费者做出明智和个性化的选择,以进行健康的生活方式并预防与饮食有关的慢性病的发生。健康食品不仅包括与生活方式相关的疾病相关的食品,还包括针对更广泛治疗领域的产品(如早期营养和功能食品)。然而,由于天然成分的有益健康作用,消费者对使用天然成分的需求很大。对"添加剂(E number)"的担忧以及食品系统透明度的全面提高,催生了对更简洁成分的新食材的需求。

1.4　最近的创新

1.4.1　昆虫作为食物来源

世界人口的不断增长凸显了发展中国家食品安全的重大问题,但生产的食品应确保"安全"和"生态稳定"的要求。昆虫满足这两个要求。在印度东北部,坚果味的油炸蚕蛹(由蚕蛹制成)和油炸蚕是阿萨姆部落的常规菜肴,这些地区有 255 种昆虫被用作食物(Chakravorty,2014)。其中,鞘翅目昆虫的消费量最高,约占总消费量的 34%,其次是直翅目(24%)、半翅目(17%)、膜翅目(10%)、蜻蜓目(8%)、鳞翅目(4%)、等翅目(2%),蜉蝣目(1%)最少。印度东北部的少数民族特别是阿萨姆邦、曼尼普尔、纳加拉邦等,习惯吃昆虫,但在梅加拉亚和米佐拉姆部落中并不常见(Chakravorty,2014)。

昆虫是蛋白质、氨基酸和维生素的丰富来源,大多数昆虫这些营养素的含量比同等数量的牛肉或鱼要多。据报道,在研究的所有昆虫中,95%的昆虫的热值高于小麦、黑麦或黑麦草。其中,约87%的昆虫蛋白质含量高于玉米;70%的昆虫蛋白质含量高于鱼、扁豆和豆类;63%的昆虫蛋白质含量高于牛肉;50%的昆虫蛋白质含量高于大豆(图 1.1)

1.4.2　杂粮的使用

为了实现食品安全和消除饥饿,必须注重那些被忽视和利用不足的作物及其他来源的食物。当地的/未充分利用/杂粮的使用将有助于提高发展中国家和欠发达国家贫困农民的收入,减少对主要作物的过度依赖,提高主要作物的多样化,提高产品质量,并有助于保护土著作物和文化多样性。一些未充分利用的作物是谷物(荞麦、苋菜、谷子、小米、谷苋、高粱、奎奴亚藜、苦荞、特种稻)、园艺品种(鸡腿、佛手瓜、印度醋栗、胡芦巴、南瓜、菠萝蜜、蛇葫芦、玫瑰茄、木苹果)、种子、坚果,香料(尼泊尔黄油树、亚麻籽、紫苏核桃、尼泊尔胡椒)、豆类(牛豌豆、印度黑豆、山黧豆、硬皮豆、蚕豆、绿豆、扁豆、大豆、黄豆)、根和块茎(花式山药、象脚山药、沼泽芋头、紫山药、甘薯、芋头)(Li 和 Siddique,2018)。未充分利用的作物用于挤压产品的研究已经开展,如面食、面条、烘焙产品、糖果和饮料。这些杂粮是潜在的未来智能食品,因为它们将促进产品多样性和饮食多样性。

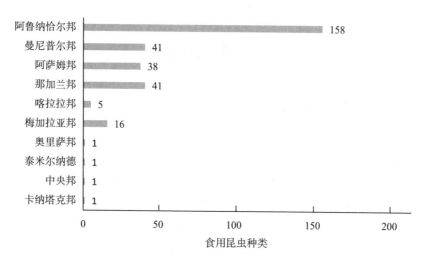

图 1.1　印度各州不同种类食用昆虫的图示

1.4.3　传统产品的优化与商业化

消费者对传统食品的消费呈上升趋势,而传统食品的制备是一个耗时的过程。由于快节奏的生活和职业女性数量的增加,很难在家里制备传统食品,反而有消费即食食品的趋势。而且同一种传统产品在不同地区也有差异。这增加了研究人员和制造商对传统产品的优化以使其商业化。已开始制作的一些传统产品包括印度水牛乳、牛奶软糖、巴苏迪、印度炼乳、奶饼、印度蒸米糕、多莎饼、沙帕蒂馅饼/面包等(Jha 等,2012;Aggarwal 等,2018)。对"沙帕蒂馅饼/面包"这道在印度西部流行的菜肴中的鹰嘴豆和棕榈糖等配料进行了优化,并使用模糊逻辑对感官参数进行了分析(Kardile 等,2018)。Jha 等(2012)研究了 la-peda 在贮藏期间的理化和感官特性变化。除优化工艺外,研究人员还对这些传统产品进行了纤维强化和糖脂替代的研究,以提高传统产品的营养价值。研究人员在玫瑰果中添加脱脂大豆粉,以增加其蛋白质含量(Singh 等,2009);[用人工甜味剂天冬甜素(0.015%)、乙酰磺胺-K(0.015%)和三氯蔗糖(0.05%)]来代替传统的糖制备出奶豆皮(印度次大陆流行的甜点),该甜点可用于糖尿病患者(Gautam 等,2012)。

1.4.4　技术革新

目前,食品 3D 打印、干燥(低压过热蒸汽)、折射窗干燥技术、非热技术、高压均质化等创新技术正受到世界各国学者和实业家的广泛关注。

3D 打印是在 3D 空间中逐层沉积食品材料的数字打印技术,该技术按客户意愿定制可改变营养状况而无须人为干预的食品(Lipton,2017)。定制或个性化设计的产品由经过专门培训的技工设计,但数量有限。利用 3D 打印机制作个性化设计的食品,可以提高生产效率,降低生产成本。市场上有几种 3D 打印机(如英国的 Choc Creator2.0 Plus;中国的 Micromake 3D 打印机;西班牙 Natural Machines 公司的 Foodini 打印机),该技术可以把小型食品工厂缩小到烤箱的大小。挤出式 3D 食品打印机的"墨水"由淀粉类材料、生物活性成分和健康的添加剂组成。Kouzani 等(2017)利用重组金枪鱼、南瓜和甜菜根的混合物,开发了专门针对患有吞咽障碍的人的产品。橙色皮革结构是利用橘子浓缩物、小麦淀粉制成的,由于材料的黏性和高水分,很难通过传统加工方法制成(Azam 等,2018)。

与传统干燥方法相比,由于保留了生物活性成分、更好的色泽和质地,干燥技术的几项创新(如低压过热蒸汽干燥和折射窗干燥)受到了广泛关注[Sehrawat 等,2017,2018a,2018b;Sehrawat 和 Nema,2018]。非热灭菌技术也用于商业化的产品生产,但由于生产过程或设备成本高,其生产速度较慢(Kumar 等,2018)。超高压微射流技术在减小饮料中颗粒的粒径、提供更好的乳状液和颗粒分散性方面正受到人们的关注。乳制品中粒径的减小提高了消化率,改善了色泽和黏性(Chavan 等,2014,2015)]。

1.4.5　生物降解和可食用包装的创新

全球塑料使用量以每年 5% 的速度增长,目前已超过 4 亿吨。塑料的生物不可降解性导致了大面积的陆地和海洋污染。印度每天产生 25940 吨塑料垃圾,占塑料使用总量的 80%,在所有丢弃的垃圾中,约 40% 没有被回收利用。印度塑料行业是增长最快的行业之一,据国际塑料工业联合会(FICCI)报告,2010—2015 年,印度塑料行业的复合年增长率(CAGR)约为 10%。

为了遏制生物不可降解塑料的使用所导致的污染,应鼓励使用可生物降解和可食用的包装。印度许多公司已经开始生产可食用餐具,以解决垃圾填埋问题。可食用薄膜及涂料一方面可以降低传统包装的成本和体积,另一方面有利于食品的保鲜。可食用薄膜及涂料是由亲水胶体基生物聚合物制备的,如动物或植物来源的树胶、纤维素、褐藻酸盐、淀粉、壳聚糖、果胶和蛋白质等。随着新技术的出现,可食用薄膜及涂料作为产品的气体和水分屏障,已被用于调节食品添加剂和营养素的释放（Campos 等,2011）。如今水溶性可食用膜和食用烘焙餐具（由高粱、大米和小麦粉混合而成）在印度正变得越来越重要,因为它们只需几天到几周就可以分解,即使流浪动物食用,也不会对它们产生危害。而传统塑料袋却夺走了许多流浪动物和海洋动物的生命。

1.4.6　废物利用的创新

根据联合国粮农组织 2013 年报告,全球每年约有 13 亿吨粮食被浪费,而贫穷国家约有 8.42 亿人长期处于饥饿状态。发达国家食物浪费率最高（Buzby 和 Hyman,2012）。虽然粮食浪费日益严重,但其可以避免。因此,联合国已将其作为可持续发展目标的一部分:"到 2030 年,在零售和消费者层面将全球人均粮食浪费减半,并减少生产和供应链的粮食损失,包括收割后损失"（UN,2017）。废物管理创新可以是渐进的（流程和技术）和激进的。渐进式流程创新包括修改一个或多个流程以减少和回收废物。减少食物浪费的流程创新的例子如限制食物供应。

1.4.7　食品安全创新

消费者每次购买包装食品时,都会关注食品安全。在打开包装之前,产品的安全性仍然是个问题。食品专家提出了传感器形式的包装创新,通过分析物量化来评估产品和包装的完整性。因此,在产品打开之前就可以了解产品的安全性。它也可以以指示剂的形式给出食品环境中所需的定性信息（Gregor-Svetec,2018）。指示剂给出了关于产品质量的定性或半定性信息、两种或两种以上物质之间的反应程度、特定物质或一类物质的浓度或是否存在某种物质（O'Grady 和 Kerry,2008）。这些指标可以是新鲜度指标、气体指标和温度指标（Hogan 和 Kerry,2008）。

温度指标显示产品的处理温度是否低于或高于临界温度,从而警告消费者注意微生物的存活、蛋白质的变性等。产品中微生物的生长或化学变化用新鲜度指标表示,它提供了产品质量的直接信息（Siro,2012）。这种鉴别是基于产品失去新鲜度而形成的分解或反应产物。研究人员通过使用气体指示剂检测气体的释放或评估有效活性包装成分（如 O_2 和 CO_2 清除剂）（Yam 等,2005）。

传感器可以是气体传感器或生物传感器。气体传感器对诸如 O_2、CO_2 等气体分析物作出定量响应。传感器条形码上有一个附着在其上的膜,该膜是一个携带特定病原体抗体的生物传感器。当存在细菌污染时,集成在生物传感器中的颜料会变成红色,条形码在扫描时不会传输数据(Yam 等,2005)。

1.4.8 果蔬强化的创新

在制作功能性食品的其他技术中,真空浸渍是一种最新的技术,通过将堵塞在开放孔隙中的内部气体或液体与足够的生理活性化合物溶液/悬浮液(PAC)交换,从而浸渍多孔食品基质。这种浸渍技术获得的功能性食品不会破坏食物基质,而是用液相占据孔隙(Fito 等,2001b)。这种技术通常用于具有内部孔隙的果蔬(Fito 和 Chiralt,2000;Fito 等,2001a)。

真空浸渍通常用于高孔隙的果蔬,如木瓜、杏子、辣椒、苹果、草莓、蘑菇等。将待浸渍的果蔬浸泡在含有待浸渍溶解物质的溶液中,然后在一定的真空压力下储存浸渍后的产品(Soni 和 Sandhu,1989)。这项技术非常有用,因为它改善了产品的质地,保持了产品的色泽,减少了产品的氧化和解冻时的渗出物;也有助于改善不同蔬菜产品的营养价值,如维生素 E、矿物质盐(如钙和锌)、益生菌等。钙是功能性食品开发中应用最广泛的强化剂。在钙强化的条件下,钙浸渍溶液与植物细胞基质相互作用改变其机械和结构特性(Gras 等,2003)。

参考文献

[1] Aggarwal D, Raju PN, Alam T et al (2018) Advances in processing of heat desiccated traditional dairy foods of indian sub-continent and their marketing potential. Food Nutr J 2018:1–17. https://doi.org/10.29011/2575-7091

[2] Azam SMR, Zhang M, Mujumdar AS et al (2018) Study on 3D printing of orange concentrate and material characteristics. J Food Process Eng 41:1–10. https://doi.org/10.1111/jfpe.12689

[3] Beckeman M, Skjöldebrand C (2007) Clusters/networks promote food innovations. J Food Eng 79:1418–1425. https://doi.org/10.1016/j.jfoodeng.2006.04.024

[4] Bigliardi B, Galati F (2013) Innovation trends in the food industry:the case of functional foods. Trends Food Sci Technol 31:118–129. https://doi.org/10.1016/j.tifs.2013.03.006

[5] Busch L, Bain C (2004) New! Improved? The transformation of the global agrifood system. Rural Sociol 69:321–346. https://doi.org/10.1526/0036011041730527

[6] Buzby JC, Hyman J (2012) Total and per capita value of food loss in the United States. Food Policy 37: 561 – 570. https://doi. org/10. 1016/j. foodpol. 2013. 04. 003

[7] Campos CA, Gerschenson LN, Flores SK (2011) Development of edible films and coatings with antimicrobial activity. Food Bioprocess Technol 4: 849 – 875. https://doi. org/10. 1007/ s11947-010-0434-1

[8] Chakravorty J (2014) Diversity of edible insects and practices of entomophagy in India: an over- view. J Biodivers Bioprospect Dev 1: 1-6. https://doi. org/10. 4172/2376-0214. 1000124

[9] Chavan R, Kumar A, Basu S, Nema PK, Nalawade T (2015) Whey based tomato soup powder: rheological and color properties. Int J Agric Sci and Res 5(4): 301- 314

[10] Chavan R, Kumar A, Mishra V, Nema PK (2014) Effect of microfluidization on mango flavoured yoghurt: rheological properties and pH parameter. Int J Food Nutr Sci 3(4): 84-90

[11] Conrad Z, Niles MT, Neher DA et al (2018) Relationship between food waste, diet quality, and envi- ronmental sustainability. PLoS One 13: 1-18. https:// doi. org/10. 1371/journal. pone. 0195405

[12] Deshingkar P, Kulkarni U, Rao L et al (2003) Changing food systems in India: resource sharing and marketing arrangements for vegetable production in Andhra Pradesh changing food systems in India: resource - sharing and marketing arrangements for vegetable production in Andhra Pradesh. Dev Policy Rev 21: 627-639. https://doi. org/10. 1111/j. 1467-8659. 2003. 00228. x

[13] Fito P, Chiralt A (2000) Vacuum impregnation of plant tissues. In: Alzamora SM, Tapia MS, Lopez- Malo A (eds) Minimally processed fruits and vegetables. Aspen Publishers, Gaithersburg, Maryland, pp 189-205

[14] Fito P, Chiralt A, Barat JM et al (2001a) Vacuum impregnation for development of new dehydrated products. J Food Eng 49: 297-302

[15] Fito P, Chiralt A, Betoret N et al (2001b) Vacuum impregnation and osmotic dehydration in matrix engineering: application in functional fresh food development. J Food Eng 49: 175-183

[16] Gautam A, Jha A, Singh R (2012) Sensory and textural properties of chhana

kheer made with three artificial sweeteners. Int J Dairy Technol 65:1 – 10. https://doi. org/10. 1111/j. 1471–0307. 2012. 00882. x

[17] Gras ML, Vidal D, Betoret N et al (2003) Calcium fortification of vegetables by vacuum impreg- nation:interactions with cellular matrix. J Food Eng 56:279–284. https://doi. org/10. 1016/ S0260–8774(02)00269–8

[18] Gregor–Svetec D (2018) Intelligent packaging. In:Cerqueira MAPR, Lagaron JM, Castro LMP, de Oliveira Soares Vicente AAM (eds) Nanomaterials for food packaging:materials, processing technologies, and safety issues. Elsevier, Amsterdam, pp 203–247

[19] Henson S, Reardon T (2005) Private agri–food standards:implications for food policy and the agri- food system. Food Policy 30:241–253. https://doi. org/10. 1016/j. foodpol. 2005. 05. 002

[20] Hogan SA, Kerry JP (2008) Smart packaging of meat and poultry products. In: Kerry J, Butler P (eds) Smart packaging technologies for fast moving consumer goods, 1st edn. Wiley, Hoboken, NJ, pp 33–54

[21] Jha A, Kumar A, Jain P et al (2012) Physico–chemical and sensory changes during the storage of lalpeda. J Food Sci Technol 51:1173–1178. https://doi. org/10. 1007/s13197–012–0613–3

[22] Kachru RP (2006) Agro–processing industries in India—growth, status and prospects. In:Institute IASR (ed) Status of farm mechanization in India, 1st edn. Indian Council of Agricultural Research, New Delhi, pp 114–126

[23] Kardile N, Nema P, Kaur B, Thakre S (2018) Fuzzy logic augmentation to sensory evaluation of Puran:An Indian traditional foodstuff. Pharm Innov 7:69–74

[24] Kouzani AZ, Adams S, Whyte DJ et al (2017) 3D printing of food for people with swallowing difficulties. In: International conference of design and technology. Geelong, Australia, pp 23–29

[25] Kumar S, Shukla A, Baul PP et al (2018) Biodegradable hybrid nanocomposites of chitosan/gelatin and silver nanoparticles for active food packaging applications. Food Packag Shelf Life 16:178–184. https://doi. org/10. 1016/j. fpsl. 2018. 03. 008

[26] Li X, Siddique KHM (2018) Future smart food:rediscovering hidden treasures of neglected and underutilized species for zero hunger in Asia. Bangkok

[27] Lipton JI (2017) Printable food: the technology and its application in human health. CurrOpin Biotechnol 44:198-201. https://doi. org/10. 1016/j. copbio. 2016. 11. 015

[28] Martinez MG, Briz J (2000) Innovation in the Spanish food and drink industry. Int Food Agribus Manag Rev 3:155-176. https://doi. org/10. 1016/S1096-7508(00)00033-1

[29] Merchant A (2008) India-food processing industry OSEC business network. New Delhi, India O'Grady MN, Kerry JP (2008) Smart packaging technologies and their application in conventional meat packaging systems. In: Toldra F (ed) Meat biotechnology, 1st edn. Springer-Verlag, New York, pp 425-451

[30] Pinstrup-Andersen P (2000) Food policy research for developing countries: emerging issues and unfinished business. Food Policy 25:125-141. https://doi. org/10. 1016/S0306-9192(99)00088-3

[31] Sehrawat R, Nema PK (2018) Low pressure superheated steam drying of onion slices: kinetics and quality comparison with vacuum and hot air drying in an advanced drying unit. J Food Sci Technol 55(10):4311-4320. https://doi. org/ 10. 1007/s13197-018-3379-4

[32] Sehrawat R, Nema PK, Chandra P (2017) Quality evaluation of onion slices dried using low pressure superheated steam and vacuum drying. J Agric Eng 54: 32-39

[33] Sehrawat R, Babar OA, Kumar A et al (2018a) Trends in drying of fruits and vegetables. Technol Interv Process Fruits Veg:109-132. https://doi. org/10. 1201/9781315205762-6

[34] Sehrawat R, Nema PK, Kaur BP (2018b) Quality evaluation and drying characteristics of mango cubes dried using low-pressure superheated steam, vacuum and hot air drying methods. LWT 92:548-555. https://doi. org/10. 1016/j. lwt. 2018. 03. 012

[35] Singh AK, Kadam DM, Saxena M et al (2009) Efficacy of defatted soy flour supplement in Gulabjamun. Afr J Biochem Res 3:130-135

[36] Siro I (2012) Active and intelligent packaging of food. In: Bhat R, Alias AK, Paliyath G (eds) Progress in food preservation, 1st edn. Wiley, Hoboken, NJ, pp 23-48

［37］Soni SK, Sandhu DK（1989）Nutritional improvement of Indian dosa batters by yeast enrichment and black gram replacement. J Ferment Bioeng 68:52-55

［38］Swinnen JFM, Maertens M（2006）Globalization, privatization, and vertical coordination in food value chains in developing and transition countries. Trade and Marketing of Agricultural Commodities in a Globalizing World, Queensland, Australia, pp 1-35

［39］UN（2017）The sustainable development goals report 2017. New York

［40］Yam KL, Takhistov PT, Miltz J（2005）Intelligent packaging: concepts and applications. J Food Sci 70:1-10

2 食品行业的纳米技术

摘要 由于纳米颗粒在食品中的广泛应用,纳米技术在食品领域的应用正在迅速增长。食品工业是这项技术的主要受益者,因其可以应用于农业、食品包装、加工等领域,甚至可以起到防止微生物污染的作用。尽管纳米颗粒的应用广泛,但由于不确定它对健康的影响,消费者对此类产品的使用犹豫不决。这成为行业关注的一个焦点,因为健康是首位的。与此同时,一个统一的食品纳米技术国际监管框架对于确保食品安全是必要的。

关键词 食品加工;农业;食品包装;应用;安全

2.1 引言

纳米技术在今天已成为 21 世纪的宠儿。纳米技术是指能够使颗粒尺度降低至 1~100 nm 的机械系统(Moraru 等,2003)。纳米颗粒指在传输和性质方面作为一个整体的小物体。研究人员根据其特征、大小和结构进行分类(Gladis 等,2011)。通俗地说,"纳米"在本质上是指小的、微小的或原子的(Garcia 等,2010)。随着纳米技术在食品和营养领域的出现,科学家们正在设计具有更好溶解性和生物利用度的新型食品(Semo 等,2007)。然而,关于纳米颗粒的担忧仍然存在。主要担心的是,会通过不同途径进入人体,如消化,吸入,或皮肤吸收。一旦进入体内,这些纳米颗粒就可以进入血液系统,在大脑等组织中定居,或者触发免疫反应(Scrinis,2008;Miller 和 Senjen,2008)。农业和食品加工中的纳米技术可以提高食品的质量、安全性、营养价值和数量,以满足日益增长的世界人口的需求(Marquis 等,2009)。本章主要关注食品纳米技术的应用和功能及其对人类的危害。纳米颗粒应用于不同领域会产生完全不同的结果(如它们是否被用作配料、包装或加工过程中)。

2.2　纳米技术在食品行业的应用

纳米技术具有巨大的研究和开发前景。纳米技术在食品工业中发挥着许多作用。它可以用作生物传感器来扫描食品中的微生物,也可以制备成胶囊以保护食品免受外界条件的影响。无论它发挥什么功能,其主要目的仍然是通过改善某些配料的功能来提高食品质量(Haruyama,2003)。

纳米技术几乎应用于食品工业的所有领域,其中的许多技术非常昂贵或不适合大规模商业应用(Nel 等,2009)。由于其广泛的适用性,本文重点介绍了纳米技术在食品加工、包装和保存以及膳食补充剂等领域的应用(表 2.1 和图 2.1)。

表 2.1　纳米技术在食品工业的应用概述

农业	食品加工	食品包装	其他
单分子检测法来确定酶与底物相互作用	纳米胶囊可提高食用油等标准成分中营养物的生物利用度	附着在荧光纳米颗粒上的抗体,用于检测化学品或食源性病原体	纳米粉末以增加营养物的吸收
用于高效输送农药、化肥和其他农用化学品的纳米胶囊	纳米胶囊风味增强剂	用于温度、湿度和时间监测的可生物降解纳米传感器	作为药物载体的纳米晶纤维素复合材料
以可控方式释放生长激素	作为凝胶剂和增黏剂的纳米管和纳米粒子	作为阻隔材料的纳米黏土和纳米薄膜以防止腐败和氧收	纳米胶囊营养品吸收和定向传送的稳定性更好
用于监测土壤状况和作物生长的纳米传感器	纳米胶囊注入植物类固醇以替代肉制品中的类固醇	用于转移乙烯的电化学纳米传感器	纳米耳蜗(卷曲的纳米颗粒)能更有效地将营养物质传递给细胞,而不会影响食物的色泽或味道
用于特性保持和跟踪的纳米芯片	纳米颗粒可以选择性地结合和去除食物中的化学物质或病原体	含纳米颗粒(银、镁、锌)的抗菌和抗真菌表面涂层	维生素喷雾将活性分子分散成纳米液滴,以便更好地吸收
用于动植物病原体检测的纳米传感器	纳米乳液和颗粒可提高营养素的利用率和分散性	更轻,更强,更耐热的硅纳米薄膜	
用于运送疫苗的纳米胶囊		箔材的改性渗透行为	

2.2.1　农业

纳米技术是一种新型的传送系统,它可以提高作物的生产效率,减少大宗农用化学品的使用,并为当前农业领域遇到的问题提供解决方案。

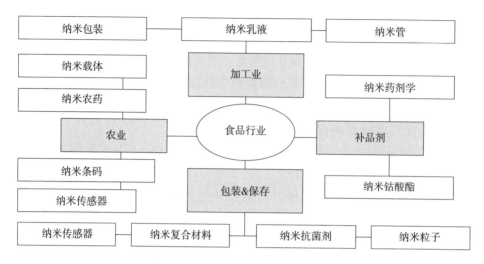

图 2.1 各种纳米材料及其在食品行业的应用

纳米技术在农业中的一些应用包括:

①作物改良。

②提高肥料和杀虫剂的效率。

③土壤管理。

④植物病害检测。

⑤水资源管理。

⑥基因表达调控分析。

⑦采后技术。

下面讨论各种纳米材料及其在农业中的应用。

2.2.1.1 纳米载体

为了提高植物产量,人们已经开发了将重要成分转运到植物中的多种方法。纳米载体或纳米管可用于此目的。它们能有效地将杀虫剂、除草剂、肥料、生长调节剂等物质进行传递(NAAS,2013)。这些设备的制造使用了聚合物。用离子键和弱键将这些物质附着在聚合物表面。这些纳米载体有潜力将植物根系与周围的土壤和其他有机物质结合起来。这种物质的运输方式增加了它们的稳定性,减少了不利环境条件对它们的危害。因此,纳米载体的使用减少了植物所需物质的数量,避免了浪费。

2.2.1.2　纳米农药

纳米农药是一种含有微量活性成分的物质,这种活性成分是在传统农药中发现的。这些物质增强了农药的溶解性和吸光度。纳米农药之所以有效,是因为用于配制农药的纳米材料具有硬度、渗透性、热稳定性和溶解性等有用特性(Bouwmeester 等,2009)。纳米农药可以降低农药使用率,因为所涉及的化学物质的数量是传统配方 $1/15 \sim 1/10$。因此,使用少量的纳米农药可以产生令人满意的结果,从而减少对环境的破坏(He 等,2010)。可用于纳米农药运输的方法有纳米乳液、纳米胶囊和纳米容器,包裹在纳米颗粒中的农药在昆虫胃中释放,从而最大限度地减少对植物本身的污染(Scrinis 和 Lyons,2007)。

2.2.1.3　纳米条码

识别和跟踪是农产品行业的重要组成部分,因为他们在农产品批发贸易中起着至关重要的作用。为此,人们使用了纳米条形码,其主要特点是可以由多种混合材料制成。其可用于制作纳米条形码的材料应具有编码能力、设备易读性、可长期使用的抗拉强度、尺寸为纳米级等特性。纳米条形码在农业中有两种用途,即生物的和非生物的(Ditta,2012)。生物用途包括使用纳米条形码作为身份标签。这些身份标签可用于研究基因表达(El Beyrouthya 和 El Azzia,2014)。非生物用途包括使用纳米条形码作为跟踪农业食品的手段。这提供了一个更容易和更友好地追踪食物的方法。

2.2.1.4　纳米传感器

许多生物传感器使用纳米技术设计,用以检测水和空气中的污染物。这些纳米传感器具有更强的特异性和专一性,响应速度快,用户友好,生产成本低。纳米传感器可用于检测尿素或农药残留等废弃物。它们有助于检测微生物。它们甚至可以检测到一种单一的可能有害的病原生物。纳米传感器可以用来检测由细菌和真菌等微生物引起的土壤病害。这可以通过测量呼吸过程中好的和坏的微生物的耗氧量来实现。它们的应用还在于能够测量非正常温度和大气条件对植物造成的应激(Vamvakaki 和 Chaniotakis,2007)。因为它体积小,纳米传感器可用于农药残留的检测,其结果比耗时的传统技术更快(Moraru 等,2003)。

2.2.2　食品加工

食品纳米技术是一项新兴技术。食品加工技术是纳米技术应用的一个重要方面。纳米技术在食品加工领域的各种应用讨论如下 3 个方面。

2.2.2.1 纳米包装

纳米封装方法的优点包括:提高稳定性、易于处理、防氧化、保留挥发性化合物、风味增强、水分控制、pH 控制、延长感官特性和提高生物利用度(Marsh 和 Bugusu,2007;Chaudhry 等,2008)。纳米胶囊可以被定义为一种纳米系统,药物被封装在聚合物涂层包围的核心结构中(Sekhon,2010)。纳米胶囊的制备可以通过以下方式进行(Maynard 等,2006):纳米沉淀、乳液扩散、双乳液、乳液凝聚、聚合物涂层、逐层。

纳米胶囊有助于生产出理想产品,有助于吸收食物中的异味和不需要的颗粒,从而实现食品保鲜。在体内,纳米胶囊通过胃肠道将食物补充剂转移,从而增加食物的生物利用度(Maynard 等,2006)。纳米胶囊增加了食品中脂肪酸和生长激素等营养成分(Dreher,2004)。纳米封装的基本原理是在不利环境中保护关键组分,将其传递到目标位置。脂质体就是一个例子。这有助于在条件受控和特殊条件下传递营养成分。它们可以提供维生素、抗菌剂、酶、添加剂和其他营养物质(Godwin 等,2009)。

玉米醇溶蛋白纤维是一种新型的封装技术,它能在脂质到达靶点之前阻止脂质的降解。因为溶解度提高,这些系统是非常有效的。该系统可防止配料与食物的相互作用,从而使食物的固有特性保持不变,并且使待输送的配料保持不变(Klaine 等,2008)。益生菌也可被纳米封装。传递包括益生菌在内的热敏生物活性物质的基于冷固化凝胶的新型封装技术,是纳米封装在食品加工领域的应用(GuhanNath 等,2014)。它有助于设计控制免疫系统反应的疫苗,这样益生菌也能更有效地保存(DeAzeredo,2009)。研究人员使用耐热的古细菌脂质体作为抗氧化剂的包装材料(Alfadul 和 Elneshwy,2010)。

2.2.2.2 纳米乳液

纳米乳液由 10~100 nm 的油滴分散在连续水相中,并被表面活性剂分子包围(Acosta,2009;McElements 等,2007,2009)。当液相分散在连续水相中时,就会形成纳米乳液(Oberdörster 等,2007)。纳米乳液可用于制备沙拉酱、甜味剂、食用油等的食品的生产。纳米乳液有助于通过热、pH 等作用释放香料(Ravi Kumar,2000),更好地保留了风味,且不易受酶促反应的影响。

纳米乳液由于液滴直径减小、比表面积增大而优于传统乳液,这提高了消化率和吸收率。纳米乳剂穿透小肠黏膜层的效果更好。使用蛋白质或碳水化合物的纳米乳液可以改善冰淇淋的质地。纳米乳液也具有抗菌活性。当纳米乳液由非离子表面活性剂制成时,微生物生长受到抑制(Sanguansri 和 Augustin,2006)。

纳米乳剂提高了植物化学物质(如类胡萝卜素和多酚)的生物利用度,这些物质有助于降血压,降低癌症风险,调节消化系统和增强免疫系统(Ezillasi 等,2013;Chau 等,2007;Chen 和 Subirade,2005)。

2.2.2.3　纳米管

碳纳米管是纳米材料的新代表。它们是通过将蜂窝状结构中的单个石墨片卷绕成刚性和柔性的细管来生产的。纳米管比钢更坚固(Moraru 等,2003)。在食品工业中,碳纳米管可用于制备生物传感器。碳纳米管不溶于水溶液,因此很难用于生物目的(Pompeo 和 Resascdo,2002)。纳米管可以应用于食品系统,因为它们可以成为检测酶、蛋白质、DNA 和抗体的生物传感器的一部分(Lee 和 Martin,2002)。它们可以被有效地修饰以分离分子。其基本思想是开发出能在需要时提供热量的导电膜。这可以减少原料加热时损失的能量,也可以避免过度加热对原料质地和风味的不利影响。虽然在食品加工业中应用这些技术仍然非常昂贵,但它们在未来可用于各种目的,包括从食品中分离生物分子作为功能食品,用于强化或膳食补充剂(Moraru 等,2003)。

2.2.3　食品包装

食品包装起保护作用,对有效储存、分配和保存至关重要。它促进了食品产品最终使用的便利性。由于具有这些重要功能,包装业已成为世界第三大产业,占发达国家国民生产总值(GNP)的 2%左右(Han,2005;Robertson,2005)。纳米技术在食品包装和保鲜中有着广泛的应用。纳米技术支持的食品加工分为以下几类:改进包装、活性包装、智能包装。

2.2.3.1　纳米传感器

纳米传感器可检测食品颜色的变化。纳米传感器也有助于发现食物因腐败而释放的任何气体。纳米传感器可以检测到的主要气体是氢、硫化氢、氮氧化物和氨(Chun 等,2010)。纳米传感器是一种具有数据处理单元和传感单元的装置,有助于发现光、热、湿气、气体和化学物质等变化(Lizundia 等,2016)。它们因具有高度的选择性和敏感性而比传统的传感器更高效(Scampicchio 等,2008)。在牛奶中,金纳米粒子用于检测有毒化合物黄曲霉毒素 B_1(Mao 等,2006)。纳米传感器也有助于维持农业生产所需的土壤条件,因为它可以检测果蔬上的农药残留。除此之外,食品中的致癌物也可以通过纳米传感器检测出来(Meetoo,2011)。为了检测食品中的微生物污染,纳米传感器可以直接安装在包装位点,这节省了实验室检测的时间。可用的不同种类的纳米传感器是纳米传感器阵列或电子鼻。电子鼻的作用类似于人类的鼻子(Vidhyalakshmi 等,2009)。研究人员为了确定食品是否掺假,使用了碳陶瓷纳米传感器(Garcia 等,2010)。因为它们缩短了培养时间,纳米传感器也可以用来检测食品中的病原体(Yotova 等,2013)。

2.2.3.2　纳米复合材料

纳米复合材料通过与聚合物结合来增强聚合物的活性(Yotova 等,2013)。纳米复合材料因其化学性质方面用途广泛而作为屏障,可使食物在很长一段时间内保持新鲜无菌。它们阻止碳酸饮料中二氧化碳的释放,因瓶子上一层简单的纳米复合物材料可以阻止二氧化碳的释放,从而不必花太多钱购买易拉罐或玻璃瓶,这为制造商提供了一种高效的饮料储存方法。常用的气体阻隔被称为常规隔层,这种气体阻隔天然,廉价,环保。市售的纳米黏土有 Aegis,Imperm 和 Urethan。因为这些产品环保、密度低、透明,具有更好的流动性而优于其他产品(Davis 等,2006)。另一种气体阻隔被称为纳米核,用于生产塑料啤酒瓶,减少二氧化碳的释放(He 等,2010)。纳米复合膜中与氧化锌或银结合的纳米颗粒具有抗菌功能(Moraru 等,2003),银可以破坏细菌细胞,从而破坏其 DNA。淀粉和纤维素制成的纳米复合材料可用作包装层压材料(Maynard 等,2006)。

2.2.3.3　纳米颗粒

纳米颗粒在食品加工中有多种用途。包括改善食品的色泽和稳定性。纳米颗粒如硅酸盐、氧化锌和氧化钛以塑料薄膜的形式使用,以减少容器内的氧气通道,这有助于通过减少水分流失而使食物长时间保鲜。某些纳米颗粒还可以去除食品中的病原体和化学物质(Nam 等,2003)。最广泛使用的用于食品包装的两种纳米颗粒是二氧化硅和二氧化钛。二氧化硅可用作防结块剂(Zhao 等,2008),它也有助于去除食物中的水分;二氧化钛有助于牛奶、奶酪和许多乳制品等食品的增白(Acosta,2009)。它也可以作为紫外线保护剂。银纳米颗粒具有抗菌特性(Zhao 等,2008)。银纳米粒子因具有较大的表面积而易于分散。银是一种相对稳定的元素,如果按照 FDA 标准按规定剂量使用,不会对人体产生任何有害影响。银可结合生物膜,可很容易地与包装材料结合,从而优于其他纳米粒子。银会渗入微生物环境并阻碍 DNA 的活性。通过吸收和分解乙烯,银纳米颗粒可延长果蔬的保质期(Zhao 等,2008)。除了银,锌和钛也可用于食品包装(Acosta,2009),但二氧化钛因只能在紫外光下工作而使其使用受限(Arshak 等,2007)。

2.2.3.4　纳米抗菌剂

微生物污染是与断奶食品有关的感染和疾病的主要来源。因此,在食品的加工、包装和运输过程中,防止食品的微生物变质是至关重要的。新型纳米抗菌剂的出现延长了食品的保质期(Davis 等,2013;Fu 等,2014)。银纳米粒子即被用于此目的。它们有各种各样的用途,包括厨房用具。银纳米颗粒的离子有可能限制细菌的许多生物活性(Henriette 和 Azeredo,2009)。含银纳米颗粒已被美国FDA 批准用于食品中的抗菌活性(Schultz 和 Brclay,2009)。银纳米抗菌剂对食品是安全的,这种方法没有明显缺陷,也没有从容器中释放大量可传递到食品中的银纳米抗菌剂(Addo Ntim 等,2015;Metak 等,2015)。纳米抗菌剂中也会加入纳米复合材料,因为它们可通过减少金属离子向食物中的迁移来保证食物的稳定性。常用的纳米复合材料有明胶、聚乳酸和低密度聚乙烯(Becaro 等,2015;Beigmohammadi 等,2016)。氧化锌的抗菌性能随粒径的减小而增大。二氧化钛作为包装材料的涂层,可用于控制大肠杆菌污染。二氧化钛与银相结合,可用于改进消毒工艺(Momin 等,2013)。

2.2.4　补充剂

膳食(食品)补充剂是一种外观类似于药品(可在药店出售),但属于特殊食品的产品。它们含有维生素、矿物质、氨基酸、必需脂肪酸、天然产物、益生菌等活性成分。补充剂的目的是提供人体所需但不能从常规饮食中充分获得的化合物来保持人体的正常功能。纳米技术是一个快速发展的领域,它保证了新尺寸、新性能和更广泛应用的材料的发展。

最常用的人类膳食纳米补充剂有:

①维生素:C、D、E、A、叶酸、核黄素;维生素原:β-胡萝卜素。

②益生菌:乳酸杆菌和双歧杆菌。

③抗氧化剂:多不饱和脂肪酸、姜黄素、SeNPs、虾青素、番茄红素、白藜芦醇、槲皮素、柚皮苷、叶黄素、羟基酪醇、多酚、儿茶素。

2.2.4.1　纳米药物

纳米药物是利用纳米技术制成纳米颗粒的营养物质(Schultz 和 Brclay,2009)。大多数营养素和植化素的溶解性很低,这种特性降低了它们的生物利用度。这就是为什么许多维生素和矿物质从未以其天然形式被使用,而是使用输送系统来运送这些功能性成分。输送系统的功能是将营养物质输送到目标部位,同时提高补充剂的风味、质地和保质期(Tanver,2006)。因此,纳米技术在膳食补充剂领域的目的是利用纳米乳液形成更有效的输送系统（Wang 等，2008）。尽管纳米技术可以提高溶解度和吸收，但由于非营养性植化素的上限没有明确规定，因此存在潜在的毒性风险。此外，这些纳米药物可能会在体内形成屏障，它们的数量可能会增加身体所允许的数量。纳米药物与任何其他膳食补充剂类似，这意味着它们不受控制，可以以最低限度或没有安全性证据的情况下卖给消费者（Tanver，2006）。

2.2.4.2 纳米耳蜗

纳米耳蜗具有多层结构，包括一个巨大的、连续的、刚性的双层脂质片，该脂质片内部几乎不含水并以螺旋方式卷曲（Mozafari 等，2006）。当耳蜗最外层与细胞膜结合时，内容物被传递，因为它们能够抵御来自环境的攻击，并且由于其坚固而坚硬的结构而不会变质。整个耳蜗和纳米耳蜗结构是一系列固体层，即使耳蜗和纳米耳蜗的外层暴露在恶劣的环境条件或酶下，内部被包裹的分子也会保持完整。因此，当需要口服时，它们最有效（Zarif，2003）。蛋白质和肽类药物之类的化合物以及溶解性差的化合物可以用于转运生物活性材料。这项技术将来可用于有效地运输功能性食品（Moraru 等，2003）。然而，目前它们的主要用途是提供营养品和抗生素（Weiss 等，2006）。因此，它们基本可以在不改变食物的色泽或味道的情况下，有效地将营养物质输送到细胞。

用于膳食补充剂的各种其他纳米载体包括：纳米脂质体、胶粒、纳米乳液、纳米胶囊、固液纳米颗粒、核壳结构纳米颗粒、层状双氢氧化物、介孔二氧化硅纳米颗粒、环糊精复合物、纳米凝胶、纳米海绵、纳米纤维。

2.3 各种纳米结构和纳米颗粒在食品工业中的意义

2.3.1 提高生物利用度

纳米材料被越来越多地用于提高许多生物活性化合物的生物利用度，如辅酶 Q10、维生素、铁、钙等（Oehlke 等，2014；Salvia-Trujillo 等，2016）。生物有效性和吸收率的提高可以最大限度地提高生物活性化合物的生物利用度。这是因为当粒径改变时，比表面积增加，溶解度提高，这增加了生物有效性（Kommuru 等，2001）。如果选择合适的表面活性剂，则可提高胃肠道通透性（Fathi 等，2012），这也增加了生物有效性和吸收率（Bhushani 等，2016）。表面修饰的纳米材料已经发展到可以调节它们与生物环境的相互作用，从而调节它们的生物分布。亲水分子的化学接枝可用于这种改性。最著名的亲水分子是聚乙二醇（Rhim 和 Ng,2007）。

2.3.2　抗氧化性

具有抗氧化性能的纳米材料活性低。聚合物纳米颗粒因适合于封装诸如类黄酮这样的生物活性化合物而被释放到酸性环境中（Pool 等,2012）。研究人员为了防止鲜切水果的褐变,使用了与食用涂层相关的抗氧化处理（Rojas-Grau 等,2009）。水果褐变也称非酶褐变,是酚类化合物转化为黑色素,黑色素即棕色素（Zawistowski 等,1991）。氧化锌纳米颗粒涂层是现有技术中提高鲜切苹果货架期的可靠替代技术（Li 等,2007）。这是因为在氧化锌的存在下,多酚氧化酶的活性显著降低。纳米控制的水果褐变率低得多,苹果原来的外观得以保持（Li 等,2011）。

2.3.3　增味剂

风味是食品系统中最重要的组成部分。风味包括味觉和嗅觉,可增加食欲。纳米封装等技术已被广泛应用于改善风味化合物的释放,提高风味的保留率。这保持了烹饪平衡（Nakagawa ,2014）。二氧化硅纳米材料可用于食品或香料的增味剂（Dekkers 等,2011）。

2.3.4　着色剂

任何食品着色剂的使用必须首先得到食品安全与应用营养中心化妆品与着色剂办公室和美国 FDA 的批准。着色剂必须按照批准的用途、规范和限制条件使用。随着纳米技术的兴起,各种纳米级的着色剂正在被批准,因为它们有助于从心理上吸引消费者。二氧化钛已被美国食品和药品管理局批准用作着色剂,但用量不得超过 15 WW（食品和药物管理局）,并且不再需要认证。与二氧化钛一起使用的还有作为分散剂的二氧化硅和三氧化铝,但用量不应超过 2%。炭黑不再被用作着色剂（FDA,2015）。

2.3.5　防结块剂

防结块剂通过保持粉状产品的流动来增稠糊料。因此,二氧化硅可用作防结块剂。它也被用作许多食品产品的香料和芳香载体（Dekkers 等,2011）。

2.3.6 纳米添加剂与保健品

它们提高了食品的营养价值。基于纳米颗粒的微小可食用胶囊正在研制中,其目的是提高日常食品中药物、维生素或痕量微量营养素的输送,以显著益于健康(Yan 和 Gilbert,2004;Koo 等,2005)。纳米复合物、纳米乳化和纳米结构是将物质压缩成微型形式的不同技术,以更有效地输送蛋白质和抗氧化剂等营养物质,从而准确地获得所需的营养和健康。聚合物纳米粒子适合于生物活性化合物(如类黄酮和维生素)的封装,保护和输送生物活性化合物以获得特定功能(Langer 和 Peppas,2003)。

2.3.7 包装性能的提高

纳米材料还可以通过改变食品的强度、透气性、硬度、液体电阻和耐火性来改善食品的物理和机械性质。纳米颗粒的应用不局限于抗菌食品包装,纳米复合材料和纳米层压材料也广泛应用于食品包装中,为食品提供了一个抵御极端热冲击和机械冲击的屏障,延长了食品的保质期。为了提供这些特殊的性能,最新开发的技术是可用于食品包装行业的。这些聚合物纳米复合材料更结实、更阻燃、防紫外线,被认为完全具有改变食品包装行业的能力(Lizundia 等,2016)。为了避免使用塑料制成的合成包装材料,正在开发被称为生物聚合物的可替代的可生物降解纳米材料。这些生物聚合物可用于一次性用品(Rhim 等,2013;Avella 等,2005)。

各种食品材料上的可食用纳米涂层可以为水分和气体交换提供屏障,并提供颜色、风味、抗氧化剂、酶和抗褐变剂,也可以延长加工食品的保质期(即使包装被打开)(Weiss 等,2006)。通常通过改变液滴周围界面层的特性将功能组分封装在液滴中,来减缓化学降解过程。例如,姜黄素是姜黄(curcuma longa)中最活跃和最不稳定的生物活性成分,其抗氧化活性降低,并且在封装后对巴氏灭菌和不同的离子强度具有稳定性(Sari 等,2015)。

2.4 食品加工中与使用纳米技术有关的健康危害

除了纳米技术对食品工业的诸多优势外,与纳米材料相关的安全问题也不容忽视。许多研究人员讨论了与食品中使用纳米材料相关的安全问题(Bradley 等,2011;Jain 等,2016)。随着纳米技术的出现,人类将不可避免地接触到纳米颗粒(Magnuson 等,2011)。有许多产品是使用纳米技术生产的,它们可能会给消费者带来健康隐患。纳米乳液可能是导致身体不适的原因之一,纳米乳液对身体产生的影响与粒径有关,因为纳米乳液的吸收和代谢随着粒径的减小而变化(Chawengkijwanich 和 Hayata,2008)。可消化/不可消化和有机/无机颗粒在生物系统中有不同的结果(Chen 和 Evans,2005)。如果纳米乳液的用量非常高,那么它们可能是有害的,因为它们是由表面活性剂和溶剂等化学成分组成的。此外,肥胖等疾病以及与心脏有关的疾病也可能是由于纳米乳剂的高脂含量造成的(Fujishima 等,2000)。

当纳米颗粒蓄积在体内时,因其附着在免疫系统的细胞上,破坏了免疫系统,从而导致机体细胞损伤(Jordan 等,2005)。因为纳米颗粒上有时会附着有蛋白质,故而会发生蛋白质的分解代谢。另一类可能产生危害的是银纳米颗粒。它们通过降低 ATP 含量和阻碍线粒体和 DNA 的活性而打乱肺的工作(Kim 等,2007)。据报道,银纳米颗粒不仅具有毒性,也具有致癌性。癌变发生是因为小尺寸的纳米颗粒允许它们通过细胞屏障,这导致产生自由基,从而导致组织中的氧化损伤(Maness 等,1999)。作为食品包装材料的碳纳米管的毒性也会对皮肤和肺造成损伤(Mills 和 Hazafy,2009)。

纳米颗粒也会直接与器官接触,尤其是当它们用作食品添加剂时(Jovanovic,2015)。一项研究发现,大多数口香糖中含有 93% 的氧化钛,氧化钛可以缓慢释放并沉积在体内(Tang 等,2009)。当进行纳米封装时,其会直接接触纳米颗粒。这是通过食物的口服途径发生的。氧化硅以这种方式进入人体,因为它是食品香味的载体(Dekkers 等,2011)。纳米可食用涂层可延长食品的保质期并防止细菌侵袭,但这使人类与纳米颗粒直接接触(Flores-Lopez 等,2016;McElements,2010)。由于纳米颗粒从纳米包装中泄漏出来,也有可能无意中暴露于纳米颗粒中(Han 等,2011)。铝可以通过浸出作用进入到食物中(Garcia 等,2010)。纳米材料的毒性取决于摄入的量以及物理和化学特性(He 等,2010,2015)。

以下讨论了最受关注的主要健康危害:

(1)过敏反应

一些纳米颗粒可能是引发肺部过敏反应的因素(Ilves 和 Alenius,2016)。暴露于纳米颗粒引发的普遍免疫反应是炎症增加和活性氧减少。银纳米颗粒可以引起免疫系统的纳米特异性反应(Hirai 等,2014)。其他可能因过敏引起炎症的纳米颗粒是由碳组成的。有人认为,使用碳纳米管可增加肺部炎症(Nygaard 等,

2009）。

（2）重金属释放

由重金属制成的纳米材料与食品聚合物结合可以增加阻隔活性，避免塑料通过光降解，有效阻止微生物活动（Llorens 等，2012）。毒性主要与纳米颗粒中重金属的释放有关（He 等，2015）。因此，这些重金属的蓄积是关注的主要方面。最常见的重金属是氧化锌、银和氧化铜（Karlsson 等，2013）。这些金属的释放导致脂质异常和机体随后的 DNA 损伤（Fukui 等，2012）。

2.5　食品纳米技术面临的挑战

食品工业的首要任务是食品质量安全标准。因此，食品健康风险评估就显得尤为重要。纳米颗粒的毒性研究已成为食品工业的重要组成部分。这方面的研究，尤其是与胃肠功能和可能带来的副作用有关的研究，需要引起足够的重视。当纳米颗粒在体内的浓度增加时，会对健康产生严重影响，从而导致细胞逐渐分裂。随着纳米材料在食品中的应用越来越多，科学家们也开始担忧。关于纳米颗粒毒性的信息很多，但并不对消费者公开。其原因是缺乏足够的检测依据（Suh 等，2008）。因此，有关部门有必要制定衡量风险的标准。此外，人类和实验动物的结果也存在差异（Maynard 和 Kuempel，2005）。

要充分了解纳米材料对食品工业所构成的威胁，需要在 3 个主要方面进行改进。

①首先，纳米材料具有独特的特性，需要采用专门的研究方法。这削弱了传统技术的地位。当需要测定碳纳米管的毒性时，传统技术并不太适用。由于纳米材料可能具有细胞毒性，因此需要对其制定规范（Monteiro Riviere 等，2009）。纳米颗粒的毒性效应需要采用特定的分析方法来监测。纳米材料缺乏系统的分类。目前市场还缺乏合成纳米材料所必需的公开准则。这就造成了消费者对纳米技术形成的食品的厌恶和迟疑（Marquis 等，2009）。

②另一个挑战是纳米颗粒的理化性质会随着配方、制备、添加以及最终的消化和吸收而发生变化。纳米颗粒的大小需要根据人体摄入时的暴露途径来考虑，因为它们可以引发免疫反应（Borm 和 Kreyling，2004）。纳米材料化学成分结晶度的不同可能会产生不同的毒性作用（Braydich-Stolle 等，2009）。

③研究人员必须仔细研究纳米颗粒吸收的路径和途径（Li 等，2007）。为了确定纳米颗粒在各种细胞和组织中可能导致的危害的类型和程度，研究者需要

评估它们的接触强度。纳米颗粒进入人体的3种主要方式是通过皮肤、鼻子和嘴巴（Oberdörster 等,2007）。纳米材料可以通过任何途径进入人体。当纳米颗粒在食品工业中生产时,一些成分可能扩散到空气中,这就是纳米颗粒通过呼吸道的途径（El-Badawy 等,2010）。当纳米材料应用于包装时,呼吸道也会成为攻击对象。呼吸路径也会被消化道取代,这些纳米颗粒会在体内积聚（Maynard 和 Kuempel,2005）。

2.6　法规和纳米技术

许多关于纳米材料在食品中应用的法规正在实施。参与提议此类法规的机构包括欧洲食品安全局（EFSA）、环境保护局（EPA）、食品和药品管理局（FDA）、国家职业安全与健康研究所（NIOSH）、职业安全与健康管理局（OSHA）、美国农业部（USDA）,消费品安全委员会（CPSC）和美国专利商标局（USPTO）（Qi 等,2004）。

食品加工和包装行业必须按照这些机构制定的条例开展工作。欧洲议会和理事会参与规则制定纳米材料及其对消费者可能产生的危害的政策（Quintanilla Carvajal 等,2010）。如果纳米颗粒用作食品添加剂,必须保持一定的尺寸。为了确保自由设计的纳米颗粒不会广泛添加到食品中,食品行业必须采取预防原则（Rhim 和 Ng,2007）。

只有经过认真研究和开发,纳米粒子才能应用于食品中。设计的纳米颗粒只有符合欧共体食品法的规定,才能用于食品中。根据规定,设计的纳米颗粒应该无毒且不含重金属（Scampicchio 等,2008）。根据欧洲监管机构的规定,添加到食品中的其他物质不应改变食品的原有特性（Silva 等,2012）。该物质应成为食品的一部分,不应产生任何形式的腐败或对生物系统有毒。在将纳米颗粒添加到食品中之前,应该测试它们的剂量反应和健康风险（Sondi 和 SalopekSondi,2004）。因此,任何从事可添加到食品中的纳米材料工作的行业、研究所或个人,应该遵循这些法规。在印度,行业没有充分遵守这些政策,给消费者造成了负面影响。此外,还没有一个官方监管机构能够监管纳米材料的使用。

2.7　展望

目前仍有许多纳米项目正在进行中,尚不足以宣布适合在食品工业中使用。

科学家正在寻求生产更好、更系统化的纳米颗粒,这种纳米颗粒将能够提高生物利用度,而不会影响添加纳米颗粒的食品的外观和风味。智能包装正逐渐成为检测食品微生物腐败的有用方法,但只有生物标志物的抗原被开发出来时,智能包装才成为可能(Graveland Bikker 和 DE Kruif,2006)。对食物敏感的晶体管也在研究中,它可以检测温度、压力和 pH 的细微变化。印度的情况与发达国家的情况完全相反,因为印度的大学和企业之间还没有完全建立联系,这是商业食品中纳米技术落后的主要原因。更好的设备和设计方法正在印度出现,这可以最大限度地发挥其潜力。

2.8 结论

纳米技术引发了食品加工和保存领域的变革。纳米技术在食品中的应用有利有弊。纳米技术有巨大的市场潜力,但阻碍它的是纳米颗粒在进入人体后理化性质的改变。如果要将纳米材料应用于食品中,应对其应用谨慎监管。此外,纳米颗粒应该是可生物降解和无毒的。与其用重金属和化学物质从头开始设计纳米颗粒,不如寻找食物中天然存在的纳米颗粒,比如牛奶中的酪蛋白胶束。纳米颗粒的毒性是人们关注的一个主要原因,因为它们体积小,很容易穿透细胞,破坏 DNA 并引发免疫反应。人们需要制造对环境和身体都健康的环保纳米材料。随着微粒的尺寸减小,它对健康的危害也开始增加。因此,世界各地的许多监管机构都在努力实施安全的标准和政策,以降低纳米材料的不良影响。限制纳米材料使用的最大因素是它们仍处于研究阶段,因此,它们的危害程度尚不清楚。

参考文献

[1] Acosta E (2009) Bioavailability of nanoparticles in nutrient and nutraceutical delivery. Curr Opin Colloid Interface Sci 14:3-15. https://doi. org/10. 1016/j. cocis. 2008. 01. 002

[2] Addo Ntim S,Thomas TA,Begley TH et al (2015) Characterization and potential migration of silver nano particles from commercially available polymeric food contact materials. Food Addit Contamin Part A 32:1003-1011

[3] Alfadul SM, Elneshwy AA (2010) Use of nanotechnology in food processing,

packaging and safety review. Afr J Food Agric Nutr Dev 10(6):10. https://doi. org/10. 4314/ajfand. v10i6. 58068

[4]Arshak K,Adley C,Moore E et al (2007) Characterization of polymer nanocomposite sensors for quantification of bacterial cultures. Sensors Actuators B Chem 126 (1):226-231

[5]Avella M,De Vlieger JJ,Errico ME et al (2005) Biodegradable starch/clay nano composite films for food packaging applications. Food Chem 93:467-474

[6]Becaro AA,Puti FC,Correa DS et al (2015) Polyethylene films containing silver nanoparticles for applications in food packaging:characterization of physico - chemical and anti-microbial properties. J NanosciNanotechnol 15:2148e56

Beigmohammadi F, Peighambardoust SH, Hesari J et al (2016) Antibacterial properties of LDPE nanocomposite films in packaging of UF cheese. LWT Food Sci Technol 65:106e11

[7]Bhushani JA,Karthik P,Anandharamakrishnan C (2016) Nanoemulsion based delivery system for improved bioaccessibility and Caco - 2 cell monolayer permeability of green tea catechins. Food Hydrocoll 56:372e82

[8]Borm PJ, Kreyling W (2004) Toxicological hazards of inhaled nanoparticles - potential implications fordrug delivery. J NanosciNanotechnol 4(5):521-531

[9]Bouwmeester H,Dekkers S,Noordam MY et al (2009) Review of health safety aspects of nanotechnologies in food production. Regul Toxicol Pharmacol 53(1): 52-62

[10]Bradley EL,Castle L,Chaudhry Q (2011) Applications of nanomaterials in food packaging with a consideration of opportunities for developing countries. Trends Food Sci Technol 22:603-610

[11]Braydich-Stolle LK,Schaeublin NM,Murdock RC et al (2009) Crystal structure mediates mode of cell death in TiO_2 nanotoxicity. J Nanopart Res 11 (6): 1361-1374

[12]Chau C-F,Wu S-H,Yen G-C (2007) The development of regulations for food nanotechnology. Trends Food Sci Technol 18(5):269-280

[13]Chaudhry Q,Scotter M,Blackburn J (2008) Applications and implications of nanotechnologies for the food sector. Food Addit Contam 25(3):241-258

[14]Chawengkijwanich C,Hayata Y (2008) Development of TiO_2 powder-coated

food packaging film and its ability to inactivate *Escherichia coli* in vitro and in actual tests. Int J Food Microbiol 123(3):288-292

[15]Chen B,Evans JRG (2005) Thermoplastic starch-clay nanocomposites and their characteristics. Carbohydr Polym 61(4):455-463

[16]Chen L,Subirade M (2005) Chitosan/β-lactoglobulin core-shell nanoparticles as nutraceutical car-riers. Biomaterials 26(30):6041-6053

[17]Chun JY,Kang HK,Jeong L et al (2010) Epidermal cellular response to poly (vinyl alcohol) nano fibers containing silver nanoparticles. Colloids Surf B: Biointerfaces 78(2):334-342

[18]Davis D,Guo X,Musavi L et al (2013) Gold nanoparticle–modified carbon electrode biosensor for the detection of *Listeria monocytogenes*. Ind Biotechnol 9 (1):31-36

[19]Davis G,Song JH (2006) Biodegradable packaging based on raw materials from crops and their impact on waste management. Ind Crop Prod 23:147-161

[20]de Azeredo HMC (2009) Nanocomposites for food packaging applications. Food Res Int 42(9):1240-1253

[21]Dekkers S,Krystek P,Peters RJ et al (2011) Presence and risks of nanosilica in food products. Nanotoxicology 5:393e405

[22]Ditta A (2012) How helpful is nanotechnology in agriculture? Adv Nat Sic NanosciNanotechnol 3:033002

[23]Dreher KL (2004) Health and environmental impact of nanotechnology: toxicological assessment of manufactured nano particles. Toxicol Sci 77(1):3-5

[24]El Beyrouthya M,El Azzzia D (2014) Nanotechnologies:Novel Solutions for Sustainable Agriculture. Adv Crop Sci Technol 2:e118

[25]El-Badawy AM,Silva RG,Morris B et al (2010) Surface charge–dependent toxicity of silver nanoparticles. Environ Sci Technol 45(1):283-287

[26]Ezhilarasi PN, Karthik P, Chhanwal N et al (2013) Nanoencapsulation techniques for food bioac-tive components:a review. Food Bioprocess Technol 6 (3):628-647

[27]Fathi M,Mozafari MR,Mohebbi M (2012) Nanoencapsulation of food ingredients using lipid-based delivery systems. Trends Food Sci Technol 23:13e27

[28]FDA (2015) Food Additives. https://www. fda. gov/industry/color-additives

[29] Flores-Lopez ML, Cerqueira MA, de Rodriguez DJ et al (2016) Perspectives on utilization of edible coatings and nano - laminate coatings for extension of postharvest storage of fruits and vegetables. Food Eng Rev 8(3):292-305

[30] Fu PP, Xia Q et al (2014) Mechanisms of nanotoxicity:generation of reactive oxygen species. J Food Drug Anal 22:64-75

[31] Fujishima A, Rao TN, Tryk DA (2000) Titanium dioxidephotocatalysis. J PhotochemPhotobiol C:Photochem Rev 1(1):1-21

[32] Fukui H, Horie M, Endoh S et al (2012) Association of zinc ion release and oxidative stress induced by intratracheal instillation of ZnO nanoparticles to rat lung. Chem Biol Interact 198:29e37

[33] Garcia M, Forbe T, Gonzalez E (2010) Potential applications of nanotechnology in the agro-food sector. CiencTecnol Aliment 30(3):573-581

[34] Gladis RC, Chandrika M, Chellaram C (2011) Chemical synthesis and structural elucidation of novel compounds - Schiff bases. CiiT Int J Biomet Bioinformat 3 (10):468-472

[35] Godwin H, Chopra K, Bradley KA (2009) The University of California Center for the environmen - tal implications of nanotechnology. Environ Sci Technol 43 (17):6453-6457

[36] Graveland-Bikker JF, de Kruif CG (2006) Food nanotechnology. Trends Food Sci Technol 17(5):196-203

[37] Guhan Nath S, Sam Aaron I, Allwyn Sundar Raj A et al (2014) Recent innovations in nanotech-nology in food processing and its various applications-a review. Int J Pharm Sci Rev Res 29(2):116-124. Articles No. 22

[38] Han JH (2005) New technologies in food packaging:overview. In:Han JH (ed) Innovations in food packaging. Elsevier Academic Press, London, pp 3-11

[39] Han W, Yu Y, Li N et al (2011) Application and safety assessment for nano- composite materials in food packaging. Chin Sci Bull 56:1216e25

[40] Haruyama T (2003) Micro - and nano biotechnology for biosensing cellular responses. Adv Drug Deliv Rev 55:393-401

[41] He C-X, He Z-G, Gao J-Q (2010) Micro emulsions as drug delivery systems to improve the solubility and the bioavailability of poorly water - soluble drugs. Expert Opin Drug Deliv 7(4):445-460

[42] He X, Aker WG, Huang M－J et al (2015) Metal oxide nanomaterials in nanomedicine：applications in photodynamic therapy and potential toxicity. Curr Top Med Chem 15：1887e900

[43] Henriette MC, Azeredo d (2009) Nanocomposites for food packaging applications. Food Res Int 42：1240－1253

[44] Hirai T, Yoshioka Y, Ichihashi KI et al (2014) Silver nanoparticles induce silver nanoparticle－ spe－cific allergic responses (HYP6P. 274). J Immunol 92 (1 Suppl)：118e9

[45] Ilves M, Alenius H (2016) Chapter 13：modulation of immune system by carbon nanotubes. In：Chen C, Wang H (eds) Biomedical applications and toxicology of carbon nanomaterials. Wiley, Weinheim, Germany, p 397e428

[46] Jain A, Shivendu R, Nandita D et al (2016) Nanomaterials in food and agriculture：an overview on their safety concerns and regulatory issues. Crit Rev Food Sci Nutr 58(2)：297－317. https：//doi. org/10. 1080/10408398. 2016. 1160363

[47] Jordan J, Jacob KI, Tannenbaum R et al (2005) Experimental trends in polymer nanocomposites— a review. Mater Sci Eng A 393(1-2)：1－11

[48] Jovanovic B (2015) Critical review of public health regulations of titanium dioxide, a human food additive. Integr Environ Assess Manag 11：10e20

[49] Karlsson HL, Cronholm P, Hedberg Y et al (2013) Cell membrane damage and protein inter－ action induced by copper containing nanoparticles importance of the metal release process. Toxicology 313：59e69

[50] Kim JS, Kuk E, Yu KN et al (2007) Antimicrobial effects of silver nanoparticles. Nanomedicine 3：95－101

[51] Klaine S, Alvarez JJ, Pedro B et al (2008) Nanomaterials in the environment：behavior, fate, bio－ availability, and effects. Environ Toxicol Chem 27：1825－1851

[52] Kommuru TR, Gurley B, Khan MA et al (2001) Self－emulsifying drug delivery systems (SEDDS) of coenzyme Q10：formulation development and bioavailability assessment. Int J Pharm 212：233e46

[53] Koo OM, Rubinstein I, Onyuksel H (2005) Role of nanotechnology in targeted drug delivery and imaging：a concise review. Nanomedicine 1：193－212

[54] Langer R, Peppas NA (2003) Advances in biomaterials, drug delivery, and bionanotechnology. AICHE J 49：2990－3006

［55］Lee SB, Martin CR（2002）Electromodulated molecular transport in gold nanotube membranes. J Am Chem Soc 124:11850-11851

［56］Li J, Li Q, Xu J et al（2007）Comparative study on the acute pulmonary toxicity induced by 3 and 20 nm TiO_2 primary particles in mice. Environ Toxicol Pharmacol 24(3):239-244

［57］Li X, Li W, Jiang Y et al（2011）Effect of nano-ZnO-coated active packaging on quality of freshcut 'Fuji' apple. Int J Food Sci Technol 46:1947e55

［58］Lizundia E, Ruiz-Rubio L, Vilas JL（2016）Poly（1-lactide）/ZnO nanocomposites as efficient UV-shielding coatings for packaging applications. J Appl Polym Sci 133:42426

［59］Llorens A, Lloret E, Picouet PA et al（2012）Metallic-based micro and nanocomposites in food contact materials and active food packaging. Trends Food Sci Technol 24:19e29

［60］Magnuson BA, Jonaitis TS, Card JW（2011）A brief review of the occurrence, use, and safety of food-related nanomaterials. J Food Sci 76:R126e33

［61］Maness PC, Smolinski S, Blake DM et al（1999）Bactericidal activity of photocatalytic TiO_2 reaction: toward an understanding of its killing mechanism. Appl Environ Microbiol 65(9):4094-4098

［62］Mao X, Huang J, Fai Leung M et al（2006）Novel core-shell nanoparticles and their application in high-capacity immobilization of enzymes. Appl Biochem Biotechnol 135(3):229-239

［63］Marquis BJ, Love SA, Braun KL et al（2009）Analytical methods to assess nanoparticle toxicity. Analyst 134(3):425-439

［64］Marsh K, Bugusu B（2007）Food packaging—roles, materials, and environmental issues: Scientific status summary. J Food Sci 72(3):R39-R55

［65］Maynard AD, Kuempel ED（2005）Airborne nanostructured particles and occupational health. J Nanopart Res 7(6):587-614

［66］Maynard AD, Aitken RJ, Butz T（2006）Safe handling of nanotechnology. Nature 444(7117):267-269 McClements DJ（2010）Design of nano-laminated coatings to control bioavailability of lipophilic food components. J Food Sci 75:R30e42

［67］McClements DJ, Decker EA, Weiss J（2007）Emulsion-based delivery systems for lipophilic bioactive components. J Food Sci 72(8):R109-R124

[68] McClements DJ, Decker EA, Park Y et al (2009) Structural design principles for delivery of bioactive components in nutraceuticals and functional foods. Crit Rev Food Sci Nutr 49(6):577-606

[69] Meetoo DD (2011) Nanotechnology and the food sector: from the farm to the table. Emir J Food Agricul 23(5):387-407

[70] Metak AM, Nabhani F, Connolly SN (2015) Migration of engineered nanoparticles from packaging into food products. LWT Food Sci Technol 64:781e7

[71] Miller G, Senjen R (2008) Out of the laboratory and onto our plates: nanotechnology in food & agriculture. A report prepared for Friends of the Earth Australia. Friends of the Earth Europe and Friends of the Earth United States and supported by Friends of the Earth Germany Friends of the Earth Australia Nanotechnology Project, Australia

[72] Mills A, Hazafy D (2009) Nanocrystalline SnO_2 - based, UVB - activated, colourimetric oxygen indicator. Sensors Actuators B Chem 136(2):344-349

[73] Momin JK, Jayakumar C, Prajapati JB (2013) Nutrition in food and science, potential of nanotech- nology in functional foods. Emir J Food Agric 25(1):10-19

[74] Monteiro - Riviere NA, Inman AO, Zhang L (2009) Limitations and relative utility of screening assays to assess engineered nanoparticle toxicity in a human cell line. Toxicol Appl Pharmacol 234(2):222-235

[75] Mozafari MR, Flanagan J, Matia-Merino L, Awati A, Omri A, Suntres ZE, Singh H (2006) Recent trends in the lipid-based nanoencapsulation of antioxidants and their role in foods. J Sci Food Agric 86:2038-2045

[76] Moraru CI, Panchapakesan CP, Huang Q et al (2003) Nanotechnology: a new frontier in food science. Food Technol 57(12):24-29

[77] NAAS (2013) Nanotechnology in agricultute: scope and current relevance. Policy Paper No. 63, Nat Acad Agri Sci, New Delhi, 20 p

[78] Nakagawa K (2014) Chapter 10: nano- and microencapsulation of flavor in food systems. In: Kwak H-S (ed) Nano- and microencapsulation for foods, vol 1. Wiley, Oxford, UK, p 249e72

[79] Nam JM, Thaxton CS, Mirkin CA (2003) Nanoparticle-based bio-bar codes for

the ultrasensitive detection of proteins. Science 301(5641):1884-1886

[80] Nel A, Xia T, Madler L et al (2009) Toxic potential of materials at nano level. In:Acers (ed) In progress in nanotechnology:applications. Wiley, New York,pp 622-627

[81] Nygaard UC, Hansen JS, Samuelsen M et al (2009) Single-walled and multi-walled carbon nanotubes promote allergic immune responses in mice. Toxicol Sci 109:113e23

[82] Oberdörster G, Stone V, Donaldson K (2007) Toxicology of nanoparticles:a historical perspective. Nanotoxicology 1(1):2-25

[83] Oehlke K, Adamiuk M, Behsnilian D et al (2014) Potential bioavailability enhancement of bioac - tive compounds using food - grade engineered nanomaterials:a review of the existing evidence. Food Funct 5:1341e59

[84] Pompeo F, Resascdo DE (2002) Water solubilization of single walled carbon nanotubes by func- tionalization with glucosamine. Nano Lett 2:369-373

[85] Pool H, Quintanar D, de Dios Figueroa J et al (2012) Antioxidant effects of quercetin and catechin encapsulated into PLGA nanoparticles. J Nanomater 2:145380

[86] Qi LF, Xu ZR, Jiang X et al (2004) Preparation and antibacterial activity of chitosan nanoparticles. Carbohydr Res 339(16):2693-2700

[87] Quintanilla – Carvajal MX, Camacho – Díaz BH, Meraz – Torres LS (2010) Nanoencapsulation:a new trend in food engineering processing. Food Eng Rev 2 (1):39-50

[88] Ravi Kumar MNV (2000) A review of chitin and chitosan applications. React FunctPolym 46(1):1-27

[89] Rhim JW, Ng PKW (2007) Natural biopolymer-based nanocomposite films for packaging applications. Crit Rev Food Sci Nutr 47(4):411-433

[90] Rhim JW, Park HM, Ha CS (2013) Bio-nanocomposites for food packaging applications. Prog Polym Sci 38:1629e52

[91] Rojas-Grau MA, Soliva-Fortuny R, Martın-Belloso O (2009) Edible coatings to incorporate active ingredients to freshcut fruits: a review. Trends Food Sci Technol 20:438e47

[92] Robertson JMC, Robertson PKJ, Lawton LA (2005) A comparison of the

effectiveness of TiO$_2$ photocatalysis and UVA photolysis for the destruction of three pathogenic micro-organisms. J Photochem Photobiol A Chem 175(1):51-56

[93] Salvia-Trujillo L, Martin-Belloso O, McClements DJ (2016) Excipient nano emulsions for improving oral bioavailability of bioactives. Nano 6:17

[94] Sanguansri P, Augustin MA (2006) Nanoscale materials development—a food industry perspective. Trends Food Sci Technol 17(10):547-556

[95] Sari P, Mann B, Kumar R et al (2015) Preparation and characterization of nano emulsion encapsu- lating curcumin. Food Hydrocoll 43:540-546

[96] Scampicchio M, Ballabio D, Recchi A et al (2008) Amperometric electronic tongue for food analysis. Microchim Acta 163(1-2):11-21

[97] Schultz WB, Brclay LA (2009) Hard pill to swallow: barriers to effective FDA regulation of nanotechnology-based dietary supplements

[98] Scrinis G (2008) On the ideology of nutritionism. JSTOR 8(1):39-48

[99] Scrinis G, Lyons K (2007) The emerging nano - corporate paradigm: nanotechnology and the trans-formation of nature, food and agri-food systems. Int J Sociol Food Agricult 15(2):22-41

[100] Sekhon BS (2010) Food nanotechnology—an overview. Nanotechnol Sci Appl 3(1):1-15

[101] Semo E, Kesselman E, Danino D et al (2007) Casein micelle as a natural nano-capsular vehicle for nutraceuticals. Food Hydrocoll 21(5-6):936-942

[102] Silva HD, Cerqueira MÂ, Vicente AA (2012) Nanoemulsions for food applications: development and characterization. Food Bioprocess Technol 5(3):854-867

[103] Sondi I, Salopek-Sondi B (2004) Silver nanoparticles as antimicrobial agent: a case study on E. coli as a model for Gram-negative bacteria. J Colloid Interface Sci 275(1):177-182

[104] Suh WH, Suslick KS, Stucky GD, Suh YH (2008) Nanotechnology, nanotoxicology, and neuroscience. Prog Neurobiol 87(3):133-170

[105] Tang D, Sauceda JC, Lin Z (2009) Magnetic nanogold microspheres-based lateral-flow immuno-dipstick for rapid detection of aflatoxin B$_2$ in food. BiosensBioelectron 25(2):514-518

[106] Tanver T (2006) Food nanotechnology. Food Technol 60:22-26

［107］Vamvakaki V, Chaniotakis N（2007）Pesticide detection with a liposome－based nano－biosensor. BiosensBioelectron 22:2848－2853

［108］Vidhyalakshmi R, Bhakyaraj R, Subhasree RS（2009）Encapsulation 'the future of probiotics'—a review. Adv Biol Res 3(3－4):96－103

［109］Wang L,Mutch K,Eastoe J et al（2008）Nanoemulsions prepared by a two－step low－energy process. Langmuir 24:6092－6099

［110］Weiss J, Takhistov P, McClements J（2006）Functional materials in food nanotechnology. J Food Sci 71:R107－R116

［111］Yan SS, Gilbert JM（2004）Antimicrobial drug delivery in food animals and microbial food safety concerns:an overview of in vitro and in vivo factors potentially affecting the animal gut microflora. Adv Drug Deliv Rev 56:1497－1521

［112］Yotova L,Yaneva S,Marinkova D（2013）Biomimetic nanosensors for determination of toxic compounds in food and agricultural products（review）. J Chem Technol Metallur 48(3):215－227

［113］Zarif L（2003）Nanocochleate cylinders for oral & parenteral delivery of drugs. J Liposome Res 13(1):109－110

［114］Zawistowski J, Biliaderis CG, Eskin NAM（1991）Polyphenol oxidase. In: Robinson DS,Eskin NAM（eds）Oxidative enzymes in foods. Elsevier,London, pp 217－273

［115］Zhao R,Torley P,Halley PJ（2008）Emerging biodegradable materials:starch－and protein－based bio－nanocomposites. J Mater Sci 43(9):3058－3071

3 糖产业的发展:机遇与挑战

摘要 糖作为一种食品,在普通人的生活中有多种用途,既可以直接食用,也可以间接食用。印度被认为是东方的"糖碗",产糖量约占世界总产糖量的15%。然而,糖产量的周期性起伏已经成为印度糖业的标志,并影响了该行业的可持续发展。虽然在产能过剩时,因质量限制,该国大多数糖厂面临着处置耕地白糖的问题,但在短缺的情况下,自己缺乏提炼原糖的基础设施。印度是世界上最大的糖消费国,该国总的糖用量从2005年的1752.7万吨增长到2014年的2601万吨,年均增长率达到3.4%。然而,印度的消费模式表明,大约60%的食糖生产流向了大宗消费者,即饮料、糖果和制药行业,这些行业的需求在过去几年中一直稳定增长。工业消费持续增长背后的原因是人口结构的变化、收入的增长以及城市人口比例的增长,导致人们对方便食品、富含糖分的糖果和软饮料的使用增加。本章回顾了全球和印度食糖的概况、消费模式以及生产优质食糖所需的努力。所生产的优质食糖不仅要满足大宗消费者的特殊需求,而且要使印度食糖具有全球竞争力。

关键词 精制糖;无硫糖;耕地白糖

3.1 引言

糖产量的周期性起伏已成为印度糖业的标志。虽然在产能过剩时,因质量限制,该国面临着处理掉国际市场上的耕地白糖的问题,但在短缺的情况下,缺乏对进口原糖的精炼能力。在全球范围内,糖的总消费量的年增长率略低于2.0%,但直接消费和饮食消费量增长持平或缓慢,而含糖产品的工业(或间接)消费量增长迅速。糖的工业消费持续增长背后的原因是人口结构变化、收入增长以及城市人口比例的增长,这些因素导致便利食品、富含糖的糖果和软饮料的使用量增加。

对于印度的工业买家或大宗消费者来说,他们对糖的质量、加工的卫生条件以及稳定储存的包装的意识日益增强,此外,他们还渴望获得特殊的糖或食糖,而生产这些糖需要精炼路线。本章对全球和印度的食糖概况/消费模式进行回顾,以了解按照需求生产食糖的必要性,而不是生产食糖的质量。

3.2　国内外糖消费模式

随着糖的直接利用向间接利用的转变,非常有必要了解糖的消费模式以决定糖的质量参数。需要了解的是,大体上有 3 种类型的糖是大规模生产的(即原糖、耕地白糖和精制糖)。虽然用甘蔗或甜菜汁生产的原糖(主要用作生产精制糖的原料)不供人类食用,但用甘蔗或甜菜汁生产的耕地白糖适合直接食用。

与耕地白糖相比,精制糖的质量更高,仍然是饮料、制药和糖果行业的首选。值得一提的是,精制糖的一个显著优点是硫含量少,而印度生产的耕地白糖由于加工工艺的限制,硫含量高达 50 mg/kg。因此,需要根据市场需求生产所需质量的糖,而不是以任意方式生产。表 3.1 对三类糖的质量进行比较(BIS 标准):

消费行为在以下段落中进行了讨论,揭示了根据消费和市场需求(ISO 2016)来决定生产某种糖的重要性。

表 3.1　印度标准局对原糖、耕地白糖和精制糖的规范说明

序号	特点	原糖 (IS 5975:2003)	耕地白糖 (IS 5982:2003)	精制糖 (IS 1151:2003)
1	干燥损失,质量分数,最大值	—	0.10	0.05
2	极化,最小值	96.5	99.5	99.7
3	还原糖,质量分数,最大值	1.0	0.10	0.04
4	ICUMSA 色值	—	150	60
5	电导灰分,质量分数,最大值	0.8	0.10	0.04
6	二氧化硫,mg/kg,最大值	2	70	15
7	材料的晶粒尺寸需保留在 500 微米的 IS 筛分百分比,最小值	95.0	—	—
8	平均孔径	—	—	—
9	变异系数(%)	—	—	—
10	铅,mg/kg,最大值		5.0	0.5

续表

序号	特点	原糖 （IS 5975:2003）	耕地白糖 （IS 5982:2003）	精制糖 （IS 1151:2003）
11	沉淀物	—	—	—
12	絮凝试验	阴性	—	—
13	六价铬, mg/kg, 最大值	—	—	20

3.3　巴西

就最大的糖生产国巴西而言,工业用糖在总消费中所占的比重已经缓慢下降,从 2005 年的 51.1%下降到 2014 年的 49.9%。与工业消费和直接消费相比,非食品用途(主要用于生产味精、氨基酸和制药)的比重自 2005 年以来增加了一倍多。2015 年,其市场份额接近 12%。

在过去十年中,软饮料行业的糖使用量大幅下降,从平均 170 万吨(2005—2009 年)降至 98 万吨(2010—2014 年),2015—2016 年进一步降至 89 万吨,这主要归功于巴西消费者对食品和饮料产品中与糖相关的索赔意识的增强而导致软饮料消费量下降的总体趋势(图 3.1)。

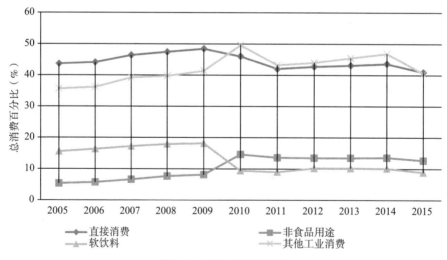

图 3.1　巴西:糖消费结构

3.4　泰国

泰国是世界第五大食糖生产国和第二大出口国,也是食糖消费大国,人均消费量大大高于世界平均水平。食糖消费量从2001年的180.9万吨增长到2015年的280.6万吨,年均增长率为3.3%(图3.2)

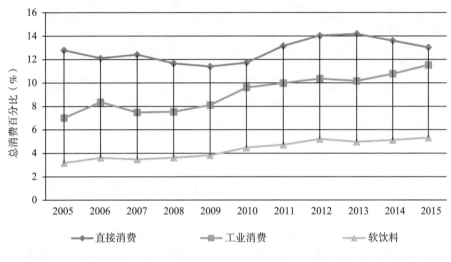

图3.2　泰国:糖消费

从图3.2可以看出,糖的直接消费量正在缓慢而平稳地下降,其在糖的总消费量中所占的份额也在减少。目前,直接消费占总消费的比例不到53%,而在21世纪中叶,这一比例约为63.5%。与此同时,工业消费也在增长。食品行业和饮料行业对糖的使用是总体增长的主要因素。2005年以来,工业用量从70.3万吨增加到107.7万吨。

3.5　中国

尽管过去几年消费量有明显增长,但中国在30个国家中人均食糖消费量最低(不足12 kg)。中国的甜味剂市场由3个领域组成:糖、强化甜味剂和玉米甜味剂(当地称为淀粉糖)。糖不是唯一的甜味剂。目前,糖在甜味剂总需求中的份额不超过70%(ISO估计)。即使加上其他甜味剂(高热量甜味剂和人造甜味剂),中国人均消费量约为15.0 kg,而2012年远东地区的平均消费量为16.0 kg

（图3.3）。

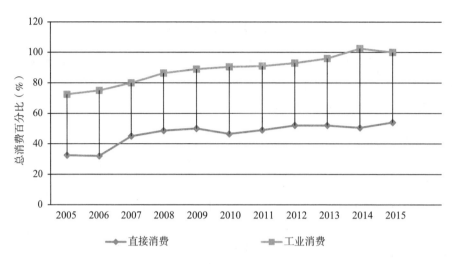

图 3.3　中国:糖消费结构

　　尽管近年来食糖消费增长迅猛,但直接消费或通过含糖产品消费的食糖占总热量摄入的比例不到 2.5%,而 2011 年,世界平均水平为 6.8%。在 ISO 2010调查中,有人指出,新兴的国际食糖市场有一个非常有趣的消费结构。与大多数发展中国家的消费模式不同,直接消费仅占总消费的 1/3 左右,其增长速度快于工业用途。

　　正如 USDA GAIN 12 报告所指出的那样,随着整体经济的增长,工业用糖消费量的增长在过去两年减缓了。然而,2015 年,某些高糖加工食品呈现强劲增长。国家统计局的数据显示,2015 年中国食品制造业增长 6.8%。速冻糕点和甜点产量增长 5.1%,达到 280 万吨,饮料行业(包括葡萄酒、软饮料和精制茶)增长 8%。

3.6　印度

　　印度是世界上最大的糖消费国,该国总糖用量从 2005 年的 1752.7 万吨增长到 2014 年的 2601 万吨,年均增长 3.4%。人均消费年均增长率 1.6%,从 2006 年的 16.3 kg 提高到 2015 年的 19.8 kg,这表明消费动力受到人口和收入增长的双重驱动。根据美国农业部最近的一份报告显示,工业消费在糖消费总量中所占的份额进一步上升至 65%。根据 ISMA 和其他可用报告显示,印度市场上,大宗消费占总糖消费量的60%~65%（ISMA,2005-2006;Mohan 和 Kanaujia,2019）。

　　值得一提的是,在运营的532家糖厂中,只有30多家糖厂拥有生产精制(无硫)糖的设施,而其他糖厂则以传统方式生产耕地白糖(Mohan,2018)。由于国内市场的工业买家对优质白糖和其他特殊糖(冰糖、方糖和药用糖)的需求,采用精制糖的生产工艺很容易实现,而不是在现有的耕地白糖双亚硫酸化工艺的基础上进行改造,这种生产方式也不环保。原糖生产工艺还有另一个明显优势,即开发设施通过糖的出口或进口来解决糖生产过剩或不足的问题,因为糖生产过剩时,原糖或精制糖都可以出口(大多数全球贸易都是以原糖和精制糖的形式进行的),而在短缺期间,可以进口原糖用于提炼和后续使用(图3.4)。

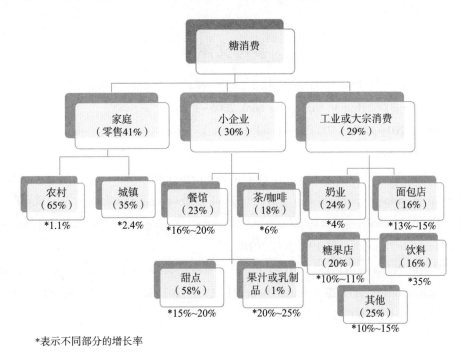

*表示不同部分的增长率

图3.4　印度:糖消费结构(括号内的数字表示不同细分市场的增长率)

3.7　结论

　　①未来糖生产主要采用原糖精制路线,同时考虑到行业需求,特别是工业部门,以及在糖生产过剩和不足情景下都有更好的可持续性。

　　②该国生产的耕地白糖在蔗糖含量、转化糖含量、灰分含量和色值方面低于

精制糖,当普通消费者对质量有更高的要求时,精制糖很容易打开市场。消费者可能愿意为产品质量支付更高的价格。

③精制糖应是饮料、糖果、制药行业和制糖业等食品加工行业的首选,制糖公司应能够赚取超过产品的价格溢价,以抵消目前生产的耕地白糖所增加的生产成本。

④精制(无硫)糖生产的发展将为冰糖、药用糖、液态糖、糖果、方糖、金糖,甚至强化糖等许多其他特殊糖的生产铺平道路,从而赚取价格溢价。

⑤有必要开发小包装的包装方法而不是用麻袋包装。这将使消费者对质量和包装卫生条件感到满意。

参考文献

[1] BSI (n. d.) Standards published by Bureau of Indian Standards, India ISMA (2005–2006) Indian sugar year book 2005–2006

[2] ISO (2016) ISO/TC 34—Food products. https://www. iso. org/committee/47858. html

[3] Mohan N (2018) Sugar quality and pricing pattern for sustainability of the Indian sugar industry published in proceedings of International Conference on 'Sugar & Sugar Derivatives Under Changing Consumer Preferences', at National Sugar Institute, Kanpur, 18–19th July 2018

[4] Mohan N, Kanaujia AK (2019) Biomass energy for economic and environmental sustainability in India. Sugar Tech 21: 197 – 201. https://doi. org/10. 1007/s12355-019-00702-3

第二部分　食品安全

4 肉禽加工业的质量问题

摘要 肉类、家禽及其相关产品极易腐烂变质,具有通过动物向人类传播疾病的风险,因此具有人畜共患病的可能性。印度肉类产量居世界第 8 位,据估计年产量约 889 万吨。在温湿气候的印度,肉类的变质速度比其他气候潮湿的寒冷国家要快。地方卫生官员依据当地立法管控肉类生产和屠宰,肉类生产和屠宰依然受政府调控。目前的肉类产量估计为 190 万吨,其中约 21% 用于出口。导致食源性疾病的主要因素是储存温度不当,占所有其他因素的 63%。肉禽加工中的质量问题分为生物的、物理的和化学的三类。所有涉及肉类、家禽及其产品的生产、加工、储存和销售的食品经营者都必须遵守卫生规范。因此,卫生规范在很大程度上有助于提高食品质量和为消费者提供健康的肉类产品。

关键词 食品质量;肉;禽;食源性疾病;卫生习惯;动物屠宰

4.1 引言

肉类和其他动物产品极易腐烂,会通过动物向人类传播疾病。由于潮湿的气候条件,印度肉类的变质速度比寒冷国家快。产品生产链上复杂的肉类生产参数影响其质量。地方卫生官员应严格监管肉类和家禽生产,因为根据地方法律,屠宰动物是一个国家议题。印度有 4.85 亿牲畜,能够满足日益增长的人口对禽肉的需求。印度肉类产量世界排名第 8,印度有动物蛋白的最大禽肉市场。在整个禽肉生产中,只有 6% 的禽肉(约 10 亿吨)以加工形式零售,1% 以即食和即食形式加工成增值产品。印度对肉类的需求逐渐增加,预计未来几年还会增加。随着经济增长带动人均收入的增加,城市化趋势的加强,以及人们对肉类及其制品的食用价值的认识的提高,到 2020 年,肉类和鸡蛋的需求估计为 800 万吨。现有肉类产量约为 190 万吨,约 21% 用于出口。肉禽加工业有很多可利用的原材料。印度水牛数量(9700 万)世界排名第 1,牛和山羊数量位居第 2(分别为 1.85 亿和 1.24 亿),绵羊数量排名第 3(9700 万),鸭子数量排名第 4(3300

万),鸡数量排名第 5(4.57 亿),骆驼数量排名第 6(6.32 亿)(畜牧业统计,2017)。

肉类的生产和出口取决于消费者的需求。为了符合全球规范和法规,全球肉类行业对家禽生产和加工进行全面监管。劣质肉类在未来会对人类健康构成更大威胁。抗生素的使用在不断增加,但仍然不足以杀死微生物,因为耐药细菌会通过食物链传递给消费者。

受感染动物中的许多病原体不会引起任何临床症状或损害。沙门氏菌、弓形虫、旋毛虫、曲状杆菌和耶尔森菌等微生物可以通过精确的靶向监测系统进行检测。

在 2011 年 8 月 4 日《1973 年肉类食物令》(MFPO)被废除之前,肉类加工一直依据 1973 年 MFPO 进行。从事肉类及其相关产品生产、加工、储存和销售的食品企业经营者(FBO)应遵守自 2011 年 8 月 5 日起生效的 2011 年 FSSR 附表 4 第四部分规定的具体卫生标准(Kumari 和 Kapur,2018)。

4.2　肉禽质量问题

肉的品质由许多重要的变量来定义,如瘦肉率和适口性因素(如外观、气味、硬度、多汁性、嫩度和口感)。

年龄、性别、品种、饮食、动物肌内脂肪以及肉的水分含量、宰前条件和各种其他加工变量也会影响禽肉的颜色(Jooa 等,2013)。

健康的肉应该是有营养的,微生物污染最少。化学残留物不应超过可接受范围。影响肉禽总体品质的特征数量的主要因素有以下几个方面。

①外观——颜色。

②质地——柔嫩。

③风味——口感和气味。

④实用性——印度是第九大禽肉生产国。

⑤易于制备——动物类型、年龄、肌肉和来源。

⑥保质期——腐败生物、产品的温变史。

⑦质量的保持——新鲜,优质肉类。

⑧安全——健康,165℃烹饪温度。

⑨纯度——宰前和死后尸检。

⑩营养成分——镁、锌、铁、维生素(B 和 E)。

⑪营养素利用率——富含蛋白质,降低肥胖、超重和糖尿病的风险。

⑫热值——272 cal/100 g(1 cal＝4.186 kJ)。

4.3 肉禽食品污染的类型

4.3.1 生物污染

微生物的主要污染源来自外部,特别是在放血、剥皮和切割等处理过程中。微生物的主要来源是肠道和动物的可食用部分。工人的刀具、布、空气、手和衣服也可能是污染的中间传播者。许多霉菌和细菌可能附着在肉的表面并在待加工的肉上生长。最常见的污染肉类的细菌是沙门氏菌、弯曲杆菌、金黄色葡萄球菌、大肠杆菌和李斯特菌;真菌是枝孢霉属、孢子丝菌、地霉属、枝霉属、毛霉、青霉属、链格孢属和念珠菌(Blackburn,2001)。真菌毒素作为产毒微生物的次级代谢产物,也会导致肉类的生物污染(Erdtsieck,1989)。人类食用肉类和家禽后发生的一些食源性疾病是由于缺乏适当的管理措施。其中,12%是由于食物来源不安全,63%是由于储存温度不当,28%是由于个人卫生,23%是由于设备污染,21%是由于烹调不当(Bryan,1998)。

4.3.2 物理性污染

生物污染不仅对消费者的健康构成威胁,而且动物产品尤其是成品也容易产生物理性危害。受污染的原材料、设计和/或维护不当的设施和机器、不当的肉类处理工艺以及不正确的工人培训和实践,都会导致肉类物理性污染。其他物理性污染物还包括玻璃、金属、石头、塑料、针等。

4.3.3 化学污染

化学污染可由有意的食品添加剂或无意的食品添加剂引起。一些直接使用的或有意的食品添加剂是防腐剂、人工增香剂和着色剂。间接食品添加剂包括锅炉水添加剂、脱皮剂、消泡剂。无意的食品添加剂通常包括杀虫剂、抗生素、动物激素、有害毒素、放牧时产生的肥料、杀菌剂、污水中的重金属、着色剂、油墨、间接添加剂、包装材料、润滑剂、油漆和涂料(Hui,2012)。

4.4 卫生措施

FBO 在屠宰大小动物生产供大众分销的肉制品时,必须满足以下条件:

①一般情况:在授予许可证之前,收到地方当局的无异议证明(NOC)。

②特定地点:肉类加工部门不应坐落于受周期性和频繁洪灾影响的地区。该场所应无异味、烟尘和其他环境污染物,并具备适当的排水和清洁设施,并且这些设施的内部通道能被控制。

③前提条件:屠宰场应有用于不同目的的单独空间。每次操作后,都应彻底消毒。屠宰场的内墙及附近区域应使用防水的釉面砖,如果是家禽和小型反刍动物的话,内墙及附近区域的高度应为 1 m;如果是大型反刍动物,其高度应为 5 m。屠宰场应设计涂环氧树脂的墙和地板,为食用产品建造单独的屠宰室和隔间,以进行加工和处理。该区域的建设需要足够的通风,良好的自然或人工照明,并且易于清洁。该区域还应有利于对肉类卫生的适当监督,包括其性能,检查和控制,并防止昆虫,鸟类,啮齿动物或其他害虫进入。应该建造足够的设施以防止上述环境污染物的进入。建筑物的设计应把可能引起交叉污染的区域进行分隔。防水,不吸水,可洗的防滑地板应使用无毒材料建造。墙壁也应使用防水,不吸水的,可清洗且无毒的材料,并涂浅色油漆。它们应光滑且无缝隙,易于清洗,高度至少 1.5 m。天花板的设计、建造和装修应防止藏污,并最大程度地减少冷凝水和霉菌的形成。门必须具有非吸水性表面,并且必须能自动开合。楼梯升降设备和支撑结构(如平台和梯子)的位置和构造应不会造成肉类污染。整个肉类加工部门应提供充足的自然或人工照明。照明不应改变颜色,并且在所有检查点的强度均不得低于540 Lux(50 英尺烛光),工作场所的照明强度不得低于220 Lux(20 英尺烛光),其他地区的照明强度应不低于110 Lux(10 英尺烛光)。

④卫生措施:屠宰场地面和人行道应定期用热石灰彻底清洗。屠宰场的经营场所应定期用高效毒剂彻底清洁。应严格禁止狗、猫或鸟等动物进入屠宰场。应有高压储水设备(Cartoni Mancinelli 等,2018)。工作时间应始终有热水供应。冰也应由饮用水制成,并采取正确方法制备、处理和储存,以免造成污染。与肉类直接接触的蒸汽应由饮用水生产,并且应不含可能影响健康或污染食品的有害物质和化学物质。在丢弃之前,屠宰场应有存放废物和不可食用的物料的空间。设施的设计应防止虫害进入堆放废物或不可食用的材料的房间,并避免污

染食物、饮用水和设备或建筑物。所有场所均应提供更衣室和厕所。这些设施应适时进行维护。洗手池和干燥区应靠近厕所和加工区域，并应提供卫生的温水、热水和冷水。始终要有合适的手部消毒设施。肉类加工和处理场所应配备足够的清洁和消毒设施。应保持适当的通风以去除污染的空气，并防止过热、蒸汽凝结和灰尘的进入。气流方向应始终从清洁区域流向其他区域。通风孔应配备防虫网或其他非腐蚀性材料的防护外壳。

⑤机器和设备：接触肉类和肉制品的设备、器具和用具表面应光滑、耐腐蚀。这些设备和器具应由无毒材料制成，不会散发任何气味或味道，无凹坑，不可吸收，并且能够进行反复地清洗和消毒。所有设备和用具的设计和构造应有利于卫生，并易于彻底地清洗和消毒，在可行的情况下，还应便于检查。所有冷藏室应配备温控设备。用于非食用材料或废物的设备和器具应进行标识，不得用于食用产品。

⑥基础设施维护：肉类加工厂的建筑物、房间、设备和其他物理设施，包括排水沟，应定期进行维修。为员工提供的便利设施和检验所，包括更衣室、厕所和检验所，应始终保持整洁。应保持去骨和修剪房间的温度，以使污染最小化。所有设备、工具、桌子、用具、器械和容器应在白天定期清洗，以防止肉受到污染；或在遇到病料、感染性材料时立即清洗和消毒。当天工作结束后或其他需要的时间，应立即清洗地面和墙壁，以防污染。

⑦为了自身利益出发，每个肉品加工单位最好指定专人负责从生产转移到肉类加工单位的卫生清洁工作。员工可以是正式工中的一员或临时工，并应在使用专用清洁工具、拆卸清洁设备的方法以及污染的重要性和所涉及的危害方面接受良好的培训。应遵循常规清洁和消毒计划，以确保肉品加工装置的所有部分都得到清洁。废料的处理应避免食物或饮用水的污染。应采取预防措施，防止有害生物接触废物。所有工作区域应每天清除处理肉类的废物。废物处置后，应立即清洁和消毒与废物接触的储存容器和其他设备。至少每天对废物储存区进行清洁和消毒。

⑧病虫害防治：肉类加工单位和毗邻地区应定期检查是否有虫害迹象。只有在充分了解使用这些药物对健康可能造成的危害的人员的直接监督下，才可采取物理、化学或生物制剂进行虫害控制。只有在其他预防方法无效时，才能使用农药。只可使用经主管机关批准在肉类加工单位使用的农药，并应尽最大努力防止肉类设备或器具受到污染。农药或其他可能构成危险的物品应贴上警告标签，说明其毒性和使用情况。

⑨个人卫生:根据规定,在工作中接触肉品加工部门的人员,应在就业前进行体检。肉类加工人员的医学检查应定期进行,或在临床或流行病学上有迹象时进行,至少每12个月进行一次。管理层应注意确保,在已知或疑似或可能通过肉类传播疾病的携带者,或有伤口感染、皮肤感染、溃疡或腹泻的情况下,任何人不得在任何区域工作,这些人可能直接或间接受到病原微生物污染。每个人在肉品处理区值班时,应在流动饮用水下,用合适的洗手液频繁彻底地洗手。在开始工作前、上厕所之后、处理污染材料之后以及其他必要的时候,都应该洗手(Hoffmann 等,2017)。

⑩每一位在肉品加工单位内处理肉类的人员在当班时应保持高度的个人卫生,并应始终穿着合适的防护服,包括头套和鞋。围裙和类似物品不应在地板上清洗。在制备、处理、包装或运输肉类的任何肉品加工部门,应禁止吃东西、吸烟、咀嚼和吐痰等任何可能污染肉类的行为。凡到肉类加工区参观的人员,应穿戴干净的防护服和头套。

4.5　动物的处理

①宰前:应该运送健康的动物,除非是用于紧急屠宰。有关部门或公司应获得兽医检查合格证,表明动物没有传染病和外寄生虫病。动物从疫区转移到非疫区时应隔离30天,并应当遵守疫苗接种程序。妊娠晚期的动物不得运输,在运输过程中应给予人道的治疗和照顾。为了有足够大的空间来站立或躺卧,应避免动物被捆绑和拴在一起。动物不应过度拥挤。在装载和运输动物之前,应检查车辆的安全性、适用性和清洁度等参数。每批货物应注明以下细节:装载动物的数量和类型;发货人的姓名、地址和电话号码(如有);收货人的地址和电话号码(如有);饲喂和饮水情况。

②屠宰:动物屠宰首先是使其致昏,然后放血。动物失去意识和知觉,有助于避免昏厥,减少动物的恐惧和焦虑,在很大程度上减少它们对疼痛和痛苦的反应。可以携带任何使牛致昏的器械:致昏枪致昏、快速敲击致昏和气体致昏。电击头部致昏通常是屠宰绵羊和山羊的首选。对于气体致昏,二氧化碳浓度应为90%(按体积计)且不低于80%(按体积计)。

4.6 动物福利的注意事项

应采取预防措施,防止动物滑倒。噪声给动物带来很大的痛苦。家禽屠宰厂的卫生条件应达标,并连续监测其健康状况。家禽的箱/笼子不能损坏,以免使家禽受伤。动物棚舍应带有气候控制风扇和窗帘以保证适当的通风。屠宰前,应妥善维护致昏的设备。动物福利应适当设计和执行的关键因素有以下6个方面。

①员工监督和培训模式。

②动物运输车和卸货间。

③装卸/休息栏、致昏箱的构造,致昏设备、控制系统、闸门和其他动物运输设备的维护。

④避免让动物分心,因此他们拒绝活动。

⑤监测到达工厂的时间。

⑥屠宰场设备设计。

4.7 家禽福利的注意事项

规范的动物福利程序对于装载、运输和肉鸡/鸡肉加工行业非常重要。开发这套程序,加工单位应在其质量手册中进行考虑(Berghaus 和 Stewart Brown,2013):

①捕捉:应选择清洁健康的家禽。应严格遵守预防措施,以尽量减少对家禽的伤害。应该对捕捉者进行适当的训练。

②运输:应使用质量良好的运输箱。任何损坏都会给家禽带来伤害的空间,或在运输过程中运输箱被意外打开。空隙无须过度填充,但应为家禽提供足够的躺卧空间。

③运输途中:适当的通风和气候控制,如提供风扇或窗帘。

④致昏:致昏装备应妥善保存。应尽量缩短致昏和屠宰之间的时间间隔,以防家禽在屠宰前恢复知觉。

4.8　死前检查

所有动物在屠宰前都要休息。屠宰前还应提前做好尸检准备工作。在获得合格兽医的书面同意之前,不得将动物移走并在屠宰大厅内饲养。不允许宰杀发热的动物。死前检查时有任何疾病迹象的动物,应标记为禁止屠宰和拒收。经查为可疑动物的,应当转移至专用圈舍进行治疗,并在那里观察一段时间。死前检查被判为死刑的动物,应标记为可以处死,如果尚未死亡应处死。

4.9　尸检

动物屠宰后应接受尸检,对尸体进行全面、详细的检查。每一个尸体或尸体的每一部分都应由熟练的兽医检查。发现有任何不适合人类食用的部分,应当贴上待查和危险的标签。

发现健康、适合人类食用的部位和器官,均应标记为已检验合格(Leroy 和 Degress,2015)。详细的尸检应涵盖尸体的所有部位,包括内脏、淋巴结、器官和腺体。尸检应当按照公共屠宰场规定的一般规定进行。它应该受当地机构的严格控制。检验局可根据需要发出特别指示。在熟练兽医师指导下,剔除不合适的部分。不可食用部分应通过焚烧或用刀具切割后,或粗碳酸、甲酚消毒剂或其他配方变性后毁坏(Hobs 等,2002)。因消费者直接到肉店购买肉食品,零售店应按照标准严格执行卫生要求。应认真考虑以下几点:

①肉店/零售店最好开设在肉品市场。它应该远离蔬菜、鱼类或其他食品市场。其附近区域不应有异味、烟雾、灰尘或其他污染物。

②肉店的规模可能不同。规模大小通常取决于公司的规模和开展的业务。肉店的高度不应低于 3 m,而有制冷设备的肉店高度不应低于 2.5 m。

③肉店的建筑结构要合理。墙面由防水混凝土材料建造,高度至少应离地面 5 英尺。所有侧墙的设计应易于清洗和清洁,并有一个斜坡,便于清洗和清除污垢、废弃物和脏水。3 m 高的地板,坡度不得小于 5 cm。所有安装在圈舍的配件应防腐防锈。所有操作桌、机架、货架、板等应具有锌/铝/不锈钢/大理石花岗岩顶部,以便于适当清洁。标明所售肉类种类的标签应突出显示。因此,肉类应该在其经营场所售卖。

④肉店应提供交叉式通风设备,如电风扇和排气扇。

⑤应适当布置气帘、捕蝇器等以防苍蝇进入。应配备合适尺寸的陈列柜式冰箱以维持4~8℃的温度,如果肉的储存时间超过48 h,则应配备冷冻柜。使用的秤应避免不必要的搬运和污染,秤盘应由不锈钢或镍制成。使用的刀具、工具和挂钩应由不锈钢制成(Marangoni等,2015)。

⑥从屠宰场到肉店的屠体运输应使用隔热冷藏车。在任何情况下,屠体均不得用供人通勤的车辆或在暴露的条件下运输。

⑦肉店周边地区应保证没有昆虫、鸟类和啮齿动物。店主采取的病虫害防治措施应记录在案。氯代烃、有机磷化合物、合成拟除虫菊酯、灭鼠剂等不得作为除害药物使用。

⑧任何疑似发热、呕吐、腹泻、伤寒、痢疾或疖子、伤口和溃疡的员工不得在肉制品店工作。肉制品店的所有工作人员在开始工作前和每次复岗后,应保持指甲短而干净,并用肥皂或洗涤剂及热水洗手。禁止在本单位肉类加工、包装、储存场所内进食、吐痰、擦鼻、吸烟、咀嚼槟榔。

⑨切肉板清洗干净之后,再用温水清洗,并且每天用海盐进行消毒。冷藏/冷冻室的日常清洁和维护也是很重要的。只有肉类商店才能出售合格屠宰场的健康肉制品。

⑩肉类零售店许可证的签发应符合上述所有与贸易有关的技术和行政命令。

只有严格遵守的标准说明,才可获得优质的肉和家禽产品。这提高了员工素质培训的效率和投资。生产规则和管理程序,尤其是从农场到产品加工的生产规则和管理程序,对肉禽质量起着重要作用(Petraci和Cavani,2011)。技术的使用降低了整个产业链的风险,从而为国内外市场提供更优质的禽肉。客户需要安全、健康、营养、丰富和廉价的蛋白质且全球需求量高。若干国内外机构,如食品法典委员会、粮食及农业组织(粮农组织)、国际食品微生物规范委员会(ICMSF)、印度食品安全管理局(FSSAI),制定并提供准则,联邦调查局必须遵循这一点,以保护消费者的健康和确保食品贸易的公平。

参考文献

[1] Berghaus RD, Stewart - Brown B (2013) Public health significance of poultry diseases. In: Swayne DE (ed) Diseases of poultry, 13th edn. Wiley - Blackwell, London

［2］Blackburn C de W（2001）Microbiological testing in food safety and quality management：In：G. C. Mead，Microbiological analysis of red meat，poultry and eggs，Food science，technology and nutrition. Woodhead Publishing，Cambridge p 1-32 doi：https://doi. org/10. 1533/9781845692513. 1

［3］Bryan L（1998）Risks of practices，procedures and processes that lead to outbreaks of foodborne diseases. J Food Prot 51(8)：663-673

［4］CartoniMancinelli A，Dal Bosco A，Mattioli S et al（2018）Mobile poultry processing unit as a resource for small poultry farms：planning and economic efficiency，animal welfare，meat quality and sanitary implications. Animals 8 (12)：2076-2615

［5］Erdtsieck B（1989）Quality requirements in the modern poultry industry. In：Mead GC（ed）Processing of poultry. Elsevier Applied Science，New York，pp 1-30

［6］Hobbs JE，Fearne A，Spriggs J（2002）Incentive structures for food safety and quality assurance：an international comparison. Food Control 13(2)：77-81

［7］Hoffmann S，Devleesschauwer B，Aspinall W et al（2017）Attribution of global foodborne disease to specific foods：findings from a World Health Organization structured expert elicitation. PLoS One 12(9)：e018364

［8］Hui YH（2012）Hazard analysis and critical control point system. In：Handbook of meat and meat processing，2nd edn. CRC Press，Boca Raton

［9］Husbandry BA，Statistics F AHS Series-18（2017）Statistical report of department of animal husbandry，dairying & fisheries，Ministry of Agriculture & Farmers Welfare，Government of India

［10］Jooa ST，Kimb D，Hwanga YH et al（2013）Control of fresh meat quality through manipulation of muscle fiber characteristics. Meat Sci 95(4)：828-836

［11］Kumari V，Kapur D（2018）Evaluating compliance to food safety and hygiene standards in selected Delhi based catering establishments as per schedule IV of food safety and standard regula-tion，2011 under FSS Act，2006. Int J Sci Res Sci Tech：176-195. https://doi. org/10. 32628/ IJSRST18401136

［12］Leroy F，Degree F（2015）Convenient meat and meat products. Societal and technological issues. Appetite 94：40-46. https://doi. org/10. 1016/j. appet. 2015. 01. 022

[13] Marangoni F, Corsello G, Cricelli C et al (2015) Role of poultry meat in a balanced diet aimed at maintaining health and wellbeing: an Italian consensus document. Food Nutr Res 59(1):27606 Petracci M, Cavani C (2011) Muscle growth and poultry meat quality issues. Nutrients 4(1):1-12. https://doi. org/ 10. 3390/nu4010001

[14] Subramaniam P, Wareing P (2016) the stability and shelf life of food. Woodhead Publishing, Cambridge

5 街头食品消费者的知识与行为研究

摘要 在印度,街头售卖的食品属于无组织的食品部门加工。卫生条件差及缺乏知识和卫生设施不足可能会造成街头食品的污染。本研究为评估消费者的知识和行为,共选取 50 个受试者,大部分为在校大学生。问卷用于收集受试者的知识。问卷包括一般信息、消费者对供应商、摊位、健康行为的观察以及消费者对街头食品的了解等问题。消费者对街头食品已经有了足够的认识,但需要提高消费者的意识。供应商不遵守安全和卫生要求而导致食品污染。约 74%的消费者注意到了摊贩的个人卫生,而 16%的消费者在消费街头食品时并不注意摊贩的卫生。只有 67%的消费者会注意摊位卫生状况,33%的消费者不会注意卫生状况。约 88%的消费者认为食用街头食品对健康不利,12%的消费者认为食用街头食品是安全的。为了减少食源性疾病的发生和经济损失,对街头摊贩和消费者的教育是一种有效的方法。特别是,教育项目应侧重微生物、化学和物理的各个方面,以便消费者和食品运输人员改变其食品卫生方面的行为。

关键词 知识;行为;街头食品;食品安全;消费者;摊贩;意识

5.1 引言

在发展中国家,街头食品非常受欢迎。然而,关于销售街头食品引起的食源性疾病的现有统计数据却很少。此外,街头食品的制作和销售条件通常是有限的。原因是大多数街头小贩往往是贫穷的,没有受过教育,缺乏食品安全意识。如今,街头食品安全是一个潜在的重大公共卫生问题。由于缺乏最基本的基础设施和服务,街头食品被认为是危害公众健康的一大风险。街头食品经销商的多样性、流动性和临时性、低社会经济和教育程度以及缺乏安全食品处理知识都会引起公共健康风险。街头食品污染的源头主要是食品处理不当。世界卫生组织认为,在食品生产、加工、储存和最终零售使用过程中,食品处理人员在食品安全方面起着关键作用。由于缺乏清洁措施和食品销售商的无知,消费者因食用这些不干净的食品而患上各种病原体传播的疾病。一些食品商在处理患有各种疾病的原材料后,交叉污染也会导致生物危害。糟糕的食品处理行为会导致一些物理性危害。

5.2 材料和方法

①实验设计和样品选择——样本是总体的一部分,研究它是为了对整体做出推论。本研究以 18~21 岁年龄组的人群为研究对象。

②分层随机抽样——将群体分组,然后从每组中随机抽样。分组基于一个或多个标准(如性别、年龄、阶级、职业等)。

③调查问卷法——问卷是包含一组问题的文档,答案由受访者提供。
问卷包括:

①一般信息,包括姓名、年龄、性别和社会经济地位。

②与街头食品相关的消费行为,这一部分问卷用于收集消费者行为的信息。

③消费者的消费模式,这一部分问卷涉及消费者的消费模式信息。

④消费者对摊贩的行为观察,这部分问卷旨在收集摊贩个人卫生、习惯、行为和知识。

⑤消费者对街头食品的认知,这部分问卷旨在收集消费者对街头食品的知识和信息的了解。

5.3 观察和讨论

约 96% 的消费者对街头食品有足够的了解,4% 的消费者对街头食品不了解(表 5.1)。大约 94% 的消费者有食品安全知识,而 6% 的消费者没有食品安全知识。90% 的消费者知道与街头食品有关的法律,6% 的消费者不知道。约 94% 的消费者知道食品法,2% 的消费者不知道,而 4% 的消费者不知道任何相关法律。约 86% 的消费者认为健康习惯可以降低患病风险,而 14% 的消费者对此一无所知。88% 的消费者认为清洁用具可以降低食品污染的风险,4% 的消费者不这么认为,而 8% 的消费者对此一无所知。此外,44% 的消费者认为有必要了解食品安全知识,4% 的消费者认为没必要,8% 的消费者对此不了解。最后,90% 的消费者认为有必要采取安全措施,6% 的消费者不这样认为,而 4% 的消费者不知道采取安全措施的必要性(表 5.2 和图 5.1)。

表5.1　消费者对街头食品的了解（$n=50$）

序号	消费者的了解	是	否	未知
1	对街头食品的了解	48	2	—
2	对安全食品的了解	47	3	—
3	街头食品相关法律	45	3	2
4	任何食品法的名字	47	1	2
5	降低疾病的健康习惯	43	—	7
6	降低食品污染风险的清洁餐具	44	2	4
7	安全食品消费知识的必要性	44	2	4
8	需要安全意识	45	3	2
	总计	363	16	21

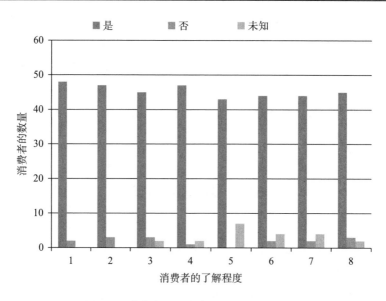

图5.1　消费者对街头食品的了解程度构成

　　约94%的消费者注意到商贩的个人卫生，6%的消费者不注意商贩的个人卫生。62%的消费者观察商贩的手部卫生，10%的消费者不观察，28%的消费者并不知道商贩的手部卫生。大约62%的消费者注意到商贩在提供食物时戴手套，38%的消费者没有注意到商贩是否戴手套。大约78%的消费者注意到商贩在提供食物时戴着头套，12%的消费者没有注意到，而10%的消费者没有关注过商贩的这种做法。此外,68%的消费者注意到商贩的衣着,18%的消费者没有注意到,而14%的消费者对商贩的衣着不感兴趣。此外,82%的消费者观察交易时对钱的处理行为,12%的消费者不观察,而6%的消费者没有注意到这种行为(表5.2和图5.2)。

表5.2　消费者对摊贩卫生的观察

序号	观察	是	否	未知
1	个人卫生观察	47	3	—
2	洗手	31	5	14
3	戴手套	31	19	—
4	戴头套	39	6	5
5	服装得体	34	9	7
6	服务时摸钱	41	6	3
	总计	223	48	29

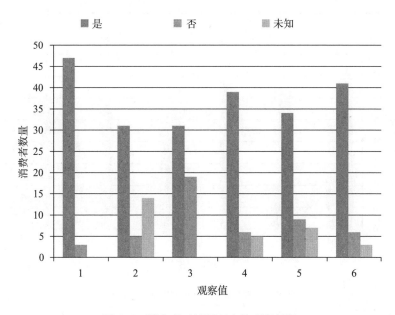

图5.2　消费者对摊贩卫生的观察情况

74%的消费者注意到摊位的清洁,26%的消费者没注意摊位的清洁。约76%的消费者观察到食物是密封放置的,而24%的消费者没有观察到食物是否被密封放置。大约68%的消费者注意到了餐具的清洁,8%的消费者没有注意到,而24%的消费者并不知道需要注意餐具清洁。此外,56%的消费者观察到摊贩使用

食品科学中的新兴技术

的是干净水,28%的消费者没有注意到这一点,而16%的消费者并不知道要关注这一点。约60%的消费者注意到商贩在使用干净的烹饪用具,20%的消费者没有注意到,20%的消费者不观察是否用干净的烹饪用具。约66%的消费者注意到摊位旁有垃圾桶,14%的消费者不观察,而20%的消费者没有注意到摊位旁是否有垃圾桶(表5.3和图5.3)。

表5.3 消费者对摊位卫生的观察(n=50)

序号	摊位卫生	是	否	未知
1	保持摊位干净	37	13	—
2	食物密封	38	12	—
3	干净的餐具	34	4	12
4	用安全的水	28	14	8
5	用干净的烹饪用具	30	10	10
6	有盖垃圾桶	33	7	10
	总计	200	52	48

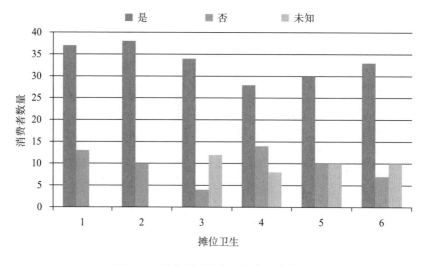

图5.3 消费者对摊位卫生的观察情况

约88%的消费者购买街头食品,12%的人不购买。大约12%的消费者认为食用街头食品对健康是安全的,而88%的人认为不安全。此外,88%的消费者认为街头食品消费会对健康造成危害,4%的人认为不会,而8%的人对此一无所知。大约72%的消费者消费街头食品是因为它便宜,而28%的人不这么认为。此外,88%的消费者消费街头食品是因为其口感好,而12%的人不这么认为。大约42%的消费者为节约时间而食用街头食品,而58%的人不这么认为。大约有8%的消费者总是在同一个地方吃同一种食物,而92%的消费者不这样做。最后,68%的消费者认为他们支付的金额足够,12%的消费者不这么认为,而20%的消费者没有注意到这一点(表5.4和图5.4)。

表5.4 街头食品相关的消费者行为(*n*=50)

序号	消费行为	是	否	未知
1	消费街头食品	44	6	—
2	消费对健康是安全的	6	44	—
3	消费对健康造成危害	44	2	4
4	因为便宜而消费	36	14	—
5	因口感好而消费	44	6	—
6	因没有时间而消费	21	29	—
7	总是在同一地方消费相同食品	4	46	—
8	他们支付足够的钱	34	6	10
	总计	233	153	14

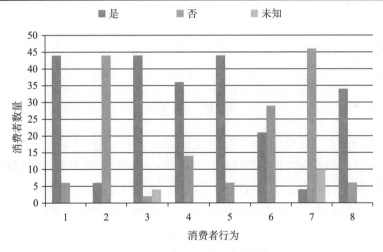

图5.4 街头食品相关的消费者行为

5.4 结论

基于目前的研究,我们得出结论,消费者和商贩迫切需要意识到在食品的制备、储存和服务方面养成健康的习惯,以减少污染的机会。政府机构和非政府组织也可以主动采取行动,制定销售和消费安全卫生街头食品的指导方针。

6 印度食品安全和质量措施趋势分析

摘要 食品服务业是印度著名的行业之一,因为其传统菜肴具有巨大的增长、就业和创收潜力。食品安全是指在按照食品法规向消费者提供食品之前,采取一定措施保证食品的纯度和新鲜度的过程。在印度,食品安全和法规由印度食品安全标准局(FSSAI)制定,并由印度政府下属的卫生和家庭福利部实施和推广。通过食品安全和法规,政府为认证机构制定认证机制,这些机构通过制定和实施与食品安全有直接或间接关系的领域的政策和法规来干预这些事项。收集的数据涉及食品消费、生物风险的流行性和食品中的污染物。本章旨在通过对食品安全性的分析,为食品的处理、制备和贮存提供一些有效的科学方法,预防前文提到的食源性疾病的发生。

关键词 食品安全;印度食品安全标准局;污染物;食品安全

6.1 引言

当今,食品安全是全球面临的重大挑战之一,有效的食品供应链框架不仅保障了国家食品供应链,而且还阻止了各种有害微生物和化学制剂的污染(Uyttendaele 等,2016)。食品安全问题在低工业化程度国家中更普遍(McIntyre等,2009)。食品安全始终要求在食品处理、制备和储存过程中采用科学方法,以防止食源性疾病的发生(Motarjemi 和 Käferstein,1999)。4 岁以下的儿童更容易受到弯曲杆菌、隐孢子虫、沙门氏菌、大肠杆菌、志贺氏菌和耶尔森菌等食源性病原体的感染。

世界卫生组织(WHO)估计,全世界大约有 220 万人死于由受污染的水传播的细菌、病毒和寄生微生物疾病。50 岁的人由于免疫力差而处于高风险中(世界卫生组织,2006a)。在印度,5 岁以下儿童中约有 20% 死于水源性疾病(即腹泻病)(世界卫生组织,2006b)。食品在生产、分发和制备过程中的任何时候都可能受到污染。因此,需要确保食品从生产者到消费者的每一个环节都不受污染,并确保实验室按照政府的食品安全准则进行食品安全检测和分析。即使有有效的食品政策,印度在有效执行食品安全规范和标准方面仍举步维艰,因为执行这些政策的关键因素很少。而且与发达国家相比,印度缺乏足够的先进实验室。现在,是时候升级大多数食品检测实验室的食品储存技术和安全设施了。因此,我们需要更加关注现代农业,以实现食品部门的增长。印度食品工业预计将增长约5000亿美元,这是印度农业和非农业经济可持续增长和发展的一个指标。本章介绍了当前形势下的食品安全和质量措施,并对印度的食品保护提出了一些强有力的科学观点和建议。

6.2　食品安全系统

食品安全概念产生于1974年在罗马举行的第一届世界粮食大会。每个人都有不可剥夺的免于饥饿和营养不良的权利,以便身心得到充分发展。

6.2.1　剩余食品的处理

剩余食品实际上不是真正的垃圾,而是在从农场到饭桌的整个食品价值链中生成的、安全可食用的食品。尽管可供人类食用,但剩余食品往往被当作废物处理。为了避免这种情况的发生,必须在剩余食品被认为不能通过传统渠道销售后,在变质之前对其进行分离。我们将可食用的食物废物定义为剩余食物,重新讨论其作为人类食用食物的潜力(图6.1)

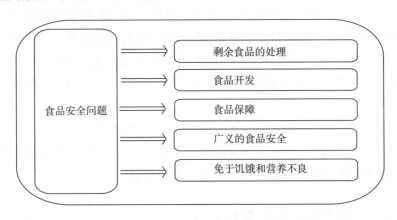

图6.1　食品安全问题

6.2.2 食品开发

产品开发过程是实现食品创新和经济效益的重要系统途径。如果要从农业生产中获得经济收益,所有国家都必须发展农产品工业部门以及商业性农业和相关农业企业。消费者对产品的感知取决于消费者的位置和市场上供应的食品类型。产品开发本身就是一种工业研究方法。它是自然科学与食品科学、加工与营销和消费者科学结合和应用为一体的综合研究,其目的是开发新产品(Capone 等,2014;Nadia Bhuiyan,2011;Booz 等,1982;Kumar 等,2012)。

新产品开发有四个基本阶段有:战略发展,设计与开发,商业化,上市和上市后。

6.2.3 食品保障

食品保障可以定义为在一项服务或产品中保持所需的食品质量水平,其特别关注食品获取、加工和配送至消费者的整个链条。与健康相关的现代食品安全体系基于这样一个理念:在食品生产过程和周转过程中创造适当的条件,使食品达到最佳质量。在这种体系下,确定质量等级、潜在危险和最终产品的质量是有必要的。此外,质量保障适用于那些保证满足消费者期望质量的系统。为了保证食品的健康和安全,保证食品的生产者和销售者必须执行和遵循食品安全保证体系。食品保障还可能包括良好的生产习惯和危害分析。

6.2.4 广义的食品安全

食品安全是一个复杂的现象,它表现为多种原因造成的多种食品状况。主要表现为可获得性、可访问性、利用率和脆弱性。这些观念决定了一个国家的食品安全程度,也决定了家庭和个人的食品消费是否充足、稳定和安全(Cooper 和 Kleinschmidt,1987)。现在我们有必要了解缺乏信心之人对经济高速发展的正确看法。食品的可获得性不仅要关注食品的数量,还要关注食品的质量和多样性。食品数量的缓慢减少和缺乏高质量饮食可能会降低体能,降低生产力,阻碍生长,甚至可能影响学习过程。主要的安全因素是食品的可获得性,这意味着必须有足够数量的食品供应,从而为每个人提供足够能量。

6.2.5 免于饥饿和营养不良

持续饥饿主要是由于社会经济条件、市场上食品价格的波动、低工资结构和收入不足引起的。免于饥饿运动最早由联合国粮食及农业组织(粮农组织)于

1960 年发起。主要目标有两点：第一，使全世界认识到困扰世界一半以上人口的饥饿和营养不良问题；第二，促进形成一种国际国内联合组织解决这些问题的氛围。粮食不安全、死于饥饿、营养不良现象大幅度增加，并因为低效的政府政策而持续存在，使全世界都迫切需要解决这些问题。因为要让最弱势的人有尊严和不受威胁地获得食品，以满足他们的身心健康，帮助他们过上积极健康的生活，这是健康经济环境所必须的。营养不良是全世界最重要的健康问题之一，据估计，全世界有 1/2~2/3 人口患有营养不良。这是长期食物不足或健康生活所需的保护性食物不足导致的结果。

6.2.6　印度的食品安全

印度食品加工业是一个重要的行业，在出口、产量和消费方面排世界第 5，具有巨大的增长、就业和创收潜力。食品加工部门的主要组成部分包括碾磨谷物、糖、食用油、饮料和乳制品。过去 5 年，食品加工业以每年 8.4% 的速度增长。在果蔬方面，印度的加工水平保持在 2%~3%，而中国为 23%，美国为 65%，巴西为 70%。在印度只有 8% 的海产品、6% 的家禽和 20% 的水牛肉被加工，而发达国家的加工率为 60%~70%。至 2012—2013 年，除为微型和小型企业保留的项目外，大多数食品都允许通过自主途径进入外国直接投资。在过去 5 年中，注册食品加工行业的固定资本投资以每年 18.8% 的速度增长。

6.2.7　食品安全原则

食品安全通常是指对食品中的任何传染源和污染物采取预防和防范措施。食品安全的 7 项基本原则如下（图 6.2）。

图 6.2　食品安全的基本原则

6.3 企业责任

企业责任是确保其职责范围内的产品处于完美状态。不仅在公司层面,在地方控制层面也必须采取适当的措施来做到这一点。从事食品行业的企业的责任是,他们在推荐任何食品之前,要确保其符合所需的卫生要求、残留量标准或符合政府标准的标签。

6.3.1 可追溯性

为了保证食品安全,实施追溯系统非常重要,该系统提供了追溯所有食品链的可能性(如从终产品到原材料,包括生产和分销的所有阶段)。如果当时发现的食品包装有任何污染,制造商和控制当局可以通过分批鉴定迅速采取行动,甚至可以将其从零售商那里撤出。因此,所有的食品包装上都有批号或日期。批次是指在一定时间内,在相同条件下生产和包装的一定数量的食品。

6.3.2 官方食品控制

食品管制当局负责检查是否遵守食品法的要求。这是通过以风险为导向的审查和有针对性的样本收集来完成的,每次都有不同的重点。敏感食品要定期检查。不同的产品组有专门的控制计划。以示范方式运营的企业不需要像那些已经发现缺陷的企业一样定期接受检查。

6.3.3 预警原则

预防性原则是在缺乏科学确定性情况下做出实际决策的重要既定原则。它的工作包括风险识别、科学不确定性和无知,还包括透明的决策制定过程。例如,一种风险不能总是用科学的术语来确切地表达,而是需要对已经存在的污染物有一个预先的了解。

6.3.4 风险评估和风险管理

风险评估是一种用于讨论和确定针对物理、社会经济、制度和环境风险的系统方法和挑战,并提供风险信息的工具。风险管理涉及科学技术的使用和改进,以尽量减少潜在的危害和损失。使用定性模型和定量模型进行风险评估。定性分析基于解释潜在风险因素及其影响的优先级。主要特点是使用主观指标,如顺序层次、低—中—高、重要—关键—重要等。而定量风险分析则是基于数值结果来表达每个风险因素的概率及其对项目目标的影响,同时也是整个项目层面上的风险评估。

6.3.5　透明的风险沟通

风险沟通是在风险分析下讨论的,是风险管理框架下一个不可分割的要素。在风险管理框架中,风险管理人员在风险评估者、风险管理者、消费者和其他相关方之间交换信息和看法。通过透明的风险沟通,它可以很容易地确保消费者意识到与产品相关的风险,从而安全地使用产品。与透明风险沟通相关的重要案例是英国媒体报道的一个案例,即妇女使用避孕药将意外受孕的风险降至最低,但避孕药增加了她们血栓栓塞的风险,这意味着血管堵塞。坏消息传出后,数千名英国女性惊慌失措,停止服用避孕药,从而引发了一波意外受孕潮。

6.3.6　独立的科学风险评估

独立的科学风险评估已被证明有助于科学决策。他们的主要目标是通过选择系统方法以确保制定有效的健康行动来减少和消除健康风险。我们不断努力完善食品标准、规格、配方、新型食品的开发,而日益增长的国际贸易需要更完善的、先进的食品安全风险管理措施。智能包装或标签就是食品安全领域最先进技术的应用。

6.3.7　食品安全支柱

食品安全的主要支柱有以下4个方面。

①食品可获得性:食品可获得性是指食品的实际存在。在食品生产方面,农场需要水资源,因此对现有自然资源的压力增加。

②获得食品:获得食品是指确保所有家庭都有足够的资源来获取食品。

③合理利用:家庭食品和营养安全的重要方面之一可能由知识和习惯决定。另一方面是人类的生物利用。

④稳定:稳定是指常年和更长久的家庭持续供应。

6.3.8　食品法律和法规

印度食品安全和标准管理局(FSSAI)是监管机构,负责全国食品安全和质量问题。食品安全法和《标准法》(2006年)整合了以下各项法律。

①《肉类食品令》(1973 年)。

②《植物油产品(管制)令》(1947 年)。

③《食用油包装(监管)令》(1998 年)。

④《溶剂萃取油、脱油粉和食用面粉(管制)令》(1967 年)。

⑤《奶和奶制品令》(1992 年)。

⑥《基本商品法》(1955 年)。

6.3.9 食品可持续性

食品可持续性旨在保持和增加产量,保护植物、动物和环境的多样性。它也有助于提高土壤肥力,以备来年粮食生产。今天,食品系统中可能影响健康的挑战包括身体对抗生素的抗性和过量杀虫剂的使用导致的蜜蜂植物授粉的减少。

6.3.10 影响食品安全的因素

影响食品安全的各种因素,有以下 5 个方面。

6.3.10.1 气候变化

众所周知,农业生产通常是基于气候条件,气候受到温室气体排放的影响。温室气体排放会使地球平均温度增加,降水时间改变,海平面上升,以及许多其他可能直接或间接影响农作物质量和产量的变化。其他食品系统活动也受到影响,如食品加工、包装、运输、储存、销售等。

6.3.10.2 高粮价

食品价格上涨通常直接影响低收入和贫困人口的健康。印度为全球食品营养安全做出了重要贡献。在农业生产过程中,投资不足,对食品和营养的重视不够,对小规模农场主的疏忽,尤其是偏远地区农业生态方面的疏忽,可能是价格上涨的原因。食品价格可以通过采取必要的措施加以控制,如为农民制定适当的政策和基础设施。农产品价格上涨还可以提高农民收入和农村工资,改善农村经济和刺激投资以促进长期经济增长。

6.3.10.3 基础设施、道路和通信设施差

基础设施不仅是生产商品和服务的一个重要因素,而且任何工业储存都需要它。基础设施可被视为经济增长的重要因素。基础设施也有助于提供紧急援助,定期分配库存,以及稳定国内价格的缓冲库存。基础设施还包括输入供应、加工和出口业务,但营销运作仍需更多地关注农村道路、物流系统、饮用水、电力、信息和通信技术和废物处理设施的投资。

6.3.10.4　牲畜和作物疾病

家畜提供了食品中 1/3 的蛋白质。人们喜欢动物源性食品尤其是乳制品,它保证了生长发育所必需的营养素。农业对包容性发展至关重要,因为它生产食品、创造了经济财富,这有助于通过改善医疗保健、教育和基础设施来改善任何国家的生计。当全世界的农业受到细菌和病毒的攻击时,经济增长和财富的获得受到影响。一些细菌和病毒的例子是假单胞菌属和大麦黄矮病,这会破坏马铃薯、小麦、大麦、水稻和玉米等作物。

6.3.10.5　人与野生动物的冲突

在那些野生动物和人类共存、争夺有限资源的地区,人与野生动物之间的冲突是非常普遍的现象,这会威胁到经济安全和人民生活。人口呈指数级增长及人类活动的结果性扩张可能是人类同野生动物发生冲突的原因。其他因素也造成了人类和野生动物之间的冲突,例如有规律的土地侵蚀,生物压力增加,加上基础资源的衰退,耕地的转移,为采矿而对森林资源的开采,森林火灾,偷猎,报复性杀戮,气候变化,洪水,干旱等。

6.3.11　食品包装

包装行业是食品安全的重要行业之一。食品包装、饮料、水果、蔬菜、药物、药品,甚至高危产品处理和储存都需要更专业化和更复杂的包装。

6.3.12　食品检验和储存系统

①饭前饭后洗手。
②手、鼻子和生殖器不应直接接触食物。
③只吃新鲜干净的食物。
④就餐场所和餐桌应保持卫生。
⑤尽量按要求制作或烹调食物。
⑥确保在合适的温度下烹调肉类,以便正确烹调。
⑦外出就餐时,选择周围环境清洁的地方。
⑧把食品盖起来以防污染。

6.3.13　食品保护建议

6.3.13.1　食品的可持续性和营养安全

它是一个极其重要的多维概念,包括全年通过农业生产获得食品,从物质和经济上获得食品,以及个人足够可用的食品。

6.3.13.2　促进营养敏感型农业生产

农业进步不仅提高了总生产力,而且通过健康、教育和社会地位提高了个人收入,并提高了家庭照顾能力。

6.3.13.3　赋予妇女营养和粮食安全权

妇女的社会地位及其教育水平在儿童营养不良中发挥着重要的决定性作用。照顾家庭,特别是年幼儿童的女人,在农业生产、食品加工和食品制备中也可能发挥重要作用。因此,在目前的情况下,有必要赋予妇女食品和营养安全的能力。

6.3.13.4　强有力的国家政策、战略和计划

有必要考虑通过引入食品和营养安全相关的项目来制定强有力的国家食品政策。营养相关的调查需要融资机会和必要的预算,这有助于制定食品安全政策和食品保障政策。行动计划对克服国家的粮食不安全和营养不良极为重要。

6.4　结论

今后的重点是寻找一种有效的食品安全科学方法和找出执行政府食品安全政策的差距。微观层面上,食品相关问题的修正案和新法必须重点关注。对数十亿正在遭受饥饿和营养不良的人来说,食品安全的一个重要方面。印度食品安全和认证行业在迅速发展。然而,印度食品安全的监管、管理和实施正处于关键时刻。农村和城市的消费者越来越要求更好、更安全、更健康的产品。这需要一个强有力的策略来确保全人类的食品安全,并找出制约食品处理、制备和储存方法的主要因素。

参考文献

[1] Bhuiyan N (2011) New product management for the 1980's. J Indust Eng Manag 4:746

[2] Booz et al (1982) New product management for the 1980's. Booz, Allen & Hamilton, New York

[3] Capone R et al (2014) Food system sustainability and food security: connecting the dots. J Food Secur 2:13

［4］Cooper RJ, Kleinschmidt EJ（1987）New products: what separates winners from losers. J Prod Innov Manag 4:169

［5］Kumar A et al（2012）Food security in India: trends, patterns and determinants. Ind J Agri Econ 67:1-19

［6］McIntyre BD et al（2009）Agriculture at a crossroads: a global report. IAASTD, Washington, DC

［7］Motarjemi Y, Käferstein F（1999）Food safety, hazard analysis and critical control point and the increase in food borne diseases: a paradox. Food Control 10:325

［8］Uyttendaele M et al（2016）Food safety, a global challenge. Int J Environ Res Public Health 13:67

［9］World Health Organization（2006a）Water-related diseases in Water Sanitation and Health. http://www. who. int/water_sanitation_health/diseases/diarrhea/en/

［10］World Health Organization（2006b）Core health indicators. http://www. who/ int/who is/coreselectprocess. cfm

7 街头食品:安全性和潜力

摘要 街头食品工业在发展中国家起着至关重要的作用,它养活了数百万人。街头食品以相对便宜的价格为人们提供大量的营养物质。街头食品包括即食食品和饮料,它们很容易获得,而且非常方便,具有巨大的市场潜力。近年来,非正规部门与正规部门售卖的街头食品在竞争中成长。街头食品的安全性和卫生条件已成为全球关注的问题。人们已经报道了各种致病性污染和食源性传染病的例子。过量使用添加剂(如苯甲酸盐和人工色素),原材料的污染,加工过程污染、处理和交易行为引起巨大的安全风险。教育、食品安全和控制知识的缺乏,卫生条件差和高环境温度为微生物污染提供了便利。本章主要回顾了印度和全球街头食品经济、街头小贩的卫生习惯和微生物污染以及潜在的风险因素。大量的研究指出街头食品样本中存在细菌病原体,需要更严格地执行良好的生产规范。对街头食品质量的常规监测和安全干预可以保障消费者免受任何可能的食品危害。

关键词 街头食品;街头食品质量;摊贩;微生物污染;掺假

7.1 引言

根据世界卫生组织,街头食品被定义为食品和饮料(包括新鲜水果和蔬菜)由小贩在街头和其他公共场所制备和/或销售的不进行进一步加工或准备而立即食用或稍后食用的食品。街头食品可以作为方便食品的一种新的补充。街头食品特别是对于发展中国家中城镇人口、打工者和学生等低收入人群具有潜在的好处。街头食品不仅营养丰富,而且份量足,有独特风味(Ghosh 等,2007),并满足充足的营养需求。除了提供便利外,街头小吃在维护社会和文化遗产中也起着重要的作用(Tambekar 等,2011)。

近年来,街头食品行业呈指数速度迅速发展。街头食品自动售货业务因原始投资低,具备足够的创收能力而越来越受欢迎(Lues 等,2006)。除了为失业者

等提供就业渠道外,它根据个人的膳食营养供给,满足足够的营养需求。Steyn
等从他们的研究中得出结论,街头食品可以满足每日能量和蛋白质的摄入量。
关于微量元素,各种街头食品富含铁和维生素 A,但钙和硫胺素含量较低(Steyn
等,2014)。

　　许多国家的当局没有正式承认街头食品行业。街头摊贩和小贩没有良好的
卫生习惯意识(Tambekar 等,2011)。市场没有固定的监管结构来控制街头食品
的质量,因此,发生食品危害的可能性很高。每个民族/国家有自己的土著街头
食品;因此,在全球范围内制定法律是很难的。各个国家和市镇必须组成一个机
构以规范采购、制备/加工和分销过程。街头食品不仅含有致病和非致病微生
物,也有掺杂和/或禁用化学物质而导致污染的可能。

7.2　街头食品消费相关的安全风险

微生物污染

　　文献中报道了多种致病微生物对健康的危害,这是一个全球性的健康问题。
街头食品中经常出现志贺氏菌、沙门氏菌和金黄色葡萄球菌。例如,印度
Tambekar 等(2011)观察到帕尼普里水样品和酵母中存在高污染的大肠杆菌、金
黄色葡萄球菌、克雷伯氏菌、假单胞菌。他们还发现,从人口密集地区采集的样
本比非人口密集地区的样品含有更多的微生物污染(Tambekar 等,2011)。在街
头食品的制作过程中,病原菌的初始污染增加了随后的污染。来自布尔达纳区
的爆米花和帕尼普里样本的大肠杆菌和沙门氏菌污染严重(Garode 和 Waghode,
2012)。

　　主要受金黄色葡萄球菌和志贺氏菌污染的即食沙拉受污染的可能性尤其高
(Ghosh 等,2007)。生蔬菜可能是食源性疾病污染的媒介。据报道,街头食品有
因粪便污染而存在大肠杆菌和肠球菌(Bhaskar 等,2004)。

　　很多人食用街头售卖的鲜榨水果和蔬菜汁,认为这是一个健康的选择。流
行的街头胡萝卜汁和柑橘汁也报告了严重大肠菌群和葡萄球菌污染,这意味着
存在动物或人类排泄物的高度污染,而且没有任何处理来抑制或杀死微生物(如
有)的过程(Mudgil 等,2004)。新鲜果汁中沙门氏菌污染的研究也有报道。来自
那格浦尔市的新鲜菠萝汁、甜酸橙汁和蔬菜汁的样本含有大量的金黄色葡萄球
菌和大肠菌群。约50%的果汁样本伤寒杆菌检测阳性(Titarmare 等,2009)。

食品操作台和手是街头食品中金黄色葡萄球菌污染的重要来源。微生物污染通常是由人员造成的。Lues 等人(2006)进行的研究表明,手和食品操作台表面可分离出沙门氏菌。

7.3 危险化学品/添加剂的出现

据报道,街头食品大多含有禁用的色素和添加剂。街头食品通常暴露在路边,这可能会受到铅污染。因此其可能是污染、食源性疾病和爆发的媒介。Mudgil 等人报告了胡萝卜汁受到沙门氏菌的污染。可以假设沙门氏菌是通过用于稀释果汁的水,或通过着色剂(如甜菜根)(Mudgil 等,2004)和冰敷料(Lewis等,2006)等进入果汁的。也有报道显示街边小吃店供应的番茄和辣椒酱中的苯甲酸盐严重超标。人们检测出这些酱汁含有禁用的人工色素,如苋菜红,胭脂红、红霉素、柠檬黄等(Dixit 等,2008)。

7.4 危害健康的可能原因

街头食品危害健康的主要原因有 9 个(图 7.1)。所有的原因都已列出并作出解释。

①个人卫生:供应商个人卫生差,尤其是准备和上菜前洗手不充分。

②缺乏食品相关的培训:大多数街头摊贩特别是像印度这样的发展中国家没有受过教育,也没有食品安全和卫生意识。这些摊贩通常是大肠杆菌和金黄色葡萄球菌等病原体的潜在携带者(Tambekar 等,2011)。

③时间和温度滥用:街头摊贩没有保持维持食物无菌所需要的最佳时间和温度。

④缺乏饮用自来水(Ghosh 等,2007):据报道,由于饮用水供应有限,街头小贩从附近的公共厕所、商店、工地取水或从家里带水(Lues 等,2006)。摊贩缺少清洁用水进行清洗。

⑤加工方法:街头食品通常在准备和销售前加工不充分或未经加工。这在比尔普里,生蔬菜和水果沙拉,椰子切片等印度街头食品中很常见。

⑥环境:街头食品通常是裸露在路边,从而暴露在来来往往的车辆中导致铅沉积。

⑦掺假:为了维持低成本,街头小贩可能会使用廉价的原料和危险化学品

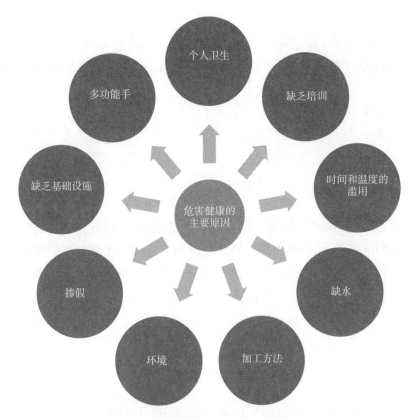

图 7.1　街头食品危害健康的主要原因说明

(如着色剂,风味增强剂),这可能对食品安全产生危害。在许多情况下,食物用报纸上剪下来的纸来包装,而报纸的来源存在争议。

⑧缺乏基础设施:多数情况下,街头摊贩没有对原材料的储存、加工和器皿清洗进行明确的区域划分。过度移动(Tambekar 等,2011)使街头食品更容易受到食品危害。没有明确的废物和垃圾处理区。有时他们离准备和采购区很近,这些区域可作为病原体、昆虫和啮齿动物的营养来源(Tambekar 等,2011)。

⑨手部行为:从准备到最后上菜,街头食品接触到许多人的手,从而增加了微生物污染。

7.5　改善街头食品质量的步骤

①提升街边小贩在食品质量和安全方面的教育及知识。
②建立适当的废物处理和卫生设施。

③提供用于烹饪和洗涤的优质饮用水。

④确保合适的食物储藏温度。

⑤搭建临时基础设施,特别是清洗食材的洗手盆,配备足够的肥皂和水设施。

⑥规范贩卖行为。

⑦烹调和储存食物时要有围挡。

7.6　结论

因此,人们需要更严格地执行食品卫生措施,以确保街头食品的安全和卫生。发展中国家或/和市政当局应制定规章制度以确保无任何虚假做法和有害添加剂的污染。首先应确保饮用水的安全。不鼓励在家准备食品的做法。因为在大多数情况下,前一天准备的食物是没有足够的储存/冷藏系统的。

当局应对食品摊贩组织和提供在食品安全方面的讲习班、培训和研讨会。

参考文献

[1] Bhaskar J, Usman M, Smitha S, Bhat GK (2004) Bacteriological profile of street foods in Mangalore. Indian J Med Microbiol 22:2012

[2] Dixit S, Mishra KK, Khanna SK, Das M (2008) Benzoate and synthetic color risk assessment of fast food sauces served at street food joints of Lucknow, India. Am J Food Technol 3:183−191. https://doi. org/10. 3923/ajft. 2008. 183. 191

[3] Garode AM, Waghode SM (2012) Bacteriological status of street-vended foods and public health significance: a case study of Buldana District, MS, India. Int Res J Biological Sci 1:69−71

[4] Ghosh M, Wahi S, Kumar M, Ganguli A (2007) Prevalence of enterotoxigenic Staphylococcus aureus and Shigella spp. in some raw street vended Indian foods. Int J Environ Health Res 17 (2): 151 − 156. https://doi. org/10. 1080/09603120701219204

[5] Lewis JE, Thompson P, Rao BVVBN, Kalavati C, Rajanna B (2006) Human bacteria in street vended fruit juices: a case study of Visakhapatnam City, India. Intern J Food Safety 8:35−38

［6］Lues JF, Rasephei MR, Venter P et al （2006） Assessing food safety and associated food handling practices in street food vending. Int J Environ Health Res 16(5):319-328. https://doi. org/10. 1080/09603120600869141

［7］Mudgil S, Aggarwal D, Ganguli A （2004） Microbiological analysis of street vended fresh squeezed carrot and kinnow-mandarin juices in Patiala City. Inern J Food Safety 3:1-3

［8］Steyn NP,Mchiza Z,Hill J et al （2014） Nutritional contribution of street foods to the diet of people in developing countries:a systematic review. Public Health Nutr 17:1363-1374. https://doi. org/10. 1017/S1368980013001158

［9］Tambekar DH,Kulkarni RV,Shirsat SD,Bhadange DG （2011） Bacteriological quality of street vended food panipuri:a case study of Amrawati city （MS） India. Biosci Discov 2:350-354

［10］Titarmare A,Dabholkar P,Godbole S （2009） Bacteriological analysis of street vended fresh fruit and vegetable juices in Nagpur city, India. Internet J Food Safety 11:1-3

8 德里市场销售的生鲜食品的微生物安全性与风险管理方法的实施

摘要 水果和蔬菜是独特的食物,因为它们经常被生吃或经过简单处理后食用。迄今为止,还没有有效的干预策略能完全消除未经烹饪食品的安全风险。本章对 100 家不同的零售企业的食品安全行为进行了初步评估。然后,对德里西部已选零售店的 61 个样本进行了表面微生物数量分析。大多数样品受到污染,但污染程度不一。由公认安全的不同有机酸组成的三种抗菌浸渍液对样品进行了在不同浓度和浸泡时间下的抑菌效果的检测。其目的是为消费者找到一个成本效益高且简单的方法,作为减少与新鲜农产品相关的微生物污染的干预措施。柠檬酸的抑菌作用是最有效的。研究还表明,食品从业人员的素质和食品安全意识在新鲜农产品微生物安全中也起着至关重要的作用。因此,新鲜农产品在整个食物链的生产、分销、储存、运输和销售的所有阶段都需要实施基于风险的系统管理方法,以保证新鲜食品的安全性和质量。

关键词 果蔬;微生物负荷;污染;抗菌剂浸渍

8.1 引言

果蔬是营养素、微量元素、维生素和纤维的特殊来源,对人类的健康和健身都很重要。富含果蔬的平衡饮食对预防维生素 C 和维生素 A 缺乏症很有价值,还可以降低患多种疾病的风险(Kalia 和 Gupta,2006)。尽管果蔬饮食促进健康,但果蔬含有大量的微生物污染物,这破坏了它们的营养价值和对健康的好处,因此新鲜的或极少经过处理形式的消费都增加了人类感染的爆发(Altekruse 和 Swerdlow,1996;Beuchat,1998,2002;Hedberg 等,1994)。果蔬上的细菌、病毒和寄生虫与疾病有关。在食用受污染的土壤或污水中生长或授粉的果蔬的几个病例中观察到了伤寒的爆发(Beuchat,1998)。在伤寒的爆发中,受影响的人的数量从几个人到数千人不等。有报告说,在 1973—1987 年和 1988—1992 年间,与果蔬消费有关的疾病增加了两倍(Olsen 等,2000)。在尼日利亚等发展中国家导致疾病爆发的一个主要因素是继续使用未经处理的废水和粪肥作为生产果蔬的肥料(Amoah 等,2009;Olsen 等,2000)。

通常,果蔬供应商不遵守良好的卫生习惯。果蔬被摊贩放在托盘、手推车或桌子上出售并且缺乏合适的储存条件。不保持个人卫生的供应商其皮肤、头发、手或衣服上携带微生物,可能无意污染到新鲜果蔬,从而造成食源性疾病的传播。因此,这意味着,想要从果蔬中获得更多的健康益处,经营者(摊贩)应不受微生物污染。对两种常见的市场食品进行微生物学标准的定性调查也在考虑范围内。为了使食用这些农产品所带来的健康益处最大化,必须食用微生物安全的果蔬。为了避免或阻止微生物污染,正确清洗果蔬是很有必要的。目的是使用不同类型的抗菌剂以降低新鲜果蔬表面的微生物数量。

8.2　方法

这项研究是在德里南部的当地和零售市场进行的。在整个研究过程中(6 个月)对大约 200 个不同新鲜水果和蔬菜样品(黄瓜、胡萝卜、番茄、香菜、葫芦、花椰菜、布林哈尔、托里、卷心菜、菠菜、豌豆、甜菜根、辣椒、莴苣、法国豆、苹果、葡萄、萨波塔、木瓜和梨)的微生物质量进行了分析。每种样品共采集 10 个样本($n=10$)。为了研究抗菌浸渍剂的效果,除上述样品外也使用了其他样品。这些样品是在低温无菌条件下随机采集于无菌容器中,并立即送至实验室进行分析。对所有样品进行菌落总数计数(APC),总大肠菌群,大肠杆菌、酵母和霉菌(YMC)的检测。从样品采集到结果分析不超过 3 h。结果是用 SPSS 16 和方差分析(ANOVA)进行统计分析。

8.3　结果和讨论

分析了德里南部本地市场(LM)和零售市场(RM)61 个果蔬样品的微生物质量。

8.3.1　微生物分析

所有被测样品都受到不同程度的污染。就蔬菜而言,污染程度最高的是甜菜根,最低的是黄瓜;水果中番木瓜的污染程度最高,梨的污染程度最低。

8.3.2 抗菌剂浸渍的效果

所有抗菌剂都显示出微生物污染最大程度地降低。本研究对 3 种抗菌剂氯、柠檬酸和苯甲酸在 1% 浓度下浸泡 5 min 的效果进行测定,为了降低新鲜果蔬中的微生物负荷,对其适用性和成本效益进行了分析。对 10 个样品进行了不同消毒处理的抗菌效果评估。3 种抗菌剂具有相同的效果。

柠檬酸和苯甲酸的微生物数量显著降低(图 8.1~图 8.4)。

8.3.3 蔬菜

黄瓜样品的 APC 初始值为 4.2 lg CFU/g,用氯降到 3.73,用柠檬酸降为 3.82,用苯甲酸降为 3.83。以番茄为例,APC 初始值为 4.32 lg CFU/g,用氯降为 3.97 lg CFU/g,柠檬酸降为 4.02 lg CFU/g,苯甲酸降为 4.01 lg CFU/g。胡萝卜 APC 初始值高达 4.71 lg CFU/g,用氯使其有效地降至 3.96 lg CFU/g,柠檬酸至 4.01 lg CFU/g,苯甲酸至 4.02 lg CFU/g。胡荽的 APC 初始值为 4.6 lg CFU/g,用氯降到 4.12 lg CFU/g,用柠檬酸降到 4.16 lg CFU/g,用苯甲酸降低到 4.15 lg CFU/g。最初,葫芦的 TPC 为 4.52 lg CFU/g,氯、柠檬酸和苯甲酸的使用使 TPC 分别减少为 3.99 lg CFU/g、4.03 lg CFU/g 和 4.05 lg CFU/g。花椰菜的初始 APC 为 4.55 lg CFU/g,用氯降低到 3.98 lg CFU/g,用柠檬酸降低到 4.04 lg CFU/g,用苯甲酸降为 4.04 lg CFU/g。茄子的初始值为 4.76 lg CFU/g,用氯有效地降至 4.09 lg CFU/g,柠檬酸至 4.13 lg CFU/g,苯甲酸至 4.13 lg CFU/g。脊葫芦的初始 APC 为 4.25 lg CFU/g,用氯、柠檬酸和苯甲酸分别降低到 3.88 lg CFU/g、3.93 lg CFU/g 和 3.92 lg CFU/g(图 8.1)。

甘蓝的初始值高达 4.73 lg CFU/g,使用氯有效降低至 4.09 lg CFU/g,柠檬酸至 4.12 lg CFU/g,苯甲酸至 4.12 lg CFU/g。菠菜的初始 APC 值为 4.58 lg CFU/g,用氯降低到 4.05 lg CFU/g,用柠檬酸降低到 4.09 lg CFU/g,用苯甲酸降低到 4.09 lg CFU/g。豌豆的初始 APC 值为 4.33 lg CFU/g,但使用氯、柠檬酸和苯甲酸导致其微生物负荷分别降低到 3.95 lg CFU/g、4.0 lg CFU/g 和 3.99 lg CFU/g。甜菜根的 APC 初始值为 4.85 lg CFU/g。用氯降为 4.19 lg CFU/g,柠檬酸降为 4.23 lg CFU/g,苯甲酸降为 4.22 lg CFU/g。最初,四季豆的 APC 值为 4.35 lg CFU/g,用氯,柠檬酸和苯甲酸导致其微生物负荷分别降低到 3.02 lg CFU/g、3.14 lg CFU/g 和 3.19 lg CFU/g。辣椒的最初 APC 值是 4.39 lg CFU/g,使用氯有效降低至 3.8 lg CFU/g,柠檬酸为 3.88 lg CFU/g,苯甲酸为 3.89 lg

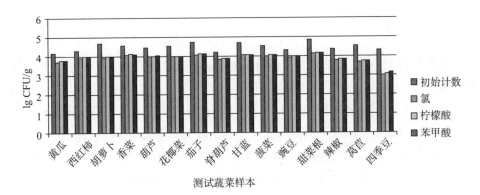

图 8.1　不同浸液对所选蔬菜好氧平板计数的抑菌效果

CFU/g。最初,莴苣的 APC 值为 4.56 lg CFU/g ,使用氯、柠檬酸和苯甲酸导致其微生物负荷分别降低到 3.72 lg CFU/g、3.78 lg CFU/g 和 3.77 lg CFU/g。所有 3 种抗菌剂对菠菜、豌豆和辣椒有同样的抗菌效果。

所有蔬菜样品的初始大肠菌群总数为 2.24 ~ 2.77 lg CFU/g,使用氯有效降低为 0 ~ 2.08 lg CFU/g,柠檬酸降为 0 ~ 2.14 lg CFU/g,苯甲酸降为 0 ~ 2.17 lg CFU/g。对脊葫芦和莴苣而言,所有 3 种抗菌剂的效果相同(图 8.2)。

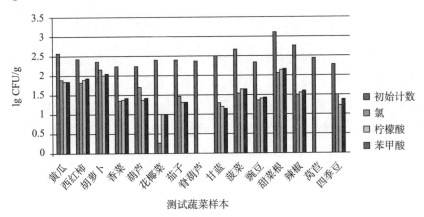

图 8.2　不同抗菌浸渍剂对所选蔬菜样品大肠菌群总负荷量的抑菌效果

在所有蔬菜中,酵母和霉菌的初始值为 0 ~ 1.98 lg CFU/g。使用氯、柠檬酸和苯甲酸会导致其微生物负载降至 0。所有样本最初都是大肠杆菌阳性,使用 3 种抗菌剂后大肠杆菌总数明显减少并变为阴性。

8.3.4 水果

苹果样品的 APC 初始值为 4.38 lg CFU/g,用氯处理降为 3.97 lg CFU/g,柠檬酸降为 4.01 lg CFU/g,苯甲酸降为 4.01 lg CFU/g。人心果样品的初始 APC 值为 4.74 lg CFU/g,用氯处理降到 3.96 lg CFU/g,柠檬酸降至 4.03 lg CFU/g,苯甲酸降至 4.04 lg CFU/g。葡萄样品的 APC 初始值为 4.71 lg CFU/g,用氯、柠檬酸和苯甲酸处理后微生物总数分别降到 2.73 lg CFU/g、3.01 lg CFU/g 和 3.01 lg CFU/g。梨的 APC 初始值为 4.18 lg CFU/g,使用氯处理有效降至 2.99 lg CFU/g,柠檬酸降至 3.16 lg CFU/g,苯甲酸降至 3.2 lg CFU/g。木瓜的 APC 初始值为 4.76 lg CFU/g。用氯、柠檬酸和苯甲酸处理后导致微生物总数分别降至 4.04 lg CFU/g、4.09 lg CFU/g 和 4.09 lg CFU/g(图 8.3)。

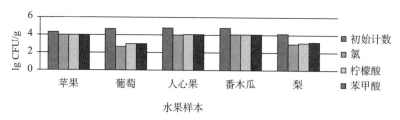

图 8.3　不同抑菌液对所选水果样品需氧平板计数的影响

苹果样品的初始大肠杆菌数为 1.56 lg CFU/g,用氯、柠檬酸和苯甲酸处理后降为 0 lg CFU/g(图 8.4)。人心果的初始大肠菌群数是 2.04 lg CFU/g,使用氯、柠檬酸和苯甲酸处理后微生物数分别降至 1.00 lg CFU/g、1.15 lg CFU/g 和 1.15 lg CFU/g。番木瓜的初始大肠菌群数为 2.79 lg CFU/g,用氯、柠檬酸和苯甲酸处理后使大肠菌群总数分别降至 1.24 lg CFU/g、1.24 lg CFU/g 和 1.39 lg CFU/g。

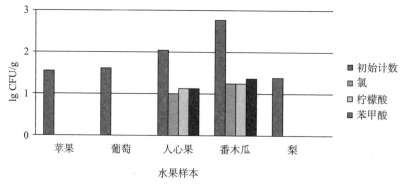

图 8.4　不同抗菌浸渍剂对所选水果样品总大肠菌群负荷的影响

葡萄和梨的初始大肠菌群总数分别为 1.61 lg CFU/g 和 1.38 lg CFU/g,用 3 种抗菌剂浸渍后都降至 0(图 8.4)。

苹果、人心果、葡萄、番木瓜和梨的初始酵母菌和霉菌数分别为 1.48 lg CFU/g、1.98 lg CFU/g、1.23 lg CFU/g、1.52 lg CFU/g 和 1.48 lg CFU/g。使用氯、柠檬酸和苯甲酸处理导致微生物总数降为 0。所有样本最初都是大肠杆菌阳性,使用 3 种抗菌剂处理后大肠杆菌数降低并且都呈阴性。

8.4 结论

本章对不同果蔬样品的微生物状况进行了评估,所有的样品都有微生物污染。蔬菜样品微生物总数最高的是甜菜根,其次是茄子、卷心菜、胡萝卜、香菜、菠菜、莴苣、花椰菜、葫芦、辣椒、法式豆子、豌豆、番茄、脊葫芦、黄瓜,以上都受到各种内源性和外源性污染。同样,在水果中,微生物含量最高的是木瓜、其次是人心果、葡萄、苹果和梨。通常,紧贴地面或长于地下的果蔬更易受到污染(Sehgal,2013)。本章也得出了相似的结论。除了土壤微生物,污染的其他来源是处理不当,储存条件不卫生和运输条件。大多数样品中都含有大肠菌群。酵母菌和霉菌是果蔬的天然微生物区系,因此,在大多数样本中都检测到了它们的存在。大肠杆菌的出现表明,生产这些作物的水质差,肥料未经处理。果蔬在生长、收获、收获后、处理、加工和分销期间可能受到病原微生物的污染。因此,果蔬可能是许多微生物的来源,这些微生物存在于新鲜的农产品中并使宿主易感。由于大多数样品受到微生物污染,需要找到一种容易获得和成本效益高的抗菌剂。研究了 3 种溶液即质量分数 0.02% 氯溶液、1% 柠檬酸溶液和 1% 对苯甲酸溶液的抗菌性能。3 种抗菌剂都是有效的,但统计分析发现柠檬酸是最有效的(配对检验)。因此,它可以作为一种经济高效的抗菌剂引入像印度这样的发展中国家。

参考文献

[1] Altekruse SF, Swerdlow DL (1996) The changing epidemiology of foodborne diseases. Am J Med Sci 311(1):23-29

[2] Amoah P, Drechsel P, Abaidoo RC et al (2009) Improving food hygiene in Africa where vegetables are irrigated with polluted water. Proceedings:West Africa

Regional Sanitation and Hygiene Symposium, 10−12 Nov 2009, Accra, Ghana

[3] Beuchat L (1998) Surface decontamination of fruits and vegetables eaten raw. Food Safety Unit. WHO. Report WHO/FSF/FOS/98.2

[4] Beuchat LR (2002) Ecological factors influencing survival and growth of human pathogens on raw fruits and vegetables. Microbes Infect 4(4):413−423

[5] Hedberg CW, MacDonald KL, Osterholm MT (1994) Changing epidemiology of food−borne disease: a Minnesota perspective. Clin Infect Dis:671−680

[6] Kalia A, Gupta RP (2006) Fruit microbiology. In: Hui YH (ed) Handbook of fruits and fruit processing. Wiley, Hoboken, NJ Olsen SJ, MacKinnon LC, Goulding JS et al (2000) Surveillance for foodborne−disease outbreaks—United States, 1993−1997. MMwR CDC Surveill Summ 49(1):1−62

[7] Sehgal S (2013) Microbial safety of fresh fruits and vegetables. Lambert Academic Publishing, Rio de Janeiro, ISBN:978−3−659−45563−6

第三部分　营养保障和可持续性

9 水果废料:作为食品功能性成分的潜力

摘要 印度是世界第二大水果生产国,而水果加工企业产生大量的果皮、果核、籽粒和果渣等水果废料约占果重的 30% ~ 40%。由于生物需氧量高,这种废料如果不加以处理,会对环境造成潜在的危害。它是臭味和土壤污染的主要原因,微生物和昆虫藏匿于其内,会引起各种环境问题。水果外皮或果皮含有较高的生物活性物质,能有效地躲开昆虫和微生物以避免破坏水果内部成分。据报道,水果废料中的生物活性成分具有多种生物效应,包括抗氧化、抗菌、抗病毒、抗炎、抗过敏、抗血栓以及血管舒张作用。食品中常用的合成抗氧化剂 BHA 和 BHT 的潜在致癌性使人们重新寻找天然来源的抗氧化剂。鉴于此,因水果废料价格低廉,易于获得,故而从果品废料中开发潜在的天然抗氧化剂的研究大幅增加。这一章综述了从水果废料中提取的生物活性成分的功能特性和抗氧化潜力,探索其在开发高附加值食品中的应用。

关键词 水果废弃物;生物活性成分;多酚;抗氧化性

9.1 引言

粮农组织的一份统计报告指出,印度是世界上第二大水果生产国,由于印度不同的农业气候条件使该国丰产各种水果(Pathak 等,2017;Babbar 等,2011)。在过去的 25 年里,对加工果蔬的需求有了巨大增长(Gowe,2015)。这些食品企业在不同的加工阶段产生大量的固液含量高达 50% 的废物(Gowe,2015)。每年大约 600 万吨的固体废物是因罐装、冷冻和干燥等水果保存而产生的。然而,Chawan 和 Pawar(2012)以及 Joshi 和 Sharma(2011)称,每年水果榨汁过程中产生550 万吨固体废料。果皮、种子和果肉加工后,留下了大量的木质纤维素类生物质(Pathak 等,2017;Babbar 等,2011)。Babbar 等(2011)指出,由于果业生物质随意丢弃在露天环境中或市政垃圾箱里,采用不当的设备来处理生物质是引起环境污染的原因之一。

这些大量的废料在营养和功能特性方面都有价值。根据研究,Gowe(2015)得出以下结论:被认为是不可食部分的果皮和籽粒含有大量的生物活性成分。水果不可食用部分的抗氧化活性是由多种活性植物化学物质引起的,如维生素、类黄酮、酚类、萜类、类胡萝卜素、香豆素、姜黄素、木质素、皂苷、鞣酸、植物甾醇等(Parashar等,2014)。Al-Mashkor(2014)对籽粒与果肉中活性酚类的含量进行了比较研究,果皮中含有高水平的活性酚类。利用水果残渣中的生物活性成分生产食品、化妆品、营养品等,是减少水果残渣最有效、最连贯、最经济的和最自然友好的途径(Babbar等,2011)。通过各种技术,可以利用营养特性和流变特性提取生物活性化合物为国家经济提供帮助,这需要建立新的商业单位,最终创造新的工作机会和缓解环境污染问题(Hui,2006;Babbar等,2011)。

本章的主要目标是:

①对富含抗氧化剂来源的水果副产品进行全面研究。

②提高对主要食品工业产生的废物水平的认识和一些水果中不可食用部分的量的认识。

③提供某些潜在有效、高效、廉价和环保的解决方案来利用这些大量副产品。

④建议利用这些水果残渣,从而在国家经济和缓解环境问题中发挥作用。

⑤将消费者的兴趣转向更自然的健康饮食方式。

⑥研究各种人工和合成食品添加剂的潜在致癌性,如 BHT、BHA 等。

⑦将研究人员的重点转移到使用残渣作为抗氧化剂的来源。

⑧最重要的是,利用水果加工企业产生的大量副产品。

9.2   菠萝蜜

Artocarpus heterophyllus 是孟加拉国水果的学名,俗称菠萝蜜。这是一种桑科常青树(Madruga 等,2014;Hossain 和 Haq,2006)。巴西、泰国、印度尼西亚、印度、菲律宾和马来西亚等热带国家是主要的种植中心(Madruga 等,2014)。

9.2.1   成分

各种产品,如果酱、蜜饯、冷冻果肉、果汁、罐头产品、菠萝蜜、婴儿食品、薯条、甜点、软饮料等是通过加工可食的成熟和未成熟的菠萝蜜球茎生产的,新鲜菠萝蜜也可以食用(Madruga 等,2014;Begum 等,2004;Vazhacharickal 等,2015)。

占整个水果 60% 的不可食用的外部多刺的外皮,内部不可食用的花被和果核是未被利用的废料(Begum 等,2004)。仅核就占整个水果的 25%~30%(Islam 等,2015)。黄色的果肉鳞茎和包裹在硬壳中的棕色籽粒,形成了果实的可食用部分(占 15%~30%)(Madruga 等,2014)。一层薄薄的白色的膜包裹着的光滑、椭圆形、浅棕色的籽粒被包裹在每个美味的黄色甜球中。这些籽粒约占总果实的 5%~6%,数量在 100~500,长 2~4 cm,厚 1.5~2.5 cm(Islam 等,2015)。

9.2.2　生产

根据 Sawe(2017)提供的数据,印度是最大的菠萝蜜生产国,合计约 140 万吨;孟加拉国是全球第二大生产国,产量约 926 吨,其他生产国是泰国、印度尼西亚和尼泊尔。根据农业交易所(2016),在 2014—2015 年,喀拉拉邦是印度最大的菠萝蜜生产州,紧随其后的是特里普拉和奥里萨邦,其余州的生产如图 9.1 所示。

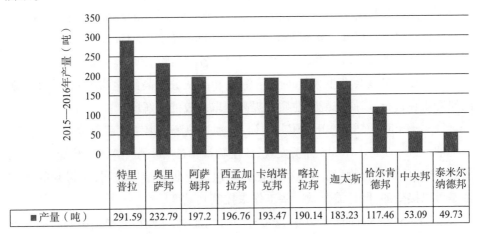

	特里普拉	奥里萨邦	阿萨姆邦	西孟加拉邦	卡纳塔克邦	喀拉拉邦	迦太斯	恰尔肯德邦	中央邦	泰米尔纳德邦
■产量(吨)	291.59	232.79	197.2	196.76	193.47	190.14	183.23	117.46	53.09	49.73

图 9.1　印度十大菠萝蜜生产州(数据来自农业交易所,2016)

9.2.3　营养成分

菠萝蜜富含木质素、异黄酮、皂苷、酚类化合物等植物营养素。这些植物营养素具有预防体内癌细胞的形成和抗胃溃疡的作用。众所周知,它们还可以降血压,减缓细胞的退化从而使皮肤恢复活力(Swami 等,2012)。

Gupta 等(2011)分析说,菠萝蜜籽粒中总抗氧化活性和酚含量超过 70%。菠萝蜜籽粒含有锰、镁、锌和所有植物营养素。其也含有 2 种凝集素:辣椒素和胡萝卜素(Swami 等,2012;Gupta 等,2011)。人类免疫缺陷病毒感染者的免疫系统状况是用这些凝集素评估的(Swami 等,2012)。Gupta 等(2011)观察到,从菠萝蜜籽粒中分离得到的主要蛋白质是具有免疫特性的辣椒素。菠萝蜜籽粒提取物具有明显的 DPPH、ABTS 清除作用和金属离子螯合活性。由于这些籽粒的脂肪含量可以忽略不计,是很好的无脂饮食成分。Begum 等(2004)分析,菠萝蜜可食用部分(鳞茎)果胶酸钙含量为 1.14%~1.60%,显著低于不可食用部分(果皮和果核)。

9.2.4 应用

很多研究表明可利用菠萝蜜的不可食用部分。其中一些如以下 5 个方面。

①含有大量营养素和抗氧化成分的菠萝蜜籽粒在水果加工过程中被丢弃,但这些籽粒可能具有潜在附加值和保健品开发的潜力。这些籽粒含有大量的淀粉,这些淀粉在食品工业、医药、生物纳米技术、纸张和化妆品上被用作增稠剂和黏合剂。这些籽粒的货架期很短;因此,他们被磨成面粉用于制备饼干、糖果、面包和其他烘焙制品(Chawan 和 Pawar,2012;Swami 等,2012;Gupta 等,2011)。

②Swami 等(2012)和 Begum 等(2004)的各种实验表明,与商品果胶相比,菠萝蜜的果皮和果核会产生大量的低溶解度和高灰分的高酯化物果胶。因此,新的研究正在进行,以研究凝胶性质和提高提取果胶的溶解度。

③Soetardji 等(2014)开展了一项研究,通过热解剥离法从菠萝蜜果皮中提取生物油。进一步经 GC-MS 分析发现,该生物油由酸、酮、醚、醇、糖、呋喃、醛、酯、酚类、含氧环状化合物、衍生烃和氮化合物组成。研究结果表明,所得到的生物油是可以接受的,但是需要做一些工作来控制其黏度。

④Inbaraj 和 Sulochana(2004,2006)的研究证明,从菠萝蜜果皮中制备的炭可以有效去除水溶液中的罗丹明 B 染料、孔雀绿染料和镉(Ⅱ),汞(Ⅱ),铜(Ⅱ)等金属离子。

⑤Dam 和 Nguyen(2013)开发了一种新的白利度 11°,pH 4.35,总酸 1.28%,乙醇 5.5%(V/V)的增值饮料,是通过约占果实质量 25.3%的菠萝蜜废料发酵生产的。该饮料在感官质量属性上是可以接受的。

9.3 石榴

石榴(*Punica granatum*)是伊朗水果的学名,通常被称为石榴、格林纳达或中

国苹果。它属于石榴科(Mayo Clinic 等,2002)。新鲜水果和葡萄酒、果汁和糖果
等商业产品是石榴的一种广泛消费形式(Al Mehder,2013)。

9.3.1　成分

假种皮和籽粒可食部分占石榴的 50%(分别占 40% 和 10%)(Sreekumar 等,
2014)。剩下的 50% 是不可食用部分(即常作为废料丢弃的果皮)(Al Mehder,
2013;Sreekumar 等,2014)。石榴加工成果汁后,主要由果皮和果籽组成的大量
副产品被回收(Çam 等,2013)。

9.3.2　生产

《每日报告》(2018)的统计分析称,伊朗是最大的石榴生产国,其次是美国和
中国,印度位居第四。据 APEDA(2012)报告,在印度,马哈拉施特拉邦是主要的
石榴生产州,其次是卡纳塔克邦(图 9.2)。

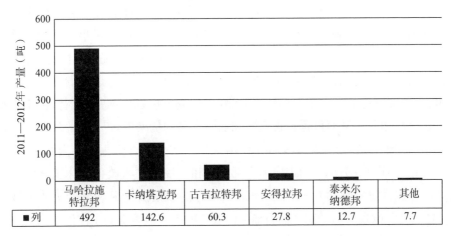

图 9.2　印度前六大石榴生产国(数据来自 APEDA,2012)

9.3.3　营养方面

石榴的营养成分在果皮、假种皮和籽粒中分布不均匀。鞣酸、类黄酮和其他
酚类化合物尤其是有助于抗氧化性能的安石榴苷,是石榴果皮的主要营养成分
(Ismail 等,2012;Al Mehder,2013)。果皮提取物具有广泛的生物学作用,如抗遗
传毒性、抗酪氨酸酶活性、抗炎抗氧化剂性质、抗癌活性、抗菌活性、抗腹泻活性、
凋亡特性和抗糖尿病活性。石榴果皮是很好的粗纤维来源,有各种健康好处,如

降低高脂血症和高血压,降低血清低密度脂蛋白—胆固醇水平,有助于胃肠健康,提高葡萄糖耐量和胰岛素反应,消除某些癌症如结肠癌的风险(Ismail 等,2012)。石榴假种皮含水量 85%,总糖 10%(主要是葡萄糖和果糖)果胶 1.5%,柠檬酸、抗坏血酸和苹果酸等有机酸以及酚类、黄酮类和花青素等生物活性化合物(飞燕草苷、花青素和天竺葵素)(Ramadan 等,2009;Sreekumar 等,2014)。

Rowayshed 等(2013)报告称,石榴籽中的甾醇、γ-生育酚、石榴酸、羟基苯甲酸等营养成分有助于抗腹泻和具有抗氧化的生物活性。籽油占石榴籽总质量的 12%~20%,其中 65%~80% 是石榴酸,石榴酸是一种特殊的共轭脂肪酸(Sreekumar 等,2014;Al Mehder,2013)。甾醇、类固醇和脑苷是籽油的次要成分(Sreekumar 等,2014)。研究表明,与果汁相比,果皮和果皮部分的酚类和其他营养成分更为丰富。

9.3.4 应用

在一项研究中,Singh 和 Immanuel(2014)从橘子、石榴和柠檬果皮中提取出抗氧化剂。含有 2% 果皮提取物的奶豆腐样品的感官研究,显示出更大的可接受性和抑制过氧化物形成的能力。与柠檬皮提取物(比橘子皮提取物能力更强)相比,奶豆腐样品中石榴皮提取物表现出更大的抑制过氧化物形成的能力。结果证明,合成抗氧化剂可以用石榴皮提取物(天然安全抗氧化剂)来代替,由于其高抗氧化活性和酚含量而可延长含脂肪和油脂食品的货架期。

一般来说,冰淇淋里多不饱和脂肪酸和酚类成分的含量很低。因此,Çam 等(2013)的一项研究表明,石榴皮酚(提取物)和籽油的加入改善了冰淇淋的功能特性。加入含量分别为 0.1% 和 0.4%(W/W)的石榴皮酚显著改变了冰淇淋的 pH、总酸度和颜色。石榴副产品石榴皮酚成分的掺入显著提高了冰淇淋的抗氧化剂、抗糖尿病活性和酚类物质的含量。因此,利用石榴副产品对石榴皮中的石榴苷和石榴籽油中的石榴酸进行功能性研究,可以为消费者提供巨大的保健价值。

水果纤维作为食品的潜在成分具有降低亚硝酸盐残留的能力,而亚硝酸盐在加工过程中可能形成亚硝胺。因此,石榴纤维在肉制品加工中被用作黏合剂、脂肪替代品、填充剂、体积增强剂、稳定剂和油炸过程中的脂肪吸收剂(Al Mehder,2013)。

Al-Mehder(2013)的研究表明,随着石榴皮添加水平的增加,面包的老化程度增强。所测样品的感官评价表明,添加 1% 石榴皮烤面包比其他烤面包(2.0% 或 5.0% 石榴皮)更接近对照样品。结果表明,仅添加 1% 的石榴皮就可以改善面包的营养、物理和感官品质。

与 BHT 相比,果皮、外果皮和果汁醇提取物的抗氧化活性显著降低,表现在 60℃条件下储存第 7 天、第 14 天、第 21 天和第 28 天时过氧化值、丙二醛、p-茴香胺和羰基值的降低和 200 μg 果皮及 1000 μg、500 μg、250 μg、200 μg、100 μg 外皮和果汁中 DPPH 的降低(Ramadan 等,2009)。

Iqbal 等(2008)的一项研究证明,所有浓度的石榴皮提取物均能有效地稳定葵花籽油和猪油。石榴皮提取物浓度在 0.8~0.85 g/kg 时,其稳定效率与典型的合成抗氧剂 BHT 的法定极限相当。石榴皮的抗过氧化活性提高了葵花籽油对氧化酸败的抗性,抑制了猪油过氧化性。因此,结果表明利用石榴皮作为抗氧化剂的有效来源,可以有效地稳定各种食物系统(Iqbal 等,2008)。

9.4　苹果

苹果(*malus domestica*)是一种在全球广泛种植的水果,是数百万人最喜爱的水果。印度是世界第九大苹果生产国,目前约占全世界苹果总产量的 1/3,25 万公顷面积的年产量是 142 万吨(2004)。苹果是印度的第四大水果(Shalini 和 Gupta,2009)。

由于具有高度的生物可降解性,因此处理这些废料是一个真正的生态问题,并表现出许多困难。通常只有 20%废料被回收用作动物饲料,剩下的 80%被填埋、焚烧,或者施肥,这产生了温室气体。尽管如此,科研进展促使人们选择使用苹果渣。在生物活性成分的提取和天然酸、酶、生物燃料等高附加值生物产品的生产中,苹果渣可以作为一种有前途的材料,从而以更快的速度用生物技术和酶技术来提取(Garry 和 Kaur,2013)。果渣含有 5%的籽粒,籽粒中含有 15%的脂肪,是油脂的很好来源。苹果籽油可以冷榨也可以热榨。苹果籽油的主要成分是亚油酸(约 50%)(Markowski 等,2007)。

9.4.1　产量

印度苹果总产量约为 193.5 万吨,占全球苹果总产量的 3.0%(国际园艺委员会,2010;Shalini 和 Gupta,2009)。印度大陆苹果渣总产量约为每年 100 万吨,其中只有约 1 万吨苹果渣被利用。

9.4.2　营养参数

苹果加工企业产生的废料包括由籽粒、压碎的碎片、果皮和果核组成的苹果渣,这些果渣大部分含有营养物质,可作为添加剂和动物饲料。苹果渣是最丰富的营养来源之一。碳水化合物、粗纤维、可发酵糖、果胶、矿物质等具有较高的营养价值。苹果渣中的纤维素、半纤维素和果胶通常不会被消化酶消化,属于膳食纤维。苹果渣在可溶性膳食纤维中具有营养价值,可降低血液胆固醇水平(Mahawar 等,2012)。

苹果酒和果汁加工行业的主要副产品是苹果渣,一般情况下,苹果渣约占原果实(含水量85%)质量的25%(Shalini 和 Gupta,2009)。

9.4.3　苹果渣的性质及利用

苹果皮中酚类物质的含量高,在果皮中含量高达 3.3 g/100 g。从苹果渣中提取的抗氧化植物化学物质的作用主要是通过清除活性来防止低密度脂蛋白氧化,清除活性阻止氧化过程中形成的过氧化物和羟基自由基来预防疾病。这些自由基对脂类有很高的亲和力。苹果富含酚类、类胡萝卜素、维生素等抗氧化能力强的植物营养素,这些营养素对自由基具有保护作用。苹果皮含有高浓度的酚类化合物,可能有助于预防慢性病(Joshi 等,2012)。

①以苹果渣为基础的微球菌培养基提供的氮源和碳源对类胡萝卜素的产生有影响,添加含量为 20 g/L 苹果渣的效果最好。

②在酸性条件下使用乙醇采用液相沉淀的方法提取果胶。

③苹果渣在 30℃固态发酵 96 h。糖浓度从 10.2%降至 0.4%以下,最终乙醇浓度达到 4.3%以上,发酵效率达到 89%。

④利用来自黑曲霉的苹果渣生产有机酸(柠檬酸)。

9.5　香蕉

香蕉(*musa paradisiaca*,芭蕉科)是一种主要的经济作物,是热带和亚热带地区的主要水果。

9.5.1　产量

香蕉是仅次于柑橘的第二大水果,约占世界水果总产量的 16%。根据 2010年粮农组织报告(Mohiuddin 和 Saha,2014),印度是最大的香蕉生产国,产量为297.8 亿吨,占世界香蕉产量的 27%,其次是中国和菲律宾,产量分别为 9848.9万吨和 9101.34 万吨。另外,印度的香蕉产量已经超过了芒果产量。在 2010 年,印度国内的泰米尔纳德邦是香蕉的主要生产州,其次是马哈拉施特拉邦、喀拉拉邦、泰米尔纳德邦、古吉拉特邦、比哈尔邦、西孟加拉邦、阿萨姆邦、安得拉邦和卡纳塔克邦。

9.5.2　营养概况

Mohiuddin 和 Saha(2014)研究发现香蕉纤维的化学成分主要是纤维素(50%~60%),半纤维素高达 25%~30%,果胶 3%~5%,木质素 12%~18%,水溶性物质 2%~3%,脂肪和蜡 3%~5%,灰分 1%~1.5%。香蕉皮富含3%淀粉、粗蛋白质 6%~9%、粗脂肪 3.8%~11%、总膳食纤维 43.2%~49.7%、α-亚麻酸、果胶、多不饱和脂肪酸(特别是亚油酸)、必需氨基酸(亮氨酸、缬氨酸、苯丙氨酸和苏氨酸)以及微量营养素。

香蕉可以治愈的一些特殊疾病:

①血压:由于香蕉高钾低盐,所以是最好的降压食品。

②抑郁症:香蕉中富含色氨酸,能转化血清素。它使身体感到放松,改善情绪,让人感觉更快乐。

③烧心(胃灼热):香蕉是天然抗酸剂的来源,可以舒缓和减轻因炎症或化学刺激物作用于食管黏膜引起的烧灼感。

④晨吐:在两餐之间经常吃点香蕉有助于保持血糖水平,从而避免晨吐。

⑤蚊虫叮咬:用香蕉内皮涂抹/摩擦被咬区域,有助于有效地减轻蚊虫叮咬引起的肿胀和刺激。

⑥神经:香蕉富含 B 族维生素,有助于镇定神经系统。

⑦吸烟:香蕉富含维生素 C、维生素 A_1、维生素 B_6、维生素 B_{12}、钾和镁,有助于身体从尼古丁摄入中恢复,因此有助于戒烟。

⑧应激:香蕉中含有一种重要的矿物质(钾),能够使心跳正常化,向大脑输送氧气,帮助调节身体的水分平衡(Ehiowewenguan 和 Emoghene,2014;Tin 和 Padam,2014)。

大约90%的香蕉是作为新鲜水果食用的。约 5%经过加工后食用,约有2.5%的香蕉被加工成纯香蕉制品,其余作为配料添加到其他食品中。以香蕉为原料,可以生产和开发 17 种加工产品。市场上主要的香蕉产品是"炸香蕉片和糖果",约占 31%,其余为香蕉泥占 9%,香蕉酱占 3%,香蕉啤酒占 3%,香蕉饼占3%,香蕉粉占 6%和其他。香蕉嫩茎是一种蔬菜,具有很高的药用价值。甜糖果是由嫩香蕉假茎制成的(Rona,2015)。

9.5.3　香蕉副产品的用途

一般来说,香蕉的副产品包括假茎、叶、花序、果柄(花柄/轴)、根茎和果皮。这些副产品很少被利用,商业价值有限,在某些情况下被视为农业垃圾。香蕉采摘后的假茎和叶通常留在农场腐烂,以补充土壤中的一些养分。尽管东南亚和印度—马来地区的部分土著居民可以将嫩枝、假茎髓和花序作为蔬菜食用(废物管理评论,2017)。因为需求不一和接受度有限,香蕉花序的使用价值很低。在东南亚,香蕉叶被用于包装传统食品,但仅限于一些少数民族食品。一个稍好的应用是利用香蕉废料作为动物饲料,从而显著降低生产成本。在没有空气的情况下,碳水化合物被分解并释放出甲烷和二氧化碳的过程是由受损的香蕉和束茎上的细菌作用引起的。该产品是由厌氧呼吸产生的气体燃料(Vigneswaran 等,2015)。

食品工业使用淀粉、果胶和纤维素作为胶凝剂、增稠剂和稳定剂。淀粉是一种碳水化合物,是商业化产品,由玉米、水稻、马铃薯、木薯和小麦等植物制成。

在水果选择和加工过程中被扔掉的假茎髓和去除的绿色叶片是香蕉的副产品,用于转化为可食用淀粉(Agropedialabsitk,2015)。香蕉淀粉的淀粉酶含量低。因此,香蕉淀粉具有很高的耐热性和抗淀粉酶侵蚀性、低溶胀性、低水溶性、低回生性,并被证明略优于改性和未改性玉米淀粉,因此具有更高的潜在市场价值(Tin 和 Padam,2014)。

香蕉纤维和其他纤维一起制成适合农业用途的优质绳索。香蕉纤维是一种优良的吸附剂,对炼油厂溢油的吸附潜力最大。假茎和叶柄含有中低量的灰分、木质素和大量的纤维素,是造纸工业制浆的理想原料。香蕉及其假茎均含有具有抗菌特性的致病相关蛋白(Ehiowewenguan 和 Emoghenev,2014;Vigneswaran 等,2015)。

9.5.3.1　香蕉皮的使用

香蕉皮中可提取香蕉油(乙酸戊酯),用于食品调味。香蕉皮也是木质素(6%～12%)、果胶(10%～21%)、纤维素(7.6%～9.6%)、半纤维素(6.4%～9.4%)和半乳糖醛酸的良好来源。香蕉皮还可用于酿酒、乙醇生产,也可作为沼气生产的基质。从香蕉皮中提取的果胶还含有葡萄糖、阿拉伯糖、半乳糖、鼠李糖和木糖。香蕉皮可作为牛和家禽的良好饲料,因为它比果肉本身含有更高浓度的微量元素(铁和锌)(Agropedialabsik,2015)。

9.5.3.2　香蕉叶的使用

干香蕉叶作为燃料和栽培牡蛎蘑菇的良好基质具有很高的潜力(Mohapatra 和 Mishra,2010)。香蕉叶可饲喂反刍动物,并可添加一些蛋白质提取物,以提高其消化率。叶片中添加重要蛋白质内含物可以制成理想的牛饲料(Wadhwa 和 Bakshi,2013)。

9.5.3.3　香蕉皮和香蕉髓的使用

香蕉植物组织中富含的凝集素可以有效地开发并用于人类消费。假茎经循环利用后可作为生物肥料。在印度的不同地区,香蕉的果髓在煮沸、添加香料和调味品后被广泛用作食品。鞘髓由干物质 6.4%、粗蛋白 3.4%、纤维素 34.6%、半纤维素 15.5%、粗纤维 31.4%和木质素(6%存在于香蕉鞘中)组成,可作为反刍动物饲料(Mohapatra 和 Mishra,2010)。

香蕉皮废料很容易获得,因为它是产量最大的农业废料之一。然而,虽然它们富含碳水化合物和其他能够支持酵母生长的基本营养物质,但仍然没有被充分利用,因为它们有成为当地酵母菌株生长培养基的潜力。以香蕉皮为培养基的本土酵母具有良好的发酵特性,可提高乙醇产量,并将总生产成本降至最低(AgropediaLabsik,2015)。

9.6　枣

枣椰是世界上许多人的主食(尤其是在北非和中东地区)。椰枣树是一种雌雄异株的单子叶植物,属槟榔科(Ahmad 等,2012)。果实由可食用的质果皮和不能食用部分组成(Al-Orf 等,2012)。

枣除了直接消费,还有各种由椰枣制成的半成品和成品。这些产品包括用于面包房和糖果业以增加特有甜味的枣泥,以及醋、有机酸、乙醇和浓缩的枣汁等发酵枣类产品,这些发酵枣类产品可用于生成酱、糖浆和液体糖。低档枣果、枣饼和枣核在加工过程中会产生成大量废料。榨汁后的压榨枣饼和有瑕疵或缺陷的劣质棕榈枣不能被分装进入市场,但由于其良好的营养价值,如糖、蛋白质、矿物质等,大多用作发酵产品的基质和动物饲料。Al-Farsi 和 Lee(2008a,b)发现枣核通常占枣果质量的 10%到 15%。2010 年,全球枣产量达到 720 万吨,每年可产生约 72 万吨枣核(即占总果量的 10%)(粮农组织,2011)。因此,枣副产品/废物的利用对于促进棕榈枣的种植和增收是非常重要的(Shrafand 和 Esfahani,2011)。

9.6.1 用作活性炭前体的枣核

商用活性炭是昂贵的,因为所使用的烟煤是不可再生和相对昂贵的。被视为果蔬废料/副产品的椰子壳、木材、杏仁壳、花生、杏核、枣核、橄榄核、油棕榈壳和坚果壳是生产活性炭的来源(Ahmad 等,2012)。

枣核是枣中价格便宜、容易获得的未消耗部分,与其他吸附剂相比,具有良好的吸附能力。枣核是良好有效的吸附剂,有助于去除重金属,可用于水和废水处理(Hilal 等,2012)。Girgis 和 El Hendawy(2002)通过用磷酸对枣核进行化学活化的方法开发了一种低成本的活性炭,并测定了它的氮气 BET—吸附比表面积和吸附能力。300℃下得到的活性炭孔隙率低,对碘、亚甲基蓝和苯酚的去除能力强。

由枣核制成的活性炭和枣核粉可用于去除废水中的重金属、农药、硼、染料和酚类化合物等有毒化合物(Hossain 等,2014)。

9.6.2 从枣核中提取的食用油

Al-Farsi 和 Lee(2008a,b)已经证明枣核中的脂肪含量在 5.7%~12.7%。不同的枣品种、不同的采收期、不同的产地、不同的施肥方式影响枣核含油量,而枣核的含油量反过来会影响油的质量。由于枣营养成分的影响,可能会出现含油量的差异。月桂酸、肉豆蔻酸、棕榈酸、硬脂酸、油酸和亚油酸是枣核中的主要脂肪酸。以枣核油为原料制备的沙拉酱感官品质优于以玉米油为原料制备的沙拉酱。

9.6.3 用作咖啡替代品的枣核

在中东地区,枣核饮料被用作咖啡饮料的替代品。红枣核经过烘烤可以生产出天然的无咖啡因饮料,可以作为普通咖啡的替代品。据推测,饮用枣核饮料有助于降低血压,通过降低脂肪增加体蛋白,并放松子宫和肠道肌肉组织。研究发现,枣核中的葡甘聚糖有助于血糖正常化,缓解血糖异常,如低血糖,减轻胰腺压力,预防许多慢性病(Ishrud 等,2001)。在烘烤之前应去除枣核上的白皮,因其可能在饮料中形成泡沫,故而必须制定最佳的加工条件和方法来生产枣核饮料。然而,这种白皮可作为天然发泡剂用于烘焙产品或其他食品中(Ahmad 等,2012)。

9.6.4　枣核作为抗菌剂

Saddiq 和 Bawazir(2010)已经证明,枣核的水和乙醇提取物对大肠杆菌、肺炎克雷伯菌、金黄色葡萄球菌、枯草芽孢杆菌和变形杆菌具有抗菌活性。与抗生素相比,枣核对细菌的生长抑制最为有效,主要原因有两个:一是细菌对抗检测材料的抗性不同。二是细菌细胞的膜通透性改变,从而阻碍酶的进入或通过化学成分的改变而排出。

9.6.5　枣核作为膳食纤维的来源

一些富含纤维的产品,如面包、饼干、蛋糕和膳食补充剂,可以使用枣核生产,且枣核的营养价值取决于其膳食纤维含量(Ahmad 等,2012)。枣核含有 58%的膳食纤维,53%的不溶性膳食纤维(半纤维素、木质素和纤维素)(Aldhaheri 等,2004;Al Farsi 和 Lee,2008a,b;Abdul Afiq 等,2013)。关于枣核在动物饲料中影响的研究表明,枣核中含有大量的鞣酸、抗性淀粉和天然合成代谢剂。枣核可作为麦麸膳食纤维的替代品,能显著增加膳食纤维摄入量(Hadarmi,1999;Elgasim 等,1995;Almana 和 Mahmoud,1994;Hamadaa 等,2002)。

9.6.6　枣核作为抗氧化剂的来源

Al-Farsi 和 Lee(2008a,b)报告说,枣核含有高水平的抗氧化剂(580~929 mL trolox 当量/g)、酚类物质(3102~4430 mg 没食子酸当量/100g)和膳食纤维(78~80 g/100 g),这可能是治疗各种慢性病的潜在范围。枣核作为抗氧化剂的补充,有可能用于营养保健、医药和医药产品中。

9.7　柑橘类水果

柑橘类水果属芸香科,约有 17 种,如产于热带、亚热带和温带地区的酸橙、柑橘、柠檬、柑橘、酸橙和葡萄柚(Rafiqa 等,2016)。2013—2014 年(粮农组织),全球柑橘类水果消费量高,产量约为 12127.32 万吨。中国是柑橘类水果的最大生产国(42.17%),其次是尼日利亚(31.3%)和印度(6.17%)(APEDA,2014)。柑橘的果皮分为外果皮或黄皮层,外果皮是有色的,外果皮下面有一层白色柔软的中间层,称为中果皮。柑橘类水果的副产品富含潜在的生物活性物质,但通常被当作废弃物丢弃在环境中。柑橘类水果通常新鲜食用或榨汁。柑橘占柑橘类水果总产量的60%,主要用于果汁回收加工。约34%柑橘类水果用于榨汁,其副产品果皮的产量约为44%(Rafiqa等,2016)。干果肉、洗过的果肉固体、糖蜜和精油是柑橘类水果加工后的主要副产品,约占初加工水果的50%(Chaudry等,2004;El Adawy等,1999)。因此,每年都有大量的废料产生并丢弃在环境中。

9.7.1 柑橘皮酚含量

一类主要的次生代谢物来自植物中的磷酸戊糖、莽草酸和苯丙酸途径(Balasundrama等,2006)。柑橘工业产生的副产品或废物,特别是果皮,富含酚类化合物,可作为抗氧化剂的补充。柑橘皮的总酚含量高于可食用部分(Balasundrama等,2006)。研究表明,柠檬、橙子和柚子皮具有较高的总酚含量(Balasundrama等,2006)。与柑橘的其他部位相比,果皮中含有大量的黄酮类化合物。这些类黄酮化合物属于6种不同家族,分别是黄酮醇、黄酮、黄烷酮、异黄酮、花青素和黄烷醇。柑橘皮中存在的这些潜在生物活性化合物具有广泛的生理特性,如抗动脉粥样硬化、抗过敏、抗氧化、抗炎、抗血栓、血管舒张作用和心脏保护作用(Balasundrama等,2006)。

9.7.2 果核中的油和油脂

柑橘皮中含有大量的油,这些油许多存在于包裹在果皮中的含油腺体(Sikdar等,2016)中。柑橘籽含约36%的油和14%的蛋白质。柑橘油中主要有3类特殊化合物:萜烯烃、含氧化合物和非挥发性化合物(Chanthaphon等,2008)。制药、食品和其他行业使用柑橘皮精油,通常认为是安全的(GRAS)。柑橘皮油因其气味宜人,被用于香水,也被应用在糖果,饮料和蛋糕中。柑橘油含有约95%的D-柠檬烯,该成分可以被提取出来并用于食品调味剂和化妆品等许多方面(Sikdar等,2016)。精制油可用于烹饪,而原油可用于洗涤剂和肥皂制造业。Balasundrama等(2006)已经证明了柑橘籽油的如下特性:皂化值186.8~191.3,碘值91.4~99.3,酸值0.21~1.2,折光率1.4681~1.4662,258℃条件下比重0.912~0.923。研究人员发现,从柑橘类水果中提取的精油对真菌和细菌都有抗菌作用。柑橘皮油可用于增加经过轻度处理的水果、低脂牛奶和脱脂牛奶的保质期(Chanthaphon等,2008)。在一些研究中,佛手柑、柑橘和柠檬的精油比苯酚更具防腐作用(Oreopoulou和Tzia,2007)。从柑橘类水果的油中可提取萜类化合物,而油提取后剩余的籽粕可作为蛋白质的来源(Balasundrama等,2006)。

从柑橘类水果中提取醚溶性脂肪后,所得籽粕蛋白质含量高。El-Adawy等

（1999）报道,与豆粕相比,柑橘籽粕含有大量的半胱氨酸、甘氨酸、蛋氨酸和色氨酸,而赖氨酸含量较低。柑橘籽有极好的氨基酸组成。因此,这类废料有用于开发油脂和蛋白质补充剂的潜力。柑橘皮中的果胶化合物和膳食纤维分别通过酸提取和机械加工的方法抽提而来(Oreopoulou 和 Tzia,2007)。

9.8　结果和讨论

图 9.3 显示了南亚和东南亚不同食品类别产生的废料的数据。图 9.4 描述了不同水果中不可食用部分的百分比,其中柑橘类水果最高,其次是石榴,枣类水果最低。图 9.5 显示了不同水果中的酚含量,并显示了不同水果不同部分的酚含量。结果表明,6 种水果果皮中酚类物质含量最高。表 9.1 列出了水果加工过程和销售中留下的不可食用部分。

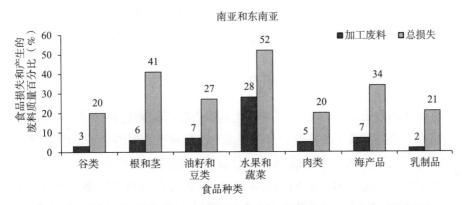

图 9.3　南亚和东南亚不同食品类别产生的废料(数据来自 Gustavsson 等,2009)

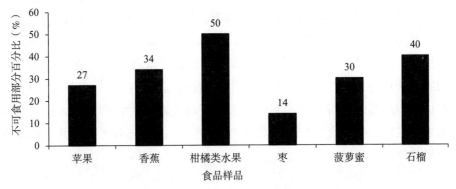

图 9.4　6 种水果不可食用部分百分比(数据来自:Joshi 和 Sharma,2011;
McCance 等,1991;Chengappa 等,2007;Yahia ,2011)

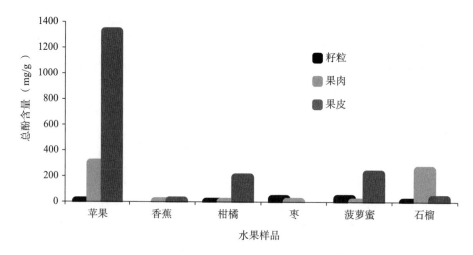

图 9.5　不同水果的酚含量（数据来自：Gowe，2015；Tsao 等，2005；
Emna 等，2009；Xu 等，2016；Al Meqbaali 等，2017；
Sharma 等，2013；Al Juhaimi 和 Ghafoor，2013；Malacrida 等，2012）

9.9　结论

在不久的将来，由于水果加工业产生的废弃物可能超过其产量，园艺业目前的经济状况将受到最大的影响。自然资源的浪费和不必要的垃圾填埋形成的主要原因是无法重新利用水果废料。大量农用工业废弃物的处置对环境构成威胁。水果废弃物是多种营养物质的丰富来源，丢弃是对自然资源的极大浪费。本章综述表明，石榴、大枣、苹果、菠萝蜜、柑橘和香蕉的果皮和籽粒比果肉含有更多的活性化合物。这些果皮和籽粒可用于提取各种抗氧化物，用于延长食品和食品成分（如葵花籽油等）的保质期。从水果废料中提取的活性化合物可用于营养强化。枣核可用于膳食纤维的强化，柑橘皮提取物可用于提高奶豆腐抗氧化剂含量。这种情况下，水果加工行业可以通过将以前被认为是无用的废料转化为抗氧化剂、抗菌剂、调味剂、着色剂、增稠剂、膳食纤维、蛋白质等有价值的产品来获得额外的利润。这一领域还需要大量的研究才能有效利用水果加工后产生的废弃物。果品加工业的所有这些努力将提高其环境状况和市场竞争力。

表 9.1　水果不可食用部分及其应用(数据来自 Chawan 和 Pawar,2012;Hui,2006)

序号	水果	加工过程中留下的不可食用部分	应用
1	苹果	果皮、果渣和籽粒	醋、果冻、果胶粉、天然调味品、各种酶
2	香蕉	果皮	香蕉奶酪、纸浆
3	柑橘类水果	果皮,碎屑,籽粒	动物饲料、柑橘籽、果皮油、果胶
4	枣	籽粒、废肉	动物饲料、纤维、油
5	菠萝蜜	果皮、果核	果胶
6	石榴	果皮、籽粒(有时)	油,药用,葵花籽油稳定性

参考文献

[1]Abdul Afiq MJ,Abdul Rahman R,Che Man YB et al (2013) Date seed and date seed oil. Int Food Res J 20(5):2035-2043

[2]Agri Exchange APEDA (2016) Indian Production of JACK FRUIT (HSCODE-1047). http://apeda. in/agriexchange/India%20Production/India_Productions. aspx? cat = fruit&hscode = 1047. Accessed 13 Aug 2017Ahmad T, Danish M, Rafatullah M et al (2012) The use of date palm as a potential adsorbent for wastewater treatment:a review. Environ Sci Pollut Res 19:1464-1484

[3]Al Juhaimi YF,Ghafoor K (2013) Bioactive compounds,antioxidant and physico-chemical properties of juice from lemon,mandarin and orange fruits cultivated in Saudi Arabia. Pak J Bot 45(4):1193-1196

[4]Al Mashkor AMI (2014) Total phenol,total flavonoids and antioxidant activity of pomegranate peel. Int J Chem Tech Res 6(11):4656-4661

[5]Al Mehder OM (2013) Pomegranate peels effectiveness in improving the nutritional, physical and sensory characteristics of pan bread. Curr Sci Int 2(2):8-14

[6]Al Meqbaali FT,Habib H,Othman A et al (2017) The antioxidant activity of date seed:preliminary results of a preclinical in vivo study. Emir J Food Agricul 29 (11):822-832. https://doi. org/10. 9755/ejfa. 2017. v29. i11. 1477

[7]Aldhaheri A,Alhadrami G,Aboalnaga N et al (2004) Chemical composition of date pits and reproductive hormonal status of rats fed date pits. Food Chem J 86:

93-97

[8] Al-Farsi MA, Lee CY (2008a) Nutritional and functional properties of dates: a review. Crit Rev Food Sci Nutr 48:877-887

[9] Al-Farsi MA, Lee CY (2008b) Optimization of phenolics and dietary fibre extraction from date seeds. Food Chem J 108:977-985

[10] Almana HA, Mahmoud RM (1994) Palm date seeds as an alternative source of dietary fibre in Saudi bread. Ecol Food Nutr 32:261-270

[11] Al-Orf SM, Ahmed MHM, Al-Atwail N et al (2012) Review: Nutritional properties and benefits of the date fruits (Phoenix dactylifera L.). Bull Nat Nutr Inst Arab Rep Egypt 39:97-129

[12] APEDA (2014) International production: fruit, citrus nes. https://agriexchange. apeda. gov. in/International _ Productions/International _ Production. aspx? ProductCode=0512

[13] APEDA Agri Exchange (2012) Pomegranate. http://agriexchange. apeda. gov. in/Market%20Profile/one/POMEGRANATE. aspx

[14] Babbar N, Oberoi H, Uppal SD et al (2011) Total phenolic content and antioxidant capacity of extracts obtained from six important fruit residues. Food Res Int 44:391-396. https://doi. org/10. 1016/j. foodres. 2010. 10. 001

[15] Balasundrama N, Sundram K, Samman S (2006) Phenolic compounds in plants and agri-industrial by-products: antioxidant activity, occurrence, and potential uses. Food Chem 99:191-203

[16] Begum R, Aziz GM, Uddin BM, Yusofa AY (2004) Characterization of jackfruit (Artocarpus heterophyllus) waste pectin as influenced by various extraction conditions. Agricult Agricult Sci Proc 2:244-251. https://doi. org/10. 1016/j. aaspro. 2014. 11. 035

[17] AgropedialabsIITK (2015) By-Product Utilization from Banana IIT Kanpur. http://www. Agropedialabs. iitk. ac. i/. Accessed 11 Dec 2017

[18] Chanthaphon S, Chanthachum S, Hongpattarakere T et al (2008) Antimicrobial activities of essential oils and crude extracts from tropical Citrus spp. against food -related microorganisms. J Sci Technol 30:125-131

[19] Chaudry AM, Badshah A, Bibi N et al (2004) Citrus waste utilization in poultry rations. Arch Geflügelk 68:206-210

[20] Chawan DU, Pawar DV (2012) Postharvest management and processing technology. Daya Publishing House, Delhi. ISBN-13:978-8170357872

[21] Chengappa GP, Nagaraj N, Kanwar R (2007) Challenges to sustainable agri-food system. In: Abstract of the International conference on 21st Century. University of Agricultural Science, Bangalore

[22] Dam SM, Nguyen TN (2013) Production of fermented beverage from fruit rags of jackfruit (Artocarpus heterophyllus). Acta Hortic 989:285–292. https://doi.org/10. 17660/ACTAHORTIC. 2013. 989. 37

[23] Ehiowemwenguan G, Emoghene AO (2014) Antibacterial and phytochemical analysis of Banana fruit peel. IOSR J Pharm 4(8):18–25

[24] El-Adawy TA, El-Bedawy AA, Rahma HE et al (1999) Properties of some citrus seeds. Part 3. Evaluation as a new source of protein and oil. Adv Therap 43:385–391. https://doi. org/10. 1002/(SICI)1521–3803(19991201)43:6<385::AID-FOOD385>3. 0. CO;2-V

[25] Elgasim EA, Al-Yousef YA, Humeida AM (1995) Possible hormonal activity of date pits and flesh fed to meat animals. Food Chem J 52:149–152

[26] Emna BS, El Amira A, Manel I et al (2009) Phenolic content and antioxidant activity of four date palm (Phoenix dactylifera L.) fruit varieties grown in Tunisia. Int J Food Sci Technol 44(11):2314–2319. https://doi. org/10. 1111/j. 1365–2621. 2009. 02075. x

[27] Experts from the Mayo Clinic, Experts from UCLA Center for Health Care, Experts from Dole Food Company (2002) Encyclopedia of foods—a guide to healthy nutrition, vol 13. Academic Press, New York, USA, p 201. ISBN-13:978-0-12-219803-8

[28] FAO (2011) FAOSTAT. http://www. fao. org/faostat/en/#data/QC/visualize

[29] Garry D, Kaur S (2013) A review in renewable and sustainable energy reviews article. Available via RESEARCH GATEhttps://www. researchgate. net/publication/236003770_review_article_perspective_of_apple_processing_wastes_as_lowcost_substrates_for_bioproduction_of_high_value_product_a_review. Accessed 22 Feb 2018

[30] Girgis BS, El-Hendawy A-NA (2002) Porosity development in activated carbons obtained from date pits under chemical activation with phosphoric acid.

Microp Mesop Mater J Glob 52:105-117

[31] Gowe C (2015) Review on potential use of fruit and vegetables by-products as a valuable source of natural food additives. J Food Sci Qualit Manag 45:47-58

[32] Gupta D, Mann S, Sood A et al (2011) Phytochemical, nutritional and antioxidant activity evaluation of seeds of jackfruit (Artocarpus heterophyllus). Int J Pharm BioSci 2(4):336-345

[33] Gustavsson J, Cederberg C, Sonesson U et al (2009) Global food losses and food waste. FAO, Rome, Italy. ISBN 978-92-5-107205-9

[34] Hadarmi G (1999) Personal communication. Chair, Department of Animal Production, Faculty of Agricultural Sciences, United Arab Emirates University, UAE

[35] Hamadaa JS, Hashimb BL, Shari AF (2002) Preliminary analysis and potential uses of date pits in foods. Food Chem J 76:135-137

[36] Hilal MZ, Ahmed AI, El-Sayed ER (2012) Activated and nonactivated date pits adsorbents for the removal of Copper(II) and Cadmium(II) from aqueous solutions. ISRN Phys Chem 2012: 985853. https://doi. org/10. 5402/2012/985853

[37] Hossain AMKA, Haq N (2006) Practical manual number 10, Jackfruit Artocarpus heterophyllus Field manual for extension workers and farmers. Southampton Centre for Underutilised Crops, UK. ISBN:0854328343

[38] Hossain MZ, Waly IM, Singh V et al (2014) Chemical composition of date-pits and its potential for developing value-added product—a review. Pol J Food Nutr Sci 64:215-226

[39] Hui HY (2006) Handbook of fruits and fruit processing, 2nd edn. Wiley, New York. ISBN-13:978-0-8138-1981-5, ISBN-10:0-8138-1981-4

[40] Inbaraj BS, Sulochana N (2004) Carbonised jackfruit peel as an adsorbent for the removal of Cd(II) from aqueous solution. Bioresour Technol 94(1):49-52. https://doi. org/10. 1016/j. biortech. 2003. 11. 018

[41] Inbaraj BS, Sulochana N (2006) Use of jackfruit peel carbon for adsorption of rhodamine-B, a basic dye from aqueous solution. Indian J Chem Technol 13(1):17-23

[42] Iqbal S, Haleem S, Akhtar M et al (2008) Efficiency of pomegranate peel

extracts in stabilization of sunflower oil under accelerated conditions. Food Res Int 41:194-200. https://doi. org/10. 1016/j. foodres. 2007. 11. 005

[43]Ishrud O, Zahid M, Zhou H et al (2001) A water-soluble galactomannan from the seeds of Phoenix dactylifera L. Carbohydr Res 335:297-301

[44]Islam SM, Begum R, Khatun M et al (2015) A study on nutritional and functional properties analysis of jackfruit seed flour and value addition to biscuits. Int J Eng Res Technol 4(12):139-147

[45]Ismail T, Sestili P, Akhtar S (2012) Pomegranate peel and fruit extracts: a review of potential anti - inflammatory and anti - infective effects. J Ethnopharmacol 143 (2): 397 - 405. https://doi. org/10. 1016/j. jep. 2012. 07. 004

[46]Joshi KV, Sharma KS (2011) Food processing waste management. New India Publishing Agency, New Delhi

[47]Joshi VK, Kumar A, Kumar V (2012) Antimicrobial, antioxidant and phyto-chemicals from fruit and vegetable wastes: a review. Int J Food Ferment Technol 2(2):123-136

[48]Madruga SM, De Albuquerque MSF, Silva ARI et al (2014) Chemical, morphological and functional properties of Brazilian jackfruit seeds starch. J Food Chem 450:440-443. https://doi. org/10. 1016/j. foodchem. 2013. 08. 003

[49]Mahawar M, Singh A, Jalgaonkar K (2012) Review utility of apple pomace as a substrate for various products: a review. Food Bioprod Process 90:597-605

[50]Malacrida C, Kimura M, Jorge N (2012) Phytochemicals and antioxidant activity of citrus seed oils. Food Sci Technol 18(3):399-404

[51]Markowski J, Kosmala M et al (2007) Apple pomace as a potential source of nutraceutical products. Polish J Food Nutr Sci 57(4B):291-295

[52]McCance AR, Paul AA, Widdowson ME et al (1991) The composition of foods. The Royal Society of Chemistry, Cambridge and the Food Standards Agency, London. ISBN-10:1849736367 ISBN-13:978-1849736367

[53]Mohapatra D, Mishra S (2010) Banana and its by - product utilization: an overview. J Sci Ind Res 69:323-329

[54]Mohiuddin AKM, Saha MK (2014) Usefulness of Banana (Musa paradisiaca) wastes in manufacturing of bio-products: a review. Scientific J Krishi Found 12

(1):148-158

[55] National Horticulture Board (2010) Horticulture statistics at a glance. http://
nhb. gov. in/statistics/Publication/Horticulture% 20At% 20a% 20Glance%
202017%20for%20net%20uplod%20(2). pdf

[56] Oreopoulou V, Tzia C (2007) Utilization of plant by-products for the recovery of
proteins, dietary fibers, antioxidants, and colorants. In: Oreopoulou V, Russ W
(eds) Utilization of by-products and treatment of waste in the food industry.
Springer, Boston, MA

[57] Parashar S, Sharma H, Garg M (2014) Antimicrobial and antioxidant activities
of fruits and vegetable peels: a review. J PharmacognPhytochem 3(1):160-164

[58] Pathak DP, Mandavgane AS, Kulkarni DB (2017) Fruit peel waste:
characterization and its potential uses. J Curr Sci 113(3):444-454

[59] Rafiqa S, Kaula R, Sofia AS et al (2016) Citrus peel as a source of functional
ingredient: a review. J Saudi Soc Agric Sci 17:351-358

[60] Ramadan HA, El-Badrawy S, Al-Ghany M et al (2009) Utilization of hydro-
alcoholic extracts for peel and rind and juice of pomegranate as natural
antioxidants in cotton seed oil. In: Abstract of the 5th Arab and 2nd International
Annual Scientific Conference Recent Trends of Developing Institutional and
Academic Performance in Higher Specific Education, Mansoura University,
Egypt, 8-9 April, 2009

[61] Rona K (2015) Article on fruit waste and its uses. http://www. baysidejournal.
com/utilization-offruit-waste-and-their-uses/. Accessed 11 Dec 2017

[62] Rowayshed G, Salama A, Abul-Fadl M et al (2013) Nutritional and chemical
evaluation for pomegranate (Punica granatum L.) fruit peel and seeds powders
by-products. J Appl Sci 3(4):169-179

[63] Saddiq AA, Bawazir AE (2010) Antimicrobial activity of date palm (phoenix
dactylifera) pits extracts and its role in reducing the side effect of methyl
prednisolone on some neurotransmitter content in the brain, hormone testosterone
in adulthood. Acta Hortic 882:665-690

[64] Sawe EB (2017) World leaders in jackfruit production. http://www. worldatlas.
com/articles/worldleaders-in-jackfruit-production. html. Accessed 27 Aug 2017

[65] Shalini R, Gupta DK (2009) Utilization of pomace from apple processing

industries:a review. J Food Sci Technol 47(4):365-371

[66]Sharma A,Gupta P,Verma KA (2013) Preliminary nutritional and biological potential of Artocarpus heterophyllus shell powder. J Food Sci Technol 52(3): 1339-1349. https://doi. org/10. 1007/s13197-013-1130-8

[67]Shrafand Z,Esfahani HZ (2011) Date and date processing:a review. Food Rev Int 27:101-133

[68]Sikdar CD,Menon R,Duseja K et al (2016) Extraction of citrus oil from orange (Citrus Sinensis) peels by steam distillation and its characterizations. Int J Tech Res Appl 4:341-346

[69]Singh S,Immanuel G (2014) Extraction of antioxidants from fruit peels and its utilization in paneer. J Food Process Technol 5(7):2157-7110. https://doi. org/10. 4172/2157-7110. 1000349

[70]Soetardji PJ,Cynthia W,Yovita D et al (2014) Bio-oil from jackfruit peel waste. Proced Chem 9:158-164. https://doi. org/10. 1016/j. proche. 2014. 05. 019

[71]Sreekumar S, Sithul H, Muraleedharan P et al (2014) Review article pomegranate fruit as a rich source of biologically active compounds. Bio Med Res Int 2:12. https://doi. org/10. 1155/2014/686921

[72]Swami BS,Thakor JN,Haldankar MP et al (2012) Jackfruit and its many functional components as related to human health:a review. Compr Rev Food Sci Food Saf 11:566-574. https://doi. org/10. 1111/j. 1541-4337. 2012. 00210. x

[73]The Daily Records (2018) Top ten world's largest pomegranate producing countries. http://www. thedailyrecords. com/2018-2019-2020-2021/world-famous-top-10-list/world/largest-pomegranate-producing-countries-world-statistics/6874/. Accessed 1 Apr 2018

[74]Tin HS,Padam SB (2014) Banana by-products:an under-utilized renewable food biomass with great potential. J Food Sci Technol 51(12):3527-3545

[75]Tsao R,Yang R,Xie S et al (2005) Which polyphenolic compounds contribution to the total antioxidant activities of apple? J Agric Food Chem 53(12):4989-4995

[76]Vazhacharickal JP,Mathew JJ,Kuriakose CA (2015) Chemistry and medicinal properties of jackfruit (Artocarpus heterophyllus):a review on current status of knowledge. Int J Innovat Res Rev 3(2):83-95

[77] Vigneswaran C, Pavithra V et al (2015) Banana fiber: scope and value added product development. J Textile Apparel Tech Manag 9(2):1-7

[78] Wadhwa M, Bakshi MPS (2013) Utilization of fruit and vegetable wastes as livestock feed and as substrates for generation of other value-added products. FAO 2013. http://www. fao. org/3/ai3273e. pdf. Accessed 23 Nov 2017

[79] Waste management reviews (2017) Banana has Biofutures Potentialhttp:// wastemanagementreview. com. au/banana - wastes - potential/. Accessed 4 Dec 2017

[80] Xu Y, Fan M, Ran J et al (2016) Variation in phenolic compounds and antioxidant activity in apple seeds of seven cultivar. Saudi J Biolog Sci 23(3): 379-388

[81] Yahia ME (2011) Postharvest biology and technology of tropical and subtropical fruit. Woodhead Publishing, UK. ISBN:978-0-84569-734-1

10 减肥膳食补充剂及其机制

摘要 众所周知,超重和肥胖是最常见的由不健康的生活方式引起的。遗传或分子遗传因素、年龄、性别、饮食习惯和行为、体力活动、压力、内分泌因素、创伤、现代化、文明等相互作用导致肥胖的发生。尽管人们越来越认识到这一问题,但生活方式和饮食行为的改变却很难被采纳。这导致了非手术的健康方法的发展,以治疗这类疾病。这些方法包括使用具有特殊健康用途的食物,即膳食补充剂。不同的补充剂作用机制和功能不同。最常见的机制是促进控制食欲和降低特定营养素的吸收,从而促进减肥和提高脂肪燃烧。采用膳食补充剂或食品补充剂减肥是最有效最流行的减肥方法之一。使用这些补充剂的总体结果已经显示出积极的转变,取得了有效的效果。这项研究涵盖了市场上可获得的不同膳食补充剂的活性成分。具有有害作用的活性成分的作用机制清楚地表明了每种补充剂的市场需求。该研究还强调,为了规范膳食补充剂的消费,膳食补充剂的监管机构,即 FSSAI 和 FDA,已经制定了推荐膳食摄取量(RDAs)。

关键词 久坐生活方式;膳食补充剂;市场需求;推荐膳食配额

10.1 引言

健康补充剂或膳食补充剂是在 5 岁以上的人的正常饮食中添加的营养素。健康补充剂是一种或多种营养素的浓缩,特别是氨基酸、酶、矿物质、蛋白质、维生素、其他膳食物质、植物或植物学的物质、益生元、益生菌、动物源的物质或其他已知确定的营养或有益生理作用的类似物,这些健康补充剂可单独或联合提供,但不是药物(印度公报,2016)。

膳食补充剂是一种含有"膳食成分"的物质,旨在提高膳食的营养价值。"膳食成分"可以是以下物质的一种或任何组合。

①维生素。
②矿物质。

③草药或其他植物。

④氨基酸。

⑤膳食物质,供人们增加总膳食摄入量。

⑥浓缩物、代谢物、成分或提取物。

片剂、胶囊、软胶囊、粒状胶囊、液体或粉末是最普遍的形式。一些膳食补充剂可以帮助确保一个人从膳食中获得足够的必需营养素;另一些膳食补充剂可能有助于降低疾病风险(FDA,2015)。

1994年《美国膳食补充剂健康与教育法案》根据某些原则对膳食补充剂或食品补充剂进行了以下定义。

①试图用以下任何膳食成分补充饮食的产品(除烟草外):维生素、矿物质、草药或其他植物、氨基酸、通过增加总日摄入量的膳食物质,或浓缩物、代谢物、成分、提取物,或者这些成分的组合。

②以药丸、胶囊、片剂或液体形式摄入的产品。

③不是用作常规食品或正餐的产品。

④任何标记为"膳食补充剂"的东西。

⑤在批准、认证或许可之前作为膳食补充剂或食品销售的新批准的药物、经认证的抗生素或经许可的生物制品(Cencic 和 Chingwaru,2010)。

10.2　功能性食品、膳食补充剂和保健品

下面的综述建议了不同膳食补充剂中的常用成分。研究这种机制是重要的环节。对不同成分的了解和认识有助于个人选择能够帮助他们实现目标的产品(表10.1)。

表 10.1　功能性食品、膳食补充剂和保健品之间的区别(Cencic 和 Chingwaru,2010)

功能性食品	膳食补充剂	保健品
提供健康益处而不是必需营养素的食品	为提高饮食的营养价值而额外添加的饮食成分	从食品中分离的产品,通常以药用形式出售
被认为是正常饮食的一部分	不像功能性食品,补充剂不是正常饮食的一部分,即补充剂不能作为饮食的唯一组成	在接受某种治疗时,如果需要,可作为唯一的饮食成分
除了作为传统食品,还增加了额外的健康益处	膳食补充剂不能用于治疗或辅助治疗	具有饮食补充和预防或治疗任何疾病或紊乱的双重功能

10.3　印度膳食补充剂的市场趋势

随着时间的推移,印度人越来越重视自己的健康和外表。他们打算在外表上花钱。这一新兴趋势鼓励人们使用各种保健品和膳食补充剂。他们不断增长的需求刺激公司开发新产品来帮助他们保持体重和体型。

随着印度工业的发展,这些产品或保健品被称为快速移动的医疗保健品(FMHG)。预计到 2019—2020 年,印度保健品行业将以 20% 的速度增长,达到 61 亿美元。这与人们对补充剂的使用意识和意愿的提高有直接关系。影响补充剂增长的因素是健康意识、人口老龄化以及生活方式如从适度运动到久坐的转变。

膳食补充剂在印度保健品市场占有 32% 的份额。这些补充剂以维生素、矿物质、植物化学物质和水果提取物为基础。蛋白粉和贝类提取物都是膳食补充剂中常用的成分。2019 年,全球保健品市场估计达到 2411 亿美元,2013 年和 2014 年分别是 1606 亿美元和 1718 亿美元。印度和印度次大陆的市场增长速度缓慢,但随着城市化和年轻人口的增加,预计未来几年将达到更高的水平(表 10.2)。

表 10.2　保健品公司面临的机遇和挑战

机遇	挑战
印度 650 亿卢比的市场规模仅占全球保健品市场的 2%	产品发展:企业要开发新的更好的产品
饮食相关健康问题发病率上升	产品分化:企业应该带头建立信誉,降低成本价格
大众媒体提高了人们的消费意识	产品推广:企业应通过投放广告和增强消费者意识来推广产品

膳食补充剂和保健品是一个新兴趋势,在未来几年里,将是关注的焦点,并获得巨大的利润。制造公司和新产品开发应在未来业务发展中发挥有效而重要的作用(ASA 和 Associates,2015)。

10.4　肥胖

肥胖是一种复杂的、多因素的慢性疾病,是由于社会、行为、心理、代谢、细胞和分子等多种因素的相互影响而形成的。简单地说,当人体摄入的卡路里多于消耗的能量时会导致肥胖。这建立了正能量平衡,最终导致肥胖,身体内过量脂肪组织普遍堆积,导致超过理想体重20%。除了肥胖外,还有一个词常称为超重:一个人处于肥胖的边缘,即对应年龄、身高和性别的体重超过平均标准体重10%~20%时,其就会超重。

肥胖和超重可能会带来许多疾病和功能紊乱。超重最终可能导致适度劳累时出现呼吸困难,并易患动脉粥样硬化、高血压、脑卒中、糖尿病、胆囊疾病、负重关节骨关节炎和静脉曲张等疾病(Srilakshmi,2014)。

10.4.1　什么导致肥胖?

肥胖或超重是体内平衡机制失调导致的。体内平衡机制失调可由肠道和脂肪组织的综合功能这一基本方法来解释。肠道和脂肪组织向中枢神经系统发送信号。中枢神经系统整合他们发出的信号,影响食欲和能量平衡。任何这些机制的改变都会导致肥胖。

这些改变是基于社会、行为、心理、代谢、细胞和分子等多种因素,最终成为肥胖的诱因(Sikaris,2004)。

10.4.2　肥胖的原因

如前所述,不同因素的相互作用导致肥胖。下面详细讨论这些因素。

(1)遗传或分子因素

与其他因素相比,遗传在一个人变胖的概率中占50%~70%。人类脂肪组织中B3受体基因的任何突变,都与脂肪分解和产热有关,可显著增加肥胖的风险。

UCP1、UCP2和UCP3等基因在能量消耗中起作用;其他如MC3R、MC4R和CCKAR参与食物摄入的调节;NPYRS调节食欲。因此,这些基因与肥胖的发生有关。

(2)年龄和性别

肥胖与性别无关,只要处于正能量平衡,肥胖可以发生在任何年龄。然而,女性患肥胖症的风险高于男性。

(3)饮食习惯

①两餐之间吃东西是肥胖的一个潜在原因。

②肥胖的人对进食的外部信号做出反应,而不是对体内饥饿信号做出反应。他们到饭点就吃东西,或者周围有好吃的食物的时候就吃东西,而不是饥饿的时候。

③不吃水果和蔬菜以及更多的非素食饮食可导致增重。

④含糖饮料也是超重的一个因素。

⑤喜欢吃油炸的、浓缩的和加工过的食物的人更容易变胖。

（4）身体活动

适应久坐的生活方式,包括运动量的减少也是导致肥胖的一个日益严重的原因。因此,中年人普遍肥胖,因为此时体力活动减少,而食物消耗却没有相应减少。

（5）压力

食物促进令人"感觉良好"的神经递质内啡肽的释放。自我满足、抑郁、焦虑和压力可能导致热量摄入过多。在某些方面,长期睡眠不足可能会增加食欲。

（6）内分泌因素

肥胖可见于甲状腺功能减退症、性腺功能减退症和库欣综合征患者。在青春期、孕期和更年期很常见,这表明内分泌可能是肥胖的一个因素。

（7）外伤

下丘脑调节食欲或饱腹感。任何对下丘脑的损伤如头部受伤都可能导致肥胖。

（8）繁荣和文明

肥胖在英国等国很常见,这些国家的人社会经济地位较高,有较强的购买力和剩余的食物。在发展水平低的国家很少见肥胖者。

10.4.3　肥胖的评估

①体重——比标准体重重 10%的成年人超重,超 20%以上的人是肥胖。

②体重指数——BMI 被认为是比体重更好地估计体脂的指标。BMI 是体重（kg）除以身高（m）的平方。

③其他评估方法可能包括腰围、体脂测量、腰臀比、布罗卡指数等（Srilakshmi,2014）（表 10.3）。

表 10.3　BMI 分类（kg/m^2）

分类	WHO（2004）	亚洲人
过瘦	<18.5	<18
正常	18.5~24.9	18.0~22.9
超重	25.0~29.9	23.0~24.9
肥胖	≥30	>25

超重和肥胖现象越来越多,它们会导致糖尿病、动脉粥样硬化等渐进性和严重的健康问题。因此,人们需要一个严格而迅速的方法。其中一个防止体重增加和肥胖的方法是使用不同的膳食补充剂,同时进行适度的运动。

下面的综述提出了不同补充剂——合成,半合成和草药,以帮助减重。本章讨论了监管机构下的每种补充剂潜在的有害影响。本章(表10.4)也强调了这些补充剂的市场增长趋势。

表10.4 基于不同作用机制的不同减肥补充剂

增加能量消耗	增加饱腹感	阻断脂肪的吸收
麻黄	瓜尔胶	壳聚糖
苦橙	葡甘聚糖	增加水分的排出
咖啡因	车前子	蒲公英
马黛茶	增加脂肪氧化或减少脂肪合成	鼠李
瓜拉纳	左旋肉碱	增强情绪
碳水化合物代谢的调节	绿茶	圣约翰草
人参	维生素 B_5	多方面作用
铬	共轭亚油酸	海带
	羟基柠檬酸	螺旋藻

10.5 减肥中的膳食补充剂

随着体重管理趋势的发展,膳食补充剂的使用被认为是一种有助于减轻体重的方法。为了方便用户,这些补充剂有各种品牌和形式。不同的补充剂作用机制和功能不同。最常见的是食欲控制,减少营养吸收从而促进减肥,并提高脂肪燃烧。下面讨论了不同膳食补充剂的使用和功能,以及潜在的有害影响。

10.5.1 基于咖啡因的补充剂

咖啡因属于甲基黄嘌呤,会影响个人的能量消耗。咖啡因通过减少能量摄入来增加能量平衡。它考虑了所有 3 个参数,包括产热、脂肪氧化和能量摄入。能量平衡的所有必需过程和脂解过程都是由交感神经系统协调的。

10.5.1.1 体内作用机制

尽管是在肝脏中代谢,但咖啡因会穿过血脑屏障(因为它是脂溶性化合物),从而影响神经功能,进而影响能量平衡。

　　咖啡因增加交感神经系统的敏感性,而交感神经系统(SNS)通过激素和神经控制在能量平衡中发挥重要作用。刺激交感神经系统增加了饱腹感和能量消耗,部分是通过增加脂肪氧化。环磷酸腺苷(cAMP)是三磷酸腺苷的一种衍生物,在信号转导中起着重要作用,它影响骨骼肌的脂肪分解、热量产生和肝脏的饱腹感信号。cAMP 反应的增加是短暂的,因为它迅速被磷酸二酯酶(PDE)降解。如果 PDE 被甲基黄嘌呤(咖啡因)等化合物抑制,cAMP 反应会增强,细胞内信号增加,因此,增加了骨骼肌中的脂肪分解产热和肝脏中的饱腹信号。除此之外,SNS 还间接影响组胺、肾上腺素和去甲肾上腺素的代谢。肾上腺素、去甲肾上腺素可由肾上腺髓质释放到血液中。咖啡因通过逆转腺苷介导的对儿茶酚胺释放的抑制来抵消腺苷的有效性,从而抑制饥饿感(图 10.1)。

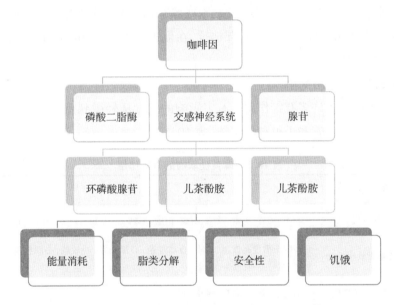

图 10.1　咖啡因在产热和能量摄入中的作用(Harpaz 等,2017)

10.5.1.2　不良影响

　　健康人体适当使用适量的咖啡因补充剂是安全的,而且副作用很小。补充剂可能会引起震颤、头晕和失眠,但这些影响持续时间短,是暂时的。摄入含咖啡因的补充剂也可能会出现头痛和心律失常。高剂量服用咖啡因是有毒的。高剂量摄入可能导致恶心、呕吐、心动过速和脑水肿(减肥膳食补充剂,2017)。

　　有研究报道了食用非处方减肥补充剂引起的咖啡因诱导的癫痫发作的案例(Pendleton 等,2013)。当咖啡因与其他兴奋剂结合时,会加剧不良反应。

10.5.2 麻黄

麻黄是一种产于中亚的常绿灌木。麻黄中含有的活性化合物麻黄碱,已证明可以起到减轻体重的作用。麻黄碱可作为膳食补充剂的单一成分或与咖啡因结合使用。与咖啡因类似,麻黄碱也通过减少能量摄入来调节能量消耗。

10.5.2.1 作用机理

麻黄提取物可作为中枢神经系统的兴奋剂。麻黄碱能提高 cAMP 水平,因为它像去甲肾上腺素一样,是一种 β-肾上腺素受体激动剂。因此,它必然诱导典型的 β-肾上腺素依赖的环磷酸腺苷(cAMP)的合成,从而促进产热。而咖啡因是通过抑制磷酸二酯酶(PDE)增加 cAMP 水平。

根据对大鼠脂肪组织在 PDE 抑制剂或腺苷拮抗剂存在下进行的一些后续研究,结果表明 PDE 抑制,而不是腺苷拮抗,在促进麻黄碱和咖啡因的相互作用方面有更重要的作用。

10.5.2.2 不良影响

麻黄提取物有许多有害作用。有害影响的强度从轻微到重度不等。大多数不良情况涉及心血管和中枢神经系统(表 10.5)。

表 10.5 麻黄提取物的有害作用

器官系统	潜在不利影响
一般表现	麻木、刺痛、头晕、疲劳、嗜睡、虚弱、肌病
心血管效应	轻度至重度高血压、心悸、心动过速、心律失常,心绞痛,心肌梗塞,心脏骤停,心肌炎,猝死
中枢神经系统效应	脑卒中、癫痫、短暂性脑缺血
神经精神效应	焦虑、紧张、震颤、多动症、失眠、行为改变、记忆改变,意识改变或丧失,躁狂,精神病,自杀
胃肠道影响	恶心,呕吐,腹泻,便秘,肝酶改变,肝炎,缺血性结肠炎
肾脏影响	尿潴留、肾结石、横纹肌溶解症,导致急性肾功能衰竭
皮肤反应	皮疹、剥脱性皮炎

此外,还报道麻黄提取物下调 β 受体,可能会导致麻醉后难治性低血压。在长期使用提取物的情况下,也可能出现快速抗药反应和术前血流动力学不稳定。

10.5.3　耶巴马黛茶

其是原产于南美洲的一种常绿乔木,与瓜拉纳(*Paullinia cupana*)和达米亚纳(*Turnera diffusa*)混合使用。耶巴马黛茶尤其是瓜拉纳含有大量的咖啡因,超声波扫描显示它可以延长胃排空时间。研究结果明确表明,这种联合制剂可能有潜在的降低体重的效果(Pittler 和 Edzard,2004)。

不良影响:其未见不良事件的报告。然而,它可能会如上面讨论的咖啡因一样,出现轻微的副作用。

10.5.4　绿茶提取物

绿茶由黄烷醇、黄烷双醇、黄酮和酚酸组成。黄烷醇含量丰富,被称为儿茶素。绿茶中的儿茶素有 4 种,即表儿茶素、表没食子儿茶素、表儿茶素没食子酸酯和儿茶素(EGCG)。

10.5.4.1　作用机理

儿茶素(EGCG)在减肥中起主要作用。它被认为不仅具有抗肥胖的特性,而且还具有抗糖尿病的特性。众所周知,EGCG 能促进新陈代谢。它增加能量消耗和脂肪氧化,同时减少脂肪生成和脂肪吸收。EGCG 抑制一种有助于去甲肾上腺素降解的酶。由于对酶的抑制作用,去甲肾上腺素水平升高。

神经系统用去甲肾上腺素作为脂肪细胞分解的标志物。因此,更多的去甲肾上腺素导致脂肪细胞分解。因此,EGCG 本身具有增加脂肪分解的潜力,增加了绿茶的抗肥胖特性。

10.5.4.2　不良影响

绿茶的有害作用源于 3 个主要因素。

①绿茶中的咖啡因含量——心血管疾病的患者、孕妇和哺乳期妇女受咖啡因含量的影响。咖啡因的存在可能会增加心律。建议这些人一天的饮用量不要超过两杯。

②铝的存在——茶树容易积累铝。这种积聚对肾脏病患者构成了严重威胁,并可能导致神经系统缺陷。因此,建议控制此类食物的摄入量。

③茶多酚对铁生物利用度的影响。绿茶提取物中儿茶素的存在对铁有无限依赖性,从而影响其生物利用度。

此外,绿茶提取物中的 EGCG 具有细胞毒性,可能会导致急性肝细胞毒性,而肝细胞是人体的主要代谢器官(Chacko 等,2010)。

10.5.5 藤黄

藤黄原产于印度,是马拉巴尔热带水果。羟基柠檬酸(HCA)是一种从水果中提取的有助于减少脂肪合成的物质。这种水果被证明是一种适宜减肥的草本植物(Saper 和 Phillips,2004)。

10.5.5.1 作用机理

羟基柠檬酸是一种酶抑制剂,这种酶有助于脂肪合成并储存在脂肪组织中。它也有助于降低食欲和增加产热。在正常情况下,人体将碳水化合物转化为 ATP,ATP 是能量来源。多余的碳水化合物分别以肝糖原和肌糖原的形式储存在肝脏和肌肉中。

此外,当糖原储存丰富时,多余的碳水化合物就会转化为额外的线粒体乙酰辅酶 A。乙酰辅酶 A 在 ATP 柠檬酸裂解酶存在下负责脂肪酸的合成。在藤黄果皮中发现的 HCA 或羟基柠檬酸,这些被认为是 ATP 柠檬酸裂解酶的有效抑制剂。由于 HCA 的抑制作用,乙酰辅酶 A 的利用率降低,从而限制了高碳水化合物饮食中脂肪酸的合成和脂肪生成。由于肝糖原负荷,从肝脏到大脑的神经信号刺激持续时间更长,增加饱腹感,并有助于长时间抑制食欲。这就是为什么藤黄有助于促进减肥的原因(图 10.2 和图 10.3)。

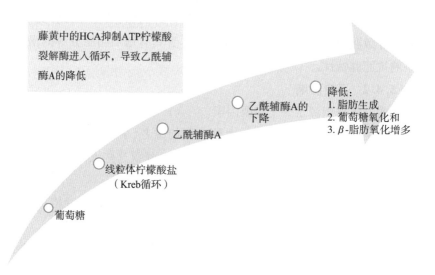

图 10.2 藤黄的作用机理(羟基柠檬酸(HCA)的作用机理,2017)

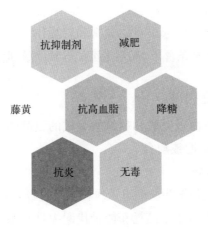

图 10.3　藤黄

10.5.5.2　不良影响

从藤黄果实中提取的 HCA 被认为对人类食用是非常安全的。根据对 HCA 的研究,没有严重或显著影响健康的报道。在一些动物研究中,研究者分析评估了急性口服毒性、急性皮肤毒性、原发性皮肤刺激和原发性眼睛刺激(Rasha 等, 2015)。

10.5.6　吡啶甲酸铬

铬是一种重要的微量元素,作为胰岛素的辅助因子增强胰岛素活性。吡啶甲酸铬能减重,降低体脂百分比,增加基础代谢率。它能调节碳水化合物和脂质代谢,因此会影响体重和身体成分(Saper 和 Phillips,2004)。

10.5.6.1　作用机理

吡啶甲酸铬是当今广泛使用的补充剂,它能刺激神经递质,从而控制对食物的渴望、情绪和饮食行为的调节。它促进葡萄糖代谢、身体成分和胰岛素敏感性。

增加全身细胞对胰岛素的敏感性一直被认为是促进减肥的关键。铬作为胰岛素促进剂有利于细胞内葡萄糖的摄取。吡啶酸铬能增加瘦体重的百分比,从而降低体脂。另外,据说肌肉质量越大,燃烧脂肪的可能性就越大。因此,遵循上述机制,铬可发挥作用并帮助减肥。据报道,补充铬还可以降低胆固醇和甘油三酯的水平。

10.5.6.2　不良影响

服用吡啶甲酸铬补充剂会出现非特异性和耐受良好的后遗症,如恶心、水样大便、头晕和虚弱是铬摄入的常见反应。在某些情况下,在不利的条件下,长期大剂量摄入吡啶甲酸铬会引起染色体异常和肾损伤。一些理论认为,铬也可能导致自由基损伤。在不利条件下,高剂量可能导致横纹肌溶解症和肾功能衰竭。

10.5.7　L-左旋肉碱

L-左旋肉碱是一种由蛋氨酸和赖氨酸组成的氨基酸。众所周知,它能增加脂肪氧化,从而可用于减肥或瘦身。

10.5.7.1　作用机制

L-左旋肉碱在运送长链脂肪酸进入线粒体中起着非常重要的作用。它在组织(如心肌和骨骼肌)中的能量消耗和能量代谢中具有积极作用,这些组织通过脂肪酸氧化获得能量。

脂肪酸作为酰基肉碱衍生物穿过线粒体膜进入氧化、酰化、链缩短或链伸长途径。因此,依赖于L-左旋肉碱的脂肪酸转移是脂质代谢的核心。上述讨论表明,L-左旋肉碱补充剂可能提高脂肪的利用率,从而显著降低甘油三酯水平。早期的研究表明,肉碱补充剂没有增加健康个体肌肉中肉碱的含量。Wall 等研究表明,通过饮食补充可以增加肌肉中的肉碱。补充肉碱可以让人体通过消耗更

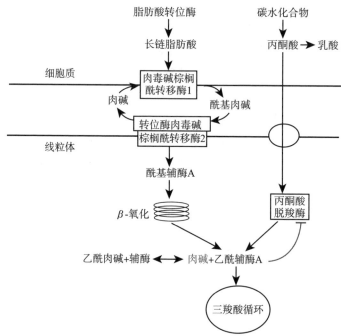

图 10.4　脂肪的细胞内代谢(Sahlin,2011)

多的脂肪和延缓疲劳时间来节省肌糖原。然而,高强度运动会降低肌肉中的乳酸。因此,肉碱可以作为脂肪氧化的有益补充,可用于减重(Sahlin,2011)(图10.4)。

10.5.7.2　不良影响

口服左旋肉碱补充剂可能引起腹泻。除此之外,没有其他不良反应的报告。

10.5.8　壳聚糖

壳聚糖是由一种甲壳素的纤维状物质产生的阳离子多糖,甲壳素产于甲壳类动物外骨骼中。它的减肥效果很好。通过阻止脂肪吸收促进减肥。

10.5.8.1　作用机理

壳聚糖带正电荷,与胃肠道的 pH 值相同,被认为能与肠腔中带负电荷的脂肪分子结合。这种结合阻止了食物脂肪的消化和储存。壳聚糖也有维持胆固醇水平的作用。它的作用是降低体内的低密度脂蛋白,增加高密度脂蛋白。

10.5.8.2　不良影响

食用壳聚糖会引起轻微的胃肠道不适,如恶心、腹胀、消化不良和腹痛,也可能会发生便秘和胃肠胀气。另外,食用壳聚糖有脂肪痢和某些营养素吸收不良的风险。壳聚糖的使用总体上是安全的,其可能的不良影响不足以导致停止使用壳聚糖(Esteghamati 等,2015;Shields 等,2003)。

10.6　膳食补充剂的监管机构

在印度,对不同功能性食品、保健品和健康补充剂的消费进行监管并赋予安全标签的机构是 FSSAI(印度食品安全和标准管理局)。根据卫生福利和家庭部2006 年的《食品安全和标准法》,食品安全局制定了 2016 年的《食品安全和标准(保健补充剂、营养品、特殊饮食用途食品、特殊医疗用途食品、功能性食品和新型食品)条例》。这些法规预计将从 2018 年 1 月 1 日执行。

①以胶囊形式出售的食品,无论是硬的、软的还是素食的,都应符合印度药典中规定的质量要求,使用经批准的颜色、允许的添加剂和香料应符合 2006 年《食品安全和标准法》中的规定。

②营养素的添加量应符合 ICMR 推荐的膳食允许量。未规定的,按照食品法典委员会制定的标准执行。

③如果食品属于健康补充剂,单个营养成分不得低于推荐膳食限额的 15%。

如果要求更高的营养素,营养素含量不应低于推荐膳食限额的 30%。

④按照 ICMR 指南,根据年龄、群体、性别和生理状态而提供的营养全面的食品必须含有所需水平的能量、蛋白质、维生素和矿物质以及的必需营养素。

⑤每一种食品都必须有营养和健康声明。营养声明应包括成分含量。

健康补充剂的具体规定

健康补充剂必须使用一次性包装,以保证产品的质量和完整性,或以胶囊、片剂、药丸、凝胶、小袋或粉末等销售,设计为按计量单位服用的方式。

健康补充剂不得包括超出本法规制定标准的任何产品或成分。

添加到这些补充剂中的营养素量不得超过印度医学研究理事会规定的建议膳食限额。如果商品没有任何此类标准,则应适用食品法典委员会制定的标准。

对于在印度没有使用历史的营养素,食品经营者应向印度食品管理局提出申请,确定营养素的生理和营养益处。

健康补充剂的标签、展示或广告不得声称该补充剂具有预防、治疗或治疗任何疾病的任何特性。

食品添加剂的每个包装必须在其标签上注明以下信息。

①健康补充剂一词。

②健康补充剂的通用名称或表明补充剂真实性质的简要说明。

③关于营养素含量及其营养和生理作用的声明。

④在醒目位置写上标签"不得用于医疗用途"。

⑤营养素的量,以 ICMR 规定的相关推荐膳食允许量的百分比表示,并提醒"不得超过推荐的每日用量"。

⑥一份表明该补充剂不能作为任何不同饮食的替代品的声明。

⑦需要采取的任何其他预防措施。

⑧一份表明产品应存放在儿童够不着的地方的声明。

除 2006 年《食品安全和标准法案》(2016 年《印度公报》)下发布的附表中提及的食品添加剂外,任何食品经营者不得使用任何其他食品添加剂。

根据本法的不同附表,健康补充剂中使用的某些成分的允许使用范围如下所示。

①茶儿茶素或绿茶儿茶素:成人每天允许使用的范围(以原药/原料为单位)为 0.5~1 g。

②麻黄提取物:成人每日允许使用范围原料(原药/原料)为 2~5 g。

③藤黄果：成人每天允许使用的范围（按原药/原料计算）为 10～20 mL（果汁）和 5～10 g（粉末）。

④咖啡因：应在 FSS 规定的水平内饮用。

⑤吡啶甲酸铬：允许范围为 200～400 ng/天。

⑥螺旋藻：允许范围为 500～3000 ng/天。

除了 FSSAI 外，国际组织 FDA（食品和药物管理局）也在努力规范和确保健康补充剂的质量和功效。FDA 根据一套不同的法规对膳食补充剂进行监管，而不是那些涵盖"常规"食品和药品的法规。它依据 1994 年《膳食补充健康和教育法》（DSHEA）进行了规定。

10.7　结论

本章探讨了不同的饮食和健康补充剂。其使用、剂量和市场增长是世界上最近讨论的一个热点话题。虽然促进了理想体重的管理，但人们永远不要忘记高剂量使用的不良影响。在当今快速发展的世界，使用膳食补充剂是一种维持体重的有效替代方法。生活方式的改变使人类有较少的体力活动，确实需要一些替代治疗和关注以保持健康，健康补充剂就是一种方法。

参考文献

［1］Cencic A，Chingwaru W（2010）The role of functional foods，nutraceuticals，and food supplements in intestinal health. Nutrients 2(6)：611－625

［2］Chacko MS et al（2010）Beneficial effects of green tea-a literature review. Chin Med 5：13

［3］Dietary Supplements for weight loss（2017）Health information，National Institute of Health，U. S. Department of Health & Human Services. Retrieved fromhttps：// ods. od. nih. gov/factsheets/WeightLoss－HealthProfessional/. Accessed 11 April 2017

［4］Esteghamati A et al（2015）Complementary and alternative medicine for the treatment of obesity：a critical review. Int J Endocrinol Metab 13(2)：e19678

［5］FDA U. S. Food and Drug Administration（2015）About FDA，FDA Basics，Last updated on August 06，2015. https：//www. fda. gov/AboutFDA/Transparency/

Basics/ucm195635. htm. Accessed 11 Apr 2017

[6] Harpaz E et al (2017) The effect of caffeine on energy balance. J Basic Clin Physiol Pharmacol 28(1):1-3

[7] Mechanism of Action for Hydroxycitric Acid (HCA) (2017). http://www. bionova. co. in/images/nutraceuticals/garcinia1. jpg. Accessed 21 Sept 2017

[8] Nutraceutical Products in India—A Brief Report, ASA and Associates (2015). http://www. asa. in/insights/survey-and-reports/nutraceutical-products-in-india

[9] Pendleton M et al (2013) Potential toxicity of caffeine when used as a dietary supplement for weight loss. J Diet Suppl 9(4):293-298

[10] Pittler HM, Edzard E (2004) Dietary supplements for body weight reduction—a systematic review. Am J Clin Nutr 79:529-536

[11] Rasha HM et al (2015) The biological importance of Garcinia cambogia—a review. J Nutr Food Sci S5:1-5

[12] Sahlin K (2011) Boosting fat burning with carnitine: an old friend comes out from the shadow. J Physiol 589:1509-1510

[13] Saper BR, Phillips SR (2004) Common dietary supplements for weight loss. Am Family Phys 70(9):1732-1734

[14] Shields MK et al (2003) Chitosan for weight loss and cholesterol management. Am J Health Syst Pharm 60(13):1-3

[15] Sikaris KA (2004) The clinical biochemistry of obesity. Clin Biochem Rev 25 (3):166

[16] Srilakshmi B (2014) Diet in obesity and underweight, 7th edn. New Age International Publishers, Dietetics, pp 232-234

[17] The Gazette of India (2016) Extraordinary, Part iii, Section 4, Food Safety and Standards (Health supplements, Nutraceuticals, Food for special Dietary use, Food for Special Medical purpose, Functional Foods and Novel Foods) Regulations, 2016, Food Safety and Standards Act, 2006, Section 22, pg 10, Food Safety and Standards Authority of India, Ministry of Health Welfare and Family

11 传统食品:健康的传承

摘要 传统食品,是指吃了几百年,世代相传的食品。这类食品是在没有任何现代技术、加工或包装干扰的情况下保持原样的食品。它们是完整的、营养丰富的、简单的、基本的、精心准备的。它们体现了不同的文化、历史和生活方式。此外,他们长期以来是健康的食品。在目前的情况下,饮食模式和生活方式的改变导致了人们更加喜爱集便捷与口感于一体的加工食品和垃圾食品,但长期以来的结果表明,它对健康是有害的。从传统食品向加工食品和垃圾食品的重大转变被认为是导致糖尿病、肥胖症和心血管疾病等慢性疾病增加的原因。传统食品的宝贵知识在改善和恢复人民的福祉和健康方面发挥着重要作用。必须强调培养人们对本国文化和社会中传统食品重要性的认识,以解决由于不合理饮食习惯而产生的现代健康问题。为了弥合古今之间的差距,需要努力通过现有的科学知识和实验,使传统食品适应现代社会的需求。由于消费者健康意识和健康问题认知的提高,食品部门应认识到传统食品的潜在市场和利润,以造福所有人。

关键词 传统食品;慢性病;传承;健康

11.1 引言

传统食品是文化、历史和生活方式的重要组成部分。传统食品表现出了文化、身份、不同的烹饪方式和方法,并在并行的饮食模式上留下了自己的印记。它们还对世界丰富的历史、价值观、文化和宗教提供了深刻的见解。它们已经存在了很长一段时间,数个世纪以来已经证实和验证了它的营养益处。有些食品已经成为特定文化的代名词,并在全球化社会中留下了深刻的印记。人们给传统食品下了各种各样的定义。简单地说,这些食品通常是完整的,自然饲养或种植,古老的和最原始形式使用,没有经过太多的加工。它们营养丰富,长期以来是健康的。传统食品可能以不同的方式吸引不同的消费者,这取决于他们的文化框架和地位。传统食品是一种经常消费或与特定的庆祝活动和/或季节相关的产品,代代相传,根据其美食传承以特定的方式制作、自然加工而成,因其感官特性和与特定传统相关而出名,并促进特定的文化发展。大量的研究表明,传统食品并不是一个绝对的概念,而是一个不断发展壮大的相对名词。有四个基本方面有助于详细探索传统食品。第一个是"习惯与自然",它定义了传统食品是在日常生活中频繁消费的食品,它们源于过去并世代相传。第二个包括"产地"和"地域",这些食品强调历史、文化、原创,注重地方产品。第三个是"加工和精加工",根据这一点,传统食品不仅含有传统成分,而且是用传统的方式加工的。第四个是"感官特性",这是非常关键和重要的,因为它有助于认识和确定传统食品的原创性和真实性。由于当今的传统食品,知识和创新做法,传统食品系统的不同概念可以结合起来,并创造出值得注意的新食材。这些组合和新食材的出现为促进健康食品提供了巨大的潜力。

11.1.1　食用传统食品的重要性和益处

多年来,由于城市化、高收入、可负担性和全球化的发展,人们的饮食结构发生了重大变化。由于各种因素的影响,从传统食品或普通食品向西方饮食过渡。这种变化导致复合碳水化合物、蔬菜和纤维的摄入减少,富含反式脂肪、精制糖和盐的垃圾食品和快餐的消费增加。不幸的是,这些食品的摄入会带来各种健康风险。Ⅱ型糖尿病、心血管疾病、胆固醇、高血压等疾病急剧上升。因此,要解决这些问题,必须更加重视健康教育,强调营养和健康饮食习惯,以改善生活质量。近几十年来,人们逐渐意识到营养食品与健康之间的联系。消费者更关心他们的健康。为了克服非传染性疾病带来的问题,出现了营养转型,消费者正在寻找更健康的选择,并转向传统方法和食品。

传统食品养育了我们的祖先。我们的祖先知道传统食品是未加工的、未包装的、未精制的、原始的、粗糙的、简单的、基本的。这些食品代表了人类的天然饮食,营养丰富,为身心健康提供了良好的饮食来源。与有机食品和转基因食品相比,这些食品因为是从自然环境中获取的而成本相对较低。

11.1.2　一些受欢迎的印度传统食品和饮料

Kahwa 是印度的一种芳香、提神和刺激性的传统饮料。它是由煮沸的绿茶叶连同藏红花、豆蔻、肉桂、丁香、甘草等各种芳香成分制作而成。它的用途取决于添加的成分,这些成分可能对健康有不同的好处。研究表明,香味茶含有大量具有生物活性的多酚(7.41 mg GAE/g)和黄酮(1.39 mg QE/g),具有良好的抗氧化和抗原毒性潜力。

Saag 是一道主要在印度北部和东北部制作的菜肴。它是一道以叶子为基础的菜,可以由不同的叶子(如菠菜、芥末叶、西兰花或其他绿色蔬菜)和添加的香料制作而成。它的制备过程包括将切碎的绿叶蔬菜和其他蔬菜(包括萝卜、番茄和生姜)洗净、煮沸和烹调。其可以与玉米粉混合,以提高其光滑度和风味。它含有大量的矿物质和维生素。

Idli 是一种产于印度南部,如今被广泛接受的谷物豆类自然发酵制得的传统食品。制作这种小吃所需的配料包括大米和印度扁豆。分别将它们浸泡在水中过夜,然后磨成细糊状。再将糊状物在室温下发酵过夜,最后蒸制即可。LAB 混合培养在面糊菌群中拥有重要的位置。Idli 营养丰富,含约 3.4% 由必需氨基酸(赖氨酸、半胱氨酸和蛋氨酸)组成的蛋白质和非蛋白氮、可溶性维生素(叶酸、维生素 A、维生素 B_1、维生素 B_2 和维生素 B_{12})以及相当水平的酶(淀粉酶、蛋白酶)。各种研究表明,食用 Idli 可显著降低心血管疾病、高血压和脑卒中等非传染性疾病的风险。优质的蛋白质是治疗儿童蛋白质-热量营养不良的一种可行的膳食补充剂。它富含铁、锌、叶酸和钙等微量营养素,这些营养素可预防贫血,促进血液氧化和肌肉及骨骼的营养。碳水化合物和膳食纤维促进消化和大便的形成。

Kahudi 或 PaniTenga 是一种独特的由芥末籽制成的阿萨姆发酵产品。制作包括芥菜和黑籽的粗磨,然后与酸豆提取物或酸橙汁混合,之后揉成面团。把这种面团揉成小球,用芭蕉叶包裹起来,然后插入竹筒中,在火焰上方发酵,使其具有延展性。其 3~4 天后即可完成。Kahudi 味道很浓,主要和阿萨姆人的饭菜一起吃。

Dhokla 是印度西部一种受欢迎的早餐。它起源于印度古吉拉特邦,是一种由大米和鹰嘴豆制成的质地柔软海绵状的酸发酵蛋糕。将原料按规定比例浸泡,室温下发酵过夜,制成浓浆。发酵后的面糊倒入平底盘中蒸约 15 min。酵母和细菌主要用于面糊体积的发大并使其呈海绵状。

Dhokla 的优势菌是发酵乳杆菌、肠膜明串珠菌、毕赤酵母和粪肠球菌等。Dhokla 含水量高。每一份 Dhokla(213 g)含有 1607 J 热量、59 g 碳水化合物、6.6 g 游离糖、10.6 g 膳食纤维、11.7 g 蛋白质、11.8 g 脂肪、89 mg 钠、551 mg 钾、适量矿物质(钙、铁)和维生素(油酸、维生素 A 和维生素 C)。其是低 GI 食品(34.96),适合糖尿病患者食用。它也有助于降低血液胆固醇和体重,防止心血管疾病的发生。在这个时代,医药处方中常见扰乱肠道菌群的抗生素,这些发酵的食品很大程度上补充了消化道的微生物菌群。

11.2　结论

为了便利,我们倾向于购买加工食品,而这些食品对健康有很大影响,导致慢性病的发病率更高。吃传统食品有很多好处,它们仍然是最好的食物。有关传统食品的研究显示了其巨大的生产和销售潜力。它在食品安全方面也发挥着至关重要的作用。

12　芒果皮：一种潜在的营养来源和防腐剂

摘要　在过去几年里,对即食食品的消费、使用和倾向都急剧增加。由于生活方式的改变,人们对加工食品购买力的增加已经深深地渗透到人们的饮食习惯中。这导致含有合成抗氧化剂的加工食品充斥市场。虽然这些合成抗氧化剂增加了产品的保质期,但它可能对食用者的健康产生严重的不良影响。许多研究都认为这些用于食品的合成添加剂具有毁灭性作用,因此需要天然抗氧化剂。目前,人们正在积极探索和寻找一种既便宜又能提高食品营养价值的天然抗氧化剂。芒果皮是食品工业废料的一部分,但在其他方面却是营养和抗氧化剂的良好来源。研究人员将芒果皮按5%、10%、15%和20%的比例加入饼干中。结果表明,在饼干中添加15%的芒果皮粉(MPP),消费者容易接受,与对照组相比,营养成分得到了显著提高(显著水平5%)。

关键词　芒果皮粉;饼干;即食食品;天然抗氧化剂

12. 1　引言

在过去的几十年里,印度的饮食习惯和饮食模式发生了很大的变化。有几个因素可能促成了这一变化。印度人生活方式的巨大转变可能是由于新一代人的理念不同。人均收入的增加,城市化,对西方文化中生活方式和饮食模式的迷恋,时间的匮乏,以及个人每天紧张的节奏等这些生活方式的改变导致了对加工食品的依赖。此外,这种食品提供的利润丰厚的广告、画面感和情况声明,也促进了人们对即食食品的需求和消费的增加。根据新南威尔士州的规定,即食食品可被定义为通常在相同状态下食用的食品,不包括带壳的坚果和供消费者去壳、去皮或洗涤的整个生水果和蔬菜。换言之,即食食品包括任何在食用前不需要任何准备的食品,即使没有任何准备也可以食用。许多食品产品在全国各地正在制备,上市,销售和消费。烘焙和油炸食品似乎是市场上最畅销的即食食品。饼干、萨莫萨、曲奇、马提等含油脂的即食食品,在储存过程中氧化缓慢。

各种氧化产物会导致食品的酸败和感官品质的恶化。氧化是一种几乎无处不在的化学反应,氧化过程中食品中的电子从一种化合物转移到另一种化合物。食品最重要的变化之一是脂质氧化。脂质对氧化的敏感性是氧化应激的主要原因之一,由此导致营养质量和安全性的降低,这是由次级的、潜在有毒化合物的形成、令人不快的味道和气味以及颜色的变化引起的(Pezzuto 和 Park,2002;Suja 等,2005)。多不饱和脂肪酸含量较高的食物更容易氧化(Aardt 等,2004),可引起口味的改变,最终导致酸败。因此,这些食品的保质期很短。

抗氧化剂可以帮助制造商和生产者很好地解决这个问题。添加到食品中的抗氧化剂可以是从水果、蔬菜、谷物和肉类等天然来源制备,也可能是实验室合成的抗氧化剂。在合成抗氧化剂中,最常用于保存食品的是丁基羟基茴香醚(BHA)、丁基羟基甲苯(BHT)、没食子酸丙酯(PG)和叔丁基对苯二酚(TBHQ)。合成抗氧化剂如 BHA 和 BHT,几个世纪以来一直被用作食品抗氧化剂(Byrd,2001)。然而,由于其毒性和致癌性,这些合成抗氧化剂的使用已开始受到限制(Botterweck 等,2000;Taghvaei 和 Jafari,2013)。一些长期研究已经证明了合成抗氧化剂的不良影响(Venkatesh 和 Sood,2011)。

新的证据表明,非营养性植物化学物质具有保护作用。这些植物化学物质是有颜色和味道的,是具有生物活性的次级代谢产物。水果和蔬菜含有大量的植物化学物质,具有清除活性氧自由基的能力。这些植物化学物质主要存在于暴露在大气中的部分,如水果和蔬菜的果皮,它们有助于保持水果和蔬菜不腐烂,是强有力的抗氧化剂。这些生物活性成分一旦被证明可以延长食品的保质期,即在食用前长时间储存,就具有重要的经济价值。因此,人们将注意力转移到廉价、能延长即食食品保质期、对人体安全的天然抗氧化剂上。据报道,数种水果和蔬菜的果皮是抗氧化剂的有效来源(Kalpna,2011)。

一些研究报告指出,芒果皮是生物活性化合物的良好来源,印度是世界上最大的芒果生产国,每年产量约 196.87 亿吨(国家芒果数据库,2017)。一大部分成熟的芒果本身即可食用,而另一大部分(即产量的20%)进入加工业,被加工成果汁、果冻、花蜜、果酱、布丁、面包馅料、果酱、果汁饮料、皮革等。无论以何种形式食用的芒果,果皮都只是生物废料的一部分,占水果总量的15%~20%。尽管研究证明这些果皮有最高的生物活性价值和抗氧化性能,但目前只被当做废物被丢弃。

12.2　芒果皮的近似成分

从乌代布尔市场购买了 Desi 芒果,并对其水分含量进行了分析,其水分含量为 70.91 g/100 g(表 12.1)。结果与 Ajila 等人(2007)的研究结果一致,但高于 Arumugam 和 Manikandan(2011)的报告结果。将芒果皮干燥制成粉末,然后估计粉末的近似含量。芒果皮粉(MPP)的蛋白质含量为 4.87 g/100 g。Vergara Valencia 等(2007)和 Arumugam 和 Manikandan(2011)也在芒果皮中观察到了相似的蛋白质含量(分别为 4.28% 和 4.27%)。

表 12.1　芒果皮粉(MPP)的营养成分

营养成分	(平均值± 标准差)
水分(g/100 g)	3.94±0.50
蛋白质(g/100 g)	4.87±0.34
脂肪(g/100 g)	0.41±0.27
粗纤维(g/100 g)	9.56±1.15
灰分(g/100 g)	3.37±0.28
碳水化合物(g/100 g)	78.93±1.98
能量(kcal/100 g)	338.76±9.16
维生素 C(mg/100 g)	45.31±2.26
β-胡萝卜素(μg/g)	171.38±6.18

注　1 kcal=4.18 kJ。

Hassan 等(2011)还对 bambangan 芒果皮进行了定量研究,其干物质中蛋白质含量为 4.60%。然而,Ojokoh(2007)观察到的蛋白质含量略高,为 6.16%。而其他研究人员如 Ashoush 和 Gadallah(2011)以及 Ajila 等(2007)观察到的蛋白质含量要低得多。MPP 的脂肪含量为 0.41%,低于其他研究者的报道。Vergara Valencia 等(2007)、Ajila 等(2007、2008)、Hassan 等(2011)和 Arumugam 和 Manikandan(2011)报告的含量略高,分别为 2.35%、2.22%、2.66%、2.90% 和 3.20%。Ashoush 和 Gadallah(2011)报告称,zebda 芒果皮脂肪含量为 1.23%。

MPP 中粗纤维含量约为 9.56 g/100 g,这与 Ashoush 和 Gadallah(2011)的研究结果一致。Ajila 等人(2007)的研究表明,raspuri 和 Badami 品种的芒果膳食纤

维含量略低,分别为 5.80%±0.01% 和 7.40%±0.20%。Ojokoh(2007)报道芒果条中纤维含量高(16.40%)。

本研究测定的芒果皮粉中的灰分含量为 3.37%,这 Vergara Valencia 等(2007)的研究结果一致,他们发现 Tommy Aktins 的灰分含量为 2.83%± 0.0%。Ajila 等(2008)测得芒果皮灰分为 3.00%±0.18%,Ashoush 和 Gadallah(2011)测得 zebda 品种的芒果皮灰分含量为 3.88% ± 0.59%.。然而,Arumugam 和 Manikandan(2011)以及 Ajila 等(2007)的报道,芒果皮中的灰分含量更低,范围为 1.16%~1.87%。MPP 的碳水化合物含量为 78.93%。结果与 Ajila 等(2008)和 Ashoush 和 Gadallah 等(2011)的研究结果一致,含量分别为 80.70% 和 77.04%。MPP 的能量含量为 338.76 kcal/100 g。新鲜芒果皮的维生素 C 含量为 168.15 mg/100 g,比 Ajila 等(2007)报道的 raspuri 和 badami 品种的芒果皮的维生素 C 含量[分别为(349±11)mg/100 g 和(392±21)mg/100 g]低。干果皮中,维生素 C 含量显著下降至(45.31±2.26)mg/100 g。

新鲜芒果皮中 β-胡萝卜素含量为 38.12 μg/g。干品中 β-胡萝卜素含量为 171.38 μg/g。这与 Ajila 等(2007)的研究结果相比,这一含量相当低。造成这种差异的主要原因是研究人员估计了总类胡萝卜素,而本研究仅估计了 β-胡萝卜素的含量。本研究与前人报道的营养成分的差异可能是由于量化方法的不同,更重要的是由于品种差异(Ajila 等,2007;Kalpna,2011)。

12.3　冷饼干的可接受性

添加 5%、10%、15% 和 20% MPP 的冷饼干及对照饼干的感官评定结果见表 12.2 和图 12.1。对照组的所有感官特征得分最高,总体可接受性为 8.88±0.02,表明小组成员非常喜欢对照组冷饼干。在这些处理中,TM1,即添加 5% MPP,与其他处理相比,外观得分最高。外观方面,随着 MPP 添加量的增加,评分下降,感官评分介于中度喜欢到非常喜欢之间。在处理组中,TM3(15% MPP)的颜色(8.34±0.21)、风味(8.87±0.06)、味道(8.84±0.12)、口感(8.70±0.11)和总可接受度(8.48±0.04)评分最高。在添加 MPP 的冷饼干中,感官评分总体上来说,对照组最受欢迎,其次是 TM3、TM2、TM1,最后是 TM4,表明在冷饼干中添加 MPP 会导致感官评分的提高,15% 的添加水平最高,而添加 20% 的 MPP 后感官评分下降。因此,TM3(15% 的 MPP 添加量)是最可接受的处理方法,建议添加 15% 的芒果皮粉制成即食食品,具有良好的消费者接受度。

表 12.2　添加 MPP 的冷饼干的平均可接受值

品质参数	对照	TM1(5%)	TM2(10%)	TM3(15%)	TM4(20%)
外观	8.80±0.04	7.70±0.06	7.70±0.10	7.67±0.06	7.20±0.10
颜色	8.87±0.06	8.24±0.21	8.30±0.20	8.34±0.21	7.97±0.24
风味	8.90±0.06	8.84±0.06	8.85±0.11	8.87±0.06	7.50±0.10
口感	8.90±0.12	8.74±0.12	8.77±0.07	8.84±0.12	7.70±0.10
质地	8.90±0.34	8.64±0.06	8.67±0.12	8.70±0.11	7.94±0.12
总可接受度	8.88±0.02	8.43±0.08	8.45±0.08	8.48±0.04	7.66±0.02

　　本研究关于冷饼干中 MPP 添加水平的结果与 Nassar 等(2008)的研究结果一致,他们发现添加橘皮的饼干可接受高达 15% 的橘皮添加水平。Arogba (1999)和 Ajila 等(2008)发现,添加 20% MPP 的饼干有轻微的苦味,这可能是由于多酚含量高所致。本研究的结果与 Ashoush 和 Gadallah(2011)一致,他们也报告了酶促褐变是饼干不能添加 20% MPP 的原因。

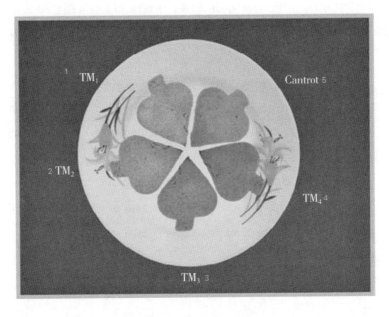

图 12.1　添加不同比例芒果皮粉制作的饼干

12.4　冷饼干的近似成分

根据 Manley(2003)的研究,饼干是世界上大多数国家食品工业的重要组成部分。Hosney(1986)认为饼干和类似饼干的产品几个世纪以来就被人类所食用。它们可以是甜的,也可以是咸的。这是最简单方便的实验食品。学者分析了添加 MPP(即添加水平)的最优处理及对照组的近似成分。

食品营养成分分析提供了有关食品质量的重要信息,是质量保证的重要组成部分。对照组冷饼干湿度为 0.58%±0.18%,MPP 添加组的湿度为 0.61%±0.07%(表 12.3)。对照组冷饼干的蛋白质含量为 6.72%±0.28%,MPP 添加组为 7.98%±0.74%。对照组和 MPP 添加组脂肪含量分别为 20.74%±0.21%和 21.95%±0.11%。

对照组粗纤维和灰分含量分别为 2.12%± 0.42%和 2.80%± 0.03%,MPP 添加组冷饼干粗纤维和灰分含量分别为 4.65%± 0.66%和 3.32%±0.42%。对照组 β-胡萝卜素含量为(0.47± 0.03) μg/g,MPP 添加组增加至(1.29± 0.09) μg/g。碳水化合物和能量含量,对照组(分别为 67.04%±1.27%和 481.71%± 2.64 kcal)与 MPP 添加组冷饼干(分别为 61.49%± 0.80%和 475.43±1.34 kcal)相比稍高。除水分外,其他营养成分在对照组和处理组间均有显著性差异($P \leqslant 0.05$)(表 12.3)。

表 12.3　添加 MPP 的冷饼干的营养成分

营养组成	对照组	处理组	t-值
水分(g/100 g)	0.58±0.18	0.61±0.07	0.09NS
蛋白质(g/100 g)	6.72±0.28	7.98±0.74	3.20*
脂肪(g/100 g)	20.74±0.21	21.95±0.11	6.92*
粗纤维(g/100 g)	2.12±0.42	4.65±0.66	11.08*
灰分(g/100 g)	2.80±0.03	3.32±0.42	3.72*
碳水化合物(g/100 g)	67.04±1.27	61.49±0.80	5.90*
能量(kcal/100 g)	481.71±2.64	475.51±1.34	4.59*
β-胡萝卜素(μg/g)	0.47±0.03	1.29±0.09	8.02*

注　NS,5%显著水平上不显著。＊5%显著水平差异显著。数值以干重表示。MPP 添加水平是 15%。1 kcal=4.18 kJ。

与对照组(水分、碳水化合物和能量含量除外)相比,处理组(添加 MPP)营养成分含量显著增加,其原因是产品中加入了相应的粉末,从而增强了冷饼干的营养成分。因为是干粉加入到处理组,对水分含量没有影响。因为采用了不同的计算方法,对照组的碳水化合物含量高于处理组,并且观察到纤维是影响碳水化合物含量的主要因素。

能量含量是根据蛋白质、脂肪和碳水化合物的热值进行估算的。因此,与对照相比,碳水化合物含量越低,能量含量也越低。在基本配方中加入新鲜的青辣椒可能是对照组中发现β-胡萝卜素的可能原因。对照组和 MPP 添加组冷饼干的含水量低于 AICRP(1999)报告的含水量。对照组冷饼干的蛋白质、脂肪、纤维、碳水化合物和能量含量与 Vaidehi(1994)、AICRP 报告(1999)和 Pasricha(2004)所报道的结果接近。

12.5 结论

芒果皮目前被认为是生物废弃物,但它具有巨大的营养潜力和防腐潜力,还富含黄酮类和酚类等生物活性物质。感官上,在食品产品中添加 15%的芒果皮是很容易被消费者接受的。

参考文献

[1] Aardt MV, Duncan SE, Long TE et al (2004) Effect of antioxidants on oxidative stability of edible fats and oils:thermo-gravimetric analysis. J Agri Fd Chem 52: 587-591

[2] AICRP Report (1999) All India Co-ordinated Research Project in Home Science. Department of Foods and Nutrition. Rajasthan Agricultural University, Udaipur Campus, Bikaner

[3] Ajila CM, Bhat SG, Rao UJSP (2007) Valuable components of raw and ripe peels from two Indian mango varieties. Fd Chem 102:1006-1011

[4] Ajila CM, Leelavathi K, Prasada Rao UJS (2008) Improvement of dietary fiber content and antioxidant properties in soft dough biscuit with the incorporation of mango peel powder. J Cereal Sci 48:319-326

[5] Arogba SS (1999) The performance of processed mango (Mangifera indica)

kernel flour in a model food system. Bioresour Technol 70:277-281

[6] Arumugam R, Manikandan M (2011) Fermentation of pretreated hydrolyzates of banana and mango fruit wastes for ethanol production. Asian J Exp Biol Sci 2:246-256

[7] Ashoush IS, Gadallah MGE (2011) Utilization of mango peels and seed kernels powders as sources of phytochemicals in biscuit. World J Dairy Fd Sci 6:35-42

[8] Botterweck AAM, Verhagen H, Goldbohm RA et al (2000) Intake of butylated hydroxyanisole and butylated hydroxytoluene and stomach cancer risk: results analyses in the Netherlands cohort study. Fd Chem Toxicol 38:599-605

[9] Byrd SJ (2001) Using antioxidants to increase shelf life of food products. Cereal Fds World 46:48

[10] Hassan FA, Ismail A, Hamid AA et al (2011) Characterisation of fibre-rich powder and antioxidant capacity of Mangifera pajang K. fruit peels. Fd Chem 126:283-288

[11] Hosney RC (1986) Yeast leavened products: principles of cereal science and technology. American Association of Cereal Chemistry Inc. , Minnesota, p 203

[12] Kalpna R (2011) Vegetable and fruit peels as a novel source of antioxidants. J Med Plant Res 5:63-71

[13] Manley DJR (2003) Biscuit, cracker and cookie recipes for the food industry, vol 189. Woodhead Publishing Limited, Cambridge

[14] Nassar AG, Abd El-Hamied AA, El-Naggar EA (2008) Effect of citrus by-products flour incorporation on chemical, rheological and organoleptic characteristics of biscuits. World J Agri Sci 4:612-616

[15] National Mango Database (2017) National Mango Database. http://mangifera. res. in/indianstatus. php. Accessed 15 Apr 2019

[16] Ojokoh AO (2007) Effect of fermentation on the chemical composition of mango (Mangifera indica R) peels. Afr J Biotechnol 6:1979-1981

[17] Pasricha S (2004) Count what you eat, vol 77. National Institute of Nutrition, Indian Council of Medical Research, Hyderabad

[18] Pezzuto JM, Park EJ (2002) Autoxidation and antioxidants. Encyclopedia of pharmaceuticals technology, 2nd edn. Marcel Dekker Inc. , New York, p 253

[19] Suja KP, Jayalekshmy A, Arumughan C (2005) Antioxidant activity of sesame

cake extract. Fd Chem 91:213-219

[20]Taghvaei M,Jafari SM (2013) Application and stability of natural antioxidants in edible oils in order to substitute synthetic additives. J Fd Sci Technol 1:1-11

[21]Vaidehi MP (1994) Soybean in health and diseases. Department of Rural Home Science,University of Agricultural Sciences,Bangalore,p 91

[22]Venkatesh R. ,Sood D (2011) A review of the physiological implications of antioxidants in food. PhD thesis,submitted to Worcester Polytechnic Institute, Worcester

[23]Vergara-Valencia N, Granados-Pérez E, Agama-Acevedo E et al (2007) Fibreconcentrate from mango fruit: characterization, associated antioxidant capacity and application as a bakery product ingredient. LWT-Fd Sci Technol 40:722-729

13　油料作物脂肪酸组成研究进展

摘要　脂肪酸对我们的身体起着非常重要的作用。必需脂肪酸和非必需脂肪酸对我们的身体都是必需的。它们有助于调节膜结构和功能、转录因子活性、调节细胞内信号通路和基因表达。印度的传统油料作物包括红花、向日葵、芥菜、大豆等。亚麻籽和水芹籽也因其对心脏和身体的健康作用而得到推广。脂肪酸是根据其所含的键进行分类的,即饱和脂肪酸(SFA)、单不饱和脂肪酸(MUFA)和多不饱和脂肪酸(PUFA)。根据 WHO 规定,饱和脂肪酸、单不饱和脂肪酸和多不饱和脂肪酸之间的比例为 1∶1.5∶1 时,对心脏健康最好。这种精确的比率在任何油中都不存在的。此外,这些油缺乏一种或多种必需脂肪酸。因此,本文对芥菜、水芹、向日葵、红花、花生、亚麻籽、芝麻 7 种不同油料作物的脂肪酸组成进行了简要描述和比较,以期找出最佳食用油。

关键词　脂肪酸;饱和脂肪酸;不饱和脂肪酸;油料作物

13.1　引言

必需脂肪酸和非必需脂肪酸都对我们的身体有重要作用。它们有助于调节膜结构和功能,调节细胞内信号通路,转录因子活性,基因表达和调节生物活性脂质介质的产生(Roy,2000)。在植物界,这些脂肪酸的主要来源是油料作物。印度的传统油料作物包括红花、向日葵、芥菜、大豆等。亚麻籽和水芹籽也因其对心脏和身体的健康作用而得到推广(Jain 和 Grover,2016)。这些油脂由不同的脂肪酸组成。根据脂肪酸中存在的单键和双键,把其分为 3 类,即饱和脂肪酸(SFA)、单不饱和脂肪酸(MUFA)和多不饱和脂肪酸(PUFA)。根据世卫组织的统计,饱和脂肪酸、单不饱和脂肪酸和多不饱和脂肪酸之间比例为 1∶1.5∶1 时,对心脏健康是最理想的(WHO,2008)。目前,不同油脂之间的竞争加剧了消费者在营养价值方面选择最佳油脂的好奇心。本章对 7 种油料作物的脂肪酸组成进行了综述和比较。

13.2 油料作物

13.2.1 水芹籽

水芹(*Lepidium sativum*)是一种一年生植物,属于芸薹科。这种植物与芥菜有亲缘关系。自古以来,在印度的圣经中,它就被记载为一种重要的药用植物。籽、叶和根都是药材。籽具有抗高血压、降血糖、抗癌、抗氧化、抗胆固醇和利尿剂的性质。籽含有21%~25%的蛋白质和高达25%的脂肪,能量1984 J(Jain和Grover,2016)。籽含铁量很高(Gopalan等,2011),用于治疗贫血。

13.2.2 芥菜籽

芥菜籽是印度常用的香料之一。芥菜是冬季作物。植株高度约为4~5英尺,开黄花。它们是直径约1 mm的小球形种子,在果实内部荚生(Harriet等,1996)。籽通常是黑色的,直径约为1~2 mm。籽富含油脂和蛋白质。籽含有40%的脂肪和19%~20%的蛋白质(Gopalan等,2011),在印度被用于家庭烹饪。油脂中含有必需脂肪酸、抗氧化剂、矿物质、维生素和其他植物化学物质。芥菜籽的刺激性是由于含有一种精油——芥子碱(AbulFadl等,2011)。大量食用芥菜籽会引起胃刺激和胃出血。芥菜中的芥酸已被发现可能具有致癌作用。

13.2.3 葵花籽

向日葵(*Helianthus annuus*)是原产于北美的一种植物。美洲印第安人作为食物种植。粗葵花籽油主要含有磷酸甘油三酯、生育酚、甾醇和蜡(Oomah和Mazza,1999)。油脂主要由亚油酸组成,其次是油酸。亚麻酸含量非常低(Longvah等,2017)。

13.2.4 亚麻籽

亚麻籽(*Linumusitatissimum*)小,椭圆形,外观呈棕色或金色(Harriet等,1996)。其外表非常光泽和光滑。亚麻籽含有大量的木质纤维素,有助于促进消化。其中的不饱和脂肪酸,特别是α-亚麻酸,有助于降低胆固醇。它也有助于减少对糖的渴求,平衡荷尔蒙,减肥和减重(Arjmandi等,1998)。籽具有抗癌性。所有这些特性使其有别于其他作物籽粒。它还含有大量的蛋白质、维生素 B_1、维

生素 B_6、铁、锌、锰、镁、磷和适量的硒(Longvah 等,2017)。它还含有大量的胶质,具有形成凝胶的特性并有助于消化(Hallund 等,2006;Jenkins 等,1999)。籽既可以生吃,也可以烘烤。

13.2.5　花生

花生(*Arachis hypogaea*)是豆科一年生草本豆类作物,高 30~50 cm。这种植物种子可食。籽油用于消费。种子含有大量脂肪和优质蛋白质(Longvah 等,2017),其含有亚油酸等必需脂肪酸和蛋氨酸等必需氨基酸(Jain 等,2016)。种子可以烘烤和煮熟以食用。市场上也可以购买到花生粉。

13.2.6　红花籽

红花(*Carthamus tinctorius*)是一年生植物,属紫杉科,主要榨油。籽富含亚油酸。它含有大量的维生素 E(抗氧化剂)。籽油有助于减少呼吸问题,有助于正常的血液循环和增强免疫系统功能(Singh 和 Nimbkar,2016)。

13.2.7　芝麻籽

芝麻(*Sesamum indicum*)是最古老的油料作物之一。芝麻属于胡麻科,籽用于食用或榨油。籽富含脂肪、蛋白质、纤维、铁、钙、锌、铜、维生素 E、硫胺素和植物甾醇(Wellness,2016)。籽还可用于糖尿病、骨关节炎、高血压、高胆固醇血症和氧化应激的治疗。

13.3　脂肪酸组成

学者共研究选取了 7 种脂肪酸,其中 3 种是饱和脂肪酸(棕榈酸、硬脂酸和花生酸),2 种是单不饱和脂肪酸(棕榈油酸和油酸),2 种是多不饱和脂肪酸(亚油酸和 α-亚麻酸)。数值取自"印度食品成分表"(Longvah 等,2017)。表中比较了 7 种油料作物的脂肪酸组成,发现花生中棕榈酸含量最高,其次是芝麻和葵花籽(表 13.1),而芥菜籽中棕榈酸含量最低。芝麻籽中硬脂酸含量最高,其次是葵花籽和亚麻籽。芥菜籽的硬脂酸含量最低。水芹籽中花生酸含量最高,其次是花生和芥菜籽,亚麻籽中花生酸含量最低。花生籽中棕榈油酸含量最高,其次是葵花籽和芥菜籽,红花籽中棕榈油酸含量最低。花生中油酸含量最高,其次是水芹籽和亚麻籽,芝麻籽含量最低。葵花籽的亚油酸含量最高,其次是红花和芝麻籽,水芹籽中的含量最低。亚麻籽中的 α-亚麻酸含量最高,其次是水芹和芥菜籽,而花生籽中含量最低,几乎可以忽略不计。

花生中总饱和脂肪酸含量(SFA)最高,其次是芝麻和葵花籽。芥菜籽中的 SFA 含量最低。芥菜籽中单不饱和脂肪酸(MUFA)含量最高,其次是花生籽和葵花籽,而红花籽油中含量最低。葵花籽油中多不饱和脂肪酸(PUFA)含量最高,其次是红花和芝麻籽油,芥菜籽油中的含量最低。

从结果来看,就脂肪酸而言,没有一种油脂是完美的。所有的脂肪酸都是人体所需要的,为了满足这个要求,需要食用每一种油。如果我们每天只吃一种油,就有可能出现其他脂肪酸不足的情况。避免脂肪酸缺乏症的最好方法是将不同的油按一定比例混合。目前,市场上销售的许多调和油都是为了保证所有脂肪酸的供应。另一种选择是每周使用两种或三种类型的食用油。

表 13.1 不同油籽的脂肪酸组成比较

序号	脂肪酸(%)	芥菜籽	水芹籽	亚麻籽	芝麻籽/姜籽(白色)	向日葵籽	红花籽	花生籽
1	棕榈酸(C16:0)	856±29.4	2190±36.2	1503±68.1	3883±17.2	3215±109	1789±132	4520±84.5
2	硬脂酸(C18:0)	389.3±38	730±21.6	1323±65.6	2206±143	2166±179	546±21.4	1303±96.2
3	花生四烯酸(C20:0)	289±27.8	800±24.0	59.74±4.28	256±22.8	175±7.7	90.69±5.27	598±66.3
4	棕榈油酸(C16:1)	69.74±7.52	55.48±2.08	25.61±1.29	55.87±7.22	71.56±7.04	17.08±2.37	242±22.6
5	油酸(C18:1n9)	4012±549	5166±261	5049±303	16001±330	17649±467	3487±27	17719±562
6	亚油酸(C18:2n6)	4932±112	2839±50.1	3191±144	18477±495	25545±308	18760±227	11584±426
7	α-亚麻酸(C18:3n3)	3341±379	7484±246	12956±467	120±14.1	35.6±5.78	21.90±0.73	0.00±0.00
8	总饱和脂肪酸(SFA)	2112±41.7	4101±69.3	2968±48.4	6430±189	6159±310	2548±115	8144±214
9	总单不饱和脂肪酸(MUFA)	21032±503	8131±242	5112±303	16124±329	17803±471	3589±26.7	18337±552
10	总多不饱和脂肪酸(PUFA)	8910±540	10464±234	16147±378	18597±490	25580±305	18781±226	11584±426

注 数值取自"印度食品成分表"(Longvah 等,2017)。

13.4 结论

花生油脂肪酸组成含量最高的是棕榈酸、油酸和棕榈油酸,不能成为调和油,因为它缺乏必需脂肪酸α-亚麻酸。同样地,葵花籽油含有最多的亚油酸和多不饱和脂肪酸,但缺乏α-亚麻酸和其他脂肪酸。亚麻籽中α-亚麻酸含量最高,芥菜中单不饱和脂肪酸含量最高。因此,人们应该食用多种油以满足日常需求。每天食用不同的油有助于解决体内脂肪酸的不足。

参考文献

[1]Abul – Fadl MM, El – Badry N, Ammar MS (2011) Nutritional and chemical evaluation for two different varieties of mustard seeds. World Appl Sci J 15(9):1225-1233

[2]Arjmandi BH, Khan DA, Juma S et al (1998) Whole flaxseed consumption lowers serum LDL – cholesterol and lipoprotein (a) concentrations in postmenopausal women. Nutr Res 18(7):1203-1214

[3]Gopalan C, Sastri BVR, Balasubramanian SC et al (2011) Food composition tables. In:Gopalan C (ed) Nutritive value of Indian foods. National Institute of Nutrition, Indian Council of Medical Research, Hyderabad, India, pp 47-58

[4]Hallund J, Haren GR, Bügel S et al (2006) A lignan complex isolated from flaxseed does not affect plasma lipid concentrations or antioxidant capacity in healthy postmenopausal women. J Nutr 136:112-116

[5]Harriet V, Kuhnlein HV, Turner NJ (1996) Traditional plant foods of canadian indigenous peoples:nutrition, botany and use. Gordon and Breach Publishers, Amsterdam, The Netherlands

[6]Jain T, Grover K (2016) A comprehensive review on the nutritional and nutraceutical aspects of garden cress (Lepidium sativum Linn). Proc Nat Acad Sci, India, Sect B Biol Sci 88(2). https://doi.org/10.1007/s40011-016-0775-2

[7]Jain T, Grover K, Kaur G (2016) Effect of processing on nutrients and fatty acid composition of garden cress (Lepidium sativum) seeds. Food Chem 213:806-812

[8]Jenkins DJA, Kendall CWC, Vidgen E et al (1999) Health aspects of partially

defatted flaxseed, including effects on serum lipids, oxidative measures, and ex vivo androgen and progestin activity: a controlled crossover trial. Am J Clin Nutr 69: 395-402

[9] Longvah T, Ananthan R, Bhaskarachary K et al (2017) Indian food composition tables National Institute of Nutrition, Indian Council of Medical Research, Ministry of Health and Family Welfare. Government of India, Hyderabad, India

[10] Oomah BD, Mazza G (1999) Health benefits of phytochemicals from selected Canadian crops. Trends Food Sci Technol 10:193-198

[11] Roy AKD (2000) Transport mechanisms for long chain polyunsaturated fatty acids in the human placental. Am J Clin Nutr 71:315-322

[12] Singh V, Nimbkar N (2016) Breeding oilseed crops for sustainable production opportunities and constraints, safflower. Academic Press, New York, USA, pp 149-167

[13] Wellness B (2016) Sesame: little seeds, big benefits. http://www. berkeleywellness. com/healthyeating/nutrition/article/sesame-little-seeds-big-health-benefits. Accessed 31 May 2017

[14] WHO (2008) Interim summary of conclusions and dietary recommendations on total fat and fatty acids. The joint FAO/WHO expert consultation on fats and fatty acids in human nutrition. World Health Organization, Geneva, Switzerland

14　印度城市固体垃圾管理及影响
其可持续性的因素研究

摘要　固体垃圾处理不当、各种来源垃圾的分类和收集是主要挑战之一。市政公司的露天垃圾场不仅是造成空气污染的因素之一,也是引起重大慢性传染病的因素之一。垃圾堆的燃烧可能会产生二氧化碳、一氧化二氮和甲烷等致全球变暖的温室气体。2014 年,关于斯瓦赫巴拉特计划(SBM)的倡议有助于加强固体垃圾管理,特别是在农村地区提供基础设施和服务,并采用科学方法收集、处理和处置固体垃圾。大约有 1/3 的人口生活在城市,预计到 2050 年,印度大约 1/2 的人口将生活在城市地区,垃圾产生量每年至少增长 5%。我们的研究目标是针对目前固体垃圾管理面临的挑战,找出科学高效的方法,将固体垃圾领域的经济损失降到最低。

关键词　固体废物管理;斯瓦赫巴拉特计划(SBM);可持续性

14.1　引言

今天,我们需要更加重视固体垃圾的管理,因为它们对我们未来的社会有着不利的影响。向地球倾倒的固体垃圾越多,地球受到的污染就越多,从而使土壤更贫瘠。不同组织和国家都努力处理固体垃圾,使地球更适宜居住。印度是世界上工业增长迅速的国家之一。快速的城市化和生活方式的改变已经成为加剧环境危害、风险和脆弱性的主要因素。约 1/3 的印度人生活在城市,预计到 2050 年,大约 50% 的印度人将生活在城市,垃圾产生量每年至少增长 5%。截至 2016 年,全球平均城市垃圾产生率为 0.74 kg/人/日,预计到 2050 年为 1.26 kg/人/天(ASSOCHAM,2017)。现在,垃圾产生和地球消化能力之间的不平衡导致了环境污染(Lumby,2005)。减少对垃圾管理不仅需要强大的决心,而且需要有效的基础设施管理和科学的方法。

14.2　印度国内垃圾焚烧

在环境和森林部及污染控制委员会的领导下,中央污染控制委员会和国家污染控制委员会共同构成了印度垃圾管理部门的监管和行政核心。在印度,大约有88种危险垃圾,以及200多种回收设施(印度危险垃圾问题,2018)。

印度有5个利用城市生活垃圾转化能源的工厂正在进行中。

①Timarpur Okhla:焚烧厂自2012年1月投产,预计每天产生450吨垃圾衍生燃料,发电量16兆瓦。

②Ghazipur:填埋场每天接收约2000吨垃圾;设施将处理/焚烧1300吨垃圾,产生433吨垃圾衍生染料和12 MW兆瓦电。这个项目正在建设中。

③Bangalore:Bangalore正在建设发电量约8兆瓦的发电厂。这座工厂还没有投入使用。

④Pune:由新能源和可再生能源部(MNRE)出资,将在浦那建立约10兆瓦的气化厂。该工厂垃圾处理能力700吨/天,可生产10兆瓦的电力。工厂仍在建设阶段。

⑤Hyderabad:该工厂将消化1000吨/日的城市固体垃圾,正在纳尔贡达区安装。该工厂将生产垃圾衍生染料用于内部焚烧和发电。这家工厂目前正在建设中。

14.3　固体垃圾的主要贡献

印度位于南亚,是世界上最大的半岛和第七大国家。印度西北与巴基斯坦接壤,北部紧邻中国、尼泊尔和不丹,东北部与缅甸和孟加拉国接壤。其南邻阿拉伯海、印度洋和孟加拉湾。城市固体垃圾一般包括家庭垃圾、商业和市场区垃圾、屠宰场垃圾、机构垃圾、园艺垃圾和经处理的生物医药垃圾(表14.1)。

表 14.1　印度大都市的城市固体垃圾组成

大都市	产生固体废物的主要行业(%体重)						
	纸	玻璃	塑料	纺织品	有机物	金属	其他
德里	5.88	0.31	1.46	3.56	22.95	0.59	7.52
孟买	3.20	0.52	—	3.26	15.45	0.13	18.07
金奈	5.90	0.29	7.48	7.07	16.35	0.70	13.74
加尔各答	0.14	0.24	1.54	0.28	33.58	0.28	16.98

14.4　斯瓦赫巴拉特计划

斯瓦赫巴拉特的目标主要包括通过建设家庭自备和社区公用厕所,厕所使用监督问责机制来消除露天排便问题。为了加快努力使卫生全覆盖,并将重点放在卫生设施上,印度总理于 2014 年 10 月 2 日启动了斯瓦赫巴拉特计划。该计划有两个重点:一是清洁印度运动("农村"),由饮用水和卫生部管理;二是清洁印度运动("城市")隶属于住房和城市事务部。该计划的目标是在 2019 年前完成,并作为对圣雄甘地 150 周年诞辰的纪念。固体和液体垃圾管理活动可提高农村地区的清洁水平(图 14.1)。

图 14.1　清洁印度运动的一张照片

城市固体垃圾的主要分类和组成

固体垃圾根据来源分类有 6 个方面。

①住宅垃圾:住宅和公寓产生的垃圾。

②商业垃圾:百货商店、餐厅、市场和商场产生的垃圾。

③机构垃圾:政府和私人机构、办公室、博物馆、公共图书馆、电影院、运动场等娱乐中心产生的垃圾。

④土建施工和拆除垃圾:施工过程以及拆迁现场产生的垃圾。

⑤工业垃圾:汽车、化妆品、食品加工、医药等工业在加工和制造过程中产生的垃圾。

⑥农业垃圾:农业活动中产生的垃圾(图 14.2)。

图 14.2 特定垃圾的颜色编码和容器类型图片

14.5 固体垃圾管理的总体方针和政策

环境、森林和气候变化联合部主管印度的垃圾管理。2016年,该部发布了《2016年固体垃圾管理(SWM)规则》,该规则取代了《2000年城市固体垃圾(管理和处理)规则》。规则规定必须将垃圾分为有机垃圾、可生物降解垃圾、干垃圾和生活危险垃圾这4类。印度有150多万勉强糊口的非正规拾荒者,将他们纳入正规垃圾管理系统,是城市地方机构简化其业务的一个机会,并给拾荒者提供更高收入的机会。

14.5.1 固体垃圾管理目前面临的挑战

①缺乏固体垃圾分类意识。

②缺乏对城市固体垃圾的有效实施和界定。

③缺乏适当的资金和城市化管理。

④中心、州和相关机构之间缺乏协调。

14.5.2 固体垃圾管理的持续性

固体垃圾管理当前面临的挑战主要在分类、收集和运输方面。垃圾日益增多,因此社会需要可持续的固体垃圾管理,这有助于最大限度地减少垃圾和市政预算(Kaushal 等,2012)。可持续固体废物管理包括以下内容(Arsova,2010)。

①收集:从房屋收集的垃圾通常被转移到公共垃圾箱中。这些垃圾箱由金属、混凝土或两者结合而制成。

②分类:目前的分类是在非常不安全和危险的条件下进行的,并且有效性低下,因为无组织的部门仅从垃圾中分离出有价值的成分,以保证在回收市场中获得相对较高的经济回报。

③运输:这也是该国实行的可持续固体垃圾管理的一个重要方面,包括牛车、人力车、压实机、卡车、拖拉机、拖车和翻斗车。

14.6　3R 系统推广

3R 的推广可以从家庭开始。国际公认的垃圾管理等级制度规定是应首先将垃圾最小化。按照回收、再利用、回收、处理和处置的顺序可使各类垃圾最小化。3R 是按重要性排序的一个等级制度。在过去的十年中,垃圾等级制度采取了多种形式,但基本观念仍然是使大多数垃圾最小化。

①减少:只买你需要的东西,因为减少浪费的更好方法是不制造浪费。

②再利用:如果你必须购买商品,可尝试购买二手商品或替代品。

③回收利用:丢弃垃圾时,要想办法回收,而不是垃圾填埋。

14.7　结论

我们必须认识到垃圾对人的不利影响,并着重采取综合办法来处理垃圾。个人还应设法采取主动行动,使印度成为清洁和绿色的国家。这一举措不仅会拯救环境,也为子孙后代创造更好的环境。

参考文献

[1] Arsova L (2010) Anaerobic digestion of food waste: current status, problems and an alternative product thesis (M. S. Degree in Earth Resources Engineering), Columbia University

[2] ASSOCHAM (2017) The Associated Chambers of Commerce of India

（ASSOCHAM）and Pricewaterhouse Coopers（PwC）. India would need to bring 88 km^2 land under waste disposal by 2050：Study 2017

[3]Buenrostro O, Bocco G, Cram S（2001）Classification of sources of municipal solid wastes in developing countries. ResourConservRecycl 32：29-41

[4]EBTC（European Business and Technology Centre）（n. d. ）. Waste management in India：a snap shot Hazardous Waste Issues in India（2018）

[5]Kaushal RK, Varghese GK, Chabukdhara M（2012）Municipal solid waste management in India-current state and future challenges：a review. Int J Eng Sci Technol 4：1473

[6]Lumby A（2005）Government and sustainable development in South Africa. S Afr J Econ Hist 20：65-82

[7]Permana AS, Towolioe S, Aziz NA et al（2015）Sustainable solid waste management practices and perceived cleanliness in a low income city. Habitat Int 49：197-205

[8]Swachh Bharat Campaign（2014）The Economic Times 2：2014

第四部分　新兴技术和创新

15　食品工业中食品包装的创新

摘要　包装在促进食品安全、延长保质期上是非常重要且必需的。由于生活方式和饮食习惯的改变、全球化和收入水平的提高,消费者对加工和包装食品的需求不断增加,从而使包装行业呈现出快速增长的势头。运输、物流和供应链新技术的采用,采后技术,新零售业的增长,电子商务的发展,一次性和单剂量消费包装的需求以及对冰箱、冰柜和微波炉等电器的日益依赖,导致包装创新的激增。最近,市场为满足消费者的需求和确保储存和运输过程中的产品质量,突出了软包装的使用、高阻隔材料的创新、改进的金属和玻璃包装、可持续塑料包装、活性包装和智能包装、改性气调包装(MAP)以及其他创新。未来食品包装的创新及其对环境和社会的影响将影响整个食品工业。本章综述了对社会产生影响的包装材料和系统的最新发展。

关键词　包装材料;改性气调包装;无菌包装;活性包装和智能包装;可生物降解包装;互联包装

15.1　引言

包装是食品安全、延长保质期、保障大众食品供应的重要组成部分。在全球化的背景下,包装确保最终到消费者手中的产品的安全性。食品安全需要注意包装和包装材料。包装食品在产品质量方面对消费者有巨大优势;防止产品的篡改、盗窃和非季节性供应;并传达有关成分和其他相关细节的信息。

全球包装业规模为7000亿美元,而食品包装市场规模为2779亿美元。预计到2025年,食品包装市场将达到4413亿美元,复合年增长率为5.1%(食品包装市场报告,2018)。由于生活方式和饮食习惯的改变、全球化和收入水平的提高,消费者对包装食品的需求不断上升,这对该行业产生了巨大的积极影响。消费者正在向便利包装转变,即一次性和单剂量消费包装、高性能包装材料、生物塑料和热塑性塑料等更可持续的包装解决方案,这进一步推动了该行业的发展(图

15.1)(包装:市场和挑战,2016)。

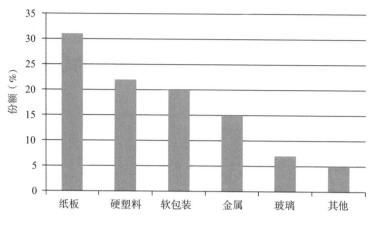

图 15.1　包装材料的全球份额

两个世纪以来,包装材料已经从单纯的包装形式发展成为完整产品设计的重要组成部分。包装在经济中具有重要的战略意义,因为它可以在行业中提供竞争优势。包装可以提供一个高质量、高性价比的解决方案,提高了利润率,增强了品牌效应,满足了终端用户的需求,这有助于在行业中获得优势。

高性价比的外包装、供应链成本的降低、保护和提升品牌形象的营销、独特的沟通、美观的外观、促进健康和确保食品安全是包装行业面临的持续挑战和目标。此外,我们还必须尽量减少产品和向终端消费者提供产品所需服务对环境的影响。近年来,由于技术上的突破和采用了包装材料制造方面的最佳做法,包装材料出现了新的选择。新包装材料在产品的整个生命周期中都是有益的。它们的设计是为了满足更高的要求和降低成本,并利用技术优化材料和能源的使用。

包装创新的主要动力是消费者不断变化的需求和行为。导致包装材料创新有以下几个因素。

①收入水平、人口结构和生活方式的改变。

②不同年龄人口所占比例不断变化。

③电子商务和消费者购买模式的改变。

④对消费者健康和安全的更严格要求。

⑤核心家庭增多,使用小型、一次性、灵活、方便,延长保质期的现成包装。

⑥与全球化相关的零售和分销实践的变化。

⑦不断变化的分销渠道和基础设施。

⑧延长保质期。

⑨成本效率。

⑩环境问题:减少、再循环和生物降解性。

⑪要求减少或不使用食品添加剂/防腐剂。

运输、物流和供应链采用新技术,采后技术,零售业的增长以及对家电的依赖导致包装创新激增。出于商业和环境两方面的目的,包装行业通过减少、再利用、再循环和回收、填埋、焚烧(能量回收)和处置的原则,为优化包装材料的使用作出了重大努力,以尽量减少其对环境的影响。

15.2 包装材料和系统

常用的食品包装材料有玻璃、金属、纸、塑料和层压板。在选择食品包装材料前,我们需要考虑这些材料的独特优势和劣势。下文讨论不同类型的包装材料、系统和食品包装中的创新。

15.2.1 金属包装

2015 年,全球金属包装市场为 1220 亿美元,预计到 2022 年将达到 1530 亿美元,2016—2022 年预计复合年增长率为 3.3%(Sahu,2017)。在古代,金银做的金属容器,对普通人来说太贵重了。最终,人们开发和批量生产了具有更薄规格和涂层的更便宜的金属和更坚固的合金。彼得·杜兰德(Peter Durand)在 1810 年申请了用镀锡铁罐代替瓶子的专利,从而为罐装方法带来了一场革新。食品工业广泛使用钢罐,直到 20 世纪 50 年代人们首次制造和使用铝罐。全球金属容器市场份额每年约 4100 亿,其中饮料罐(酒精和非酒精)市场占据 3200 亿,加工食品罐为 750 亿(Coles 等,2003)。

金属包装的优势如下几个方面。

①出色的防潮、防氧化性能。

②高强度。

③免受外部环境条件影响。

④出色的展示性能。

⑤易于打开处理。

⑥可重复使用和回收。

热处理是为了延长罐装产品的保质期。罐装食品的保质期通常在一年以上。包装外观不断改进,减轻重量,从而减少材料和节约能源以及环境印迹,达到回收金属包装的目的。目前,轻质铝罐的回收率很高。最近的创新还包括具有特殊功能的金属包装的设计和应用的改进。例如,自热和自冷饮料罐、加工食品罐的可剥离膜端、将铝箔密封到罐身的直接热封技术、提高产品可追溯性的二维码、具有塑料挤压涂层的钢制两件式 DWI(拉丝和壁铁)和 DRD(拉丝和重画)。金属包装的创新将确保金属在环境储存条件下的食品包装中继续发挥其成本效益的包装作用。

15.2.2　玻璃包装

玻璃包装是对食品和饮料的环保包装。此外,玻璃作为一种包装材料,在保持食物味道、创造优质和特色体验方面是无与伦比的。玻璃以其惰性、可回收性和再利用性而闻名。它可以模压成任何形状,并具有良好的阻隔气体和水分的性能。酒精和非酒精饮料的增长推动了玻璃包装行业的发展。预计 2017—2023 年间,全球玻璃包装市场复合年增长率为 6%(玻璃包装市场,2018)。

PET 瓶日益激烈的竞争迫使玻璃容器行业寻找吸引客户的解决方案。该行业在生产加工过程中利用再生玻璃比例不断提高和高能效的方面取得了巨大进展。英国玻璃公司表示,透明和琥珀色玻璃可添加 60% 的回收玻璃,绿色玻璃可添加 90% 的回收玻璃。每 1000 吨用于制造新玻璃的回收玻璃可节省 34.5 万千瓦的能源、31.4 万吨二氧化碳和 1200 吨原材料,同时减少 1000 吨玻璃废料。此外,这些节省在不影响玻璃质量的情况下还可以反复重复(King,2008)。当前人们对玻璃容器的生产和形状越来越集中在个性化和特色设计上。生产数量和每瓶质量较小。尽管如此,这些容器依然是高质量的,同时也满足气候变化的目标(表 15.1)。

表 15.1　玻璃包装的优点

透明度	表面结构	抗渗性	化学惰性	设计潜力	可微波	可重新密封
防篡改	易开启	强	卫生用品	吸引眼球	产品可见性	环境效益

玻璃是一种惰性材料,从健康和卫生的角度来看,对食品和饮料有很大的安全性。液体和固体食品与玻璃材料的兼容性使其能够提高产品的保质期。

15.2.3　纸和纸板包装

当今,食品包装广泛使用纸和纸板包装。大约 10% 的纸张用于包装。食品行业用纸量占包装用纸量的 50% 以上,是纸包装最大的行业。现在,纸和纸板包装在许多地方都很常见,如超市、快餐连锁店、传统市场和零售店、配药机、运输中的饭菜、餐饮、医院等。食品中的纸包装如表 15.2 所示。

纸和纸板包装约占总包装市场的 33%,在产品的生产、分销、销售和使用中随处可见。目前使用的各种纸和纸板包装形式如表 15.3 所示。

表 15.2 食品的纸包装

分类	例子
干食品	谷物、茶、咖啡、香料粉、糖、面包、饼干、蛋糕、面粉、干的食品混合物等
冷冻食品	冰淇淋
甜食	巧克力和糖果
液体食品和饮料	果汁、牛奶和奶制品
生鲜农产品	果蔬、肉、家禽和鱼

表 15.3 纸和纸板包装形式

形式	例子
软包装	纸袋,包装塑料,包装纸和不溶性纸巾:茶叶和咖啡袋、密封小袋、邮袋、外包装纸、糖和面粉袋、运输袋、多层纸袋
硬包装	折叠纸箱、硬纸板箱、有皱褶的实心纤维板箱、纸基管、桶和复合容器、纤维桶、液体包装,纸浆模塑容器
其他	标签、密封带、缓冲材料、瓶盖衬垫(密封垫)、横膈膜

注 Coles 等(2013)。

食品/饮料产品的纸和纸板包装可在很宽的温度范围内使用。虽然它对水和水蒸气、气体、油和脂肪以及挥发性物质(如香料和香气)具有渗透性,但通过用塑料、铝箔、蜡和其他处理进行涂层和层压,可增强其阻隔性能。

纸和纸板的一个主要优点是可以对其回收利用,以生产新的纸和纸板材料,是无污染和可持续的。它可以作为材料,能源,或堆肥回收利用,如果这些过程都不可行,它也是生物可降解的。

15.2.4 塑料包装

21 世纪以"塑料包装"著称,塑料是传统包装材料中最新兴的一种。塑料是在 19 世纪被发现的,它是由煤、石油和天然气等天然原料制成的。1933 年发现的聚乙烯是应用最广泛的塑料,20 世纪 40 年代后被用于商业化。

据估计,全世界包装材料中塑料的使用量有所增加,达到 280 吨(Paine 和 Paine,2012)。塑料是应用最广泛的包装材料;超过 90%的软包装是由塑料制成的,而硬包装只有 17%。2018 年,塑料包装市场市值 3343.1 亿美元,到 2024 年,预计将达到 4121.7 亿美元,2019—2024 年预期复合年增长率为 3.47%(塑料包装市场报告,2019)。

超过 30 种不同塑料用于包装,最常见的有:

聚乙烯(PE)、聚丙烯(PP)、聚对苯二甲酸乙二醇酯(PET)、乙烯-乙酸乙烯酯(EVA)、聚酰胺(PA)或尼龙、聚氯乙烯(PVC)、聚偏二氯乙烯(PVDC)、聚苯乙烯(PS)、乙烯-乙烯醇(EVOH)。

塑料被用作容器、容器组件和软包装。塑料包装的示例如表 15.4 所示。

表 15.4　食品包装中塑料的使用

类型	例子
硬包装	瓶子、罐子、容器、盒子、托盘
软包装	邮袋、袋子,密封小袋、拉伸胶片
纸箱	塑料与纸和纸板相结合
盖子、帽子、浇注和分配装置	量勺、塑料吸管、滴管
泡沫塑料	泡沫聚苯乙烯托盘和配件
标签	预印热敏收缩套

塑料广泛用于食品和饮料的包装。其主要优点是适用性好、通用性高、性价比高、生物惰性好、耐腐蚀性好和化学稳定性高。塑料还有较高的强度和韧性,适应温度范围广,从-40℃的速冻食品加工到 121℃的蒸馏灭菌温度,100℃微波处理到 200℃传统烤箱都可以。大多数塑料包装是热塑性的。塑料的主要局限性是它们对气体、光、湿气和低分子量分子的渗透性差异。塑料的研究进展包括高性能阻隔膜的出现。塑料薄膜的强度和阻隔性能可以通过共挤、混合、层压和涂层与其他塑料结合来增强。

尽管塑料在包装领域取得了令人瞩目的成功,但它对野生动物和人类的海鲜供应链造成了巨大的破坏。此外,它的全球回收利用率很差,自 20 世纪 50 年代以来,已经产生了 69 亿吨塑料垃圾(包括包装),其中估计有 9%是可回收的(包装趋势,2019)。

15.2.5 软包装

任何包装或包装的一部分,其形状可以随意改变的是软包装。它包括非刚性结构如袋、密封小袋、收缩膜、管、套管和硬片(泡罩)包装。由于软包装能够形成更轻、更薄、更紧凑的包装,是增长最快的细分市场,预计 2018—2025 年,其复合年增长率为 5.9%。由于包装的优越性能和便利性,外加更高的需求,导致市场从硬包装转向软包装(Singh,2018)。

各种软包装的例子如下所示。

①邮袋——使用方便、购买后可重新密封和出色的高质量印刷能力。这些有多层保护的袋子有密封的盖,易于包装,可放在架子上(立式袋子),易于打开,可定制。

②柔性薄膜——包括 PVC、PVDC、LDPE、HPDE、PP、尼龙和 PS 等。其用作托盘中食物的泡罩、袋装和保护性包装。

③铝箔——有效阻隔空气、光线、水分和细菌,从而延长产品的保质期。其也用于多层包装(层压板),以提高包装材料的阻隔性能。

15.2.6 增强阻隔性能材料的创新

高阻隔性包装材料有助于显著减少气体的渗透、吸附、吸收和扩散以及液体的泄漏,可以维持食品的品质。各种技术均可用于改善包装材料或包装的阻隔性能。

高阻隔性能包装材料的聚合物混合、涂层、层压或金属化提高了对水分、蒸汽和气体的保护。据报道,在包装材料上层压或涂敷高阻隔材料,其渗透率相对于厚度的平方呈线性下降关系。此外,与高阻隔材料的薄片或液滴混合可降低渗透性,但其效果不如以相同质量涂敷或层压的高阻隔材料(Lange 和 Wyser,2003)。例如,聚偏二氯乙烯(PVDC)涂层与取向聚丙烯(OPP)薄膜、聚对苯二甲酸乙二酯(PET)层压在共挤 PP/PE 上以及 PET 上的铝金属化。透明二氧化硅(真空沉积或等离子沉积)涂层在 PET 薄膜上、PET 瓶环氧树脂喷涂、纳米与塑料的复合材料等都是用于提高阻隔性能的创新技术(Lange 和 Wyser,2003;Lopez Rubio 等,2004)。

15.2.7 蒸煮袋

包装会影响食品的保质期(Rodriguez 等,2003)。虽然金属容器包装仍然是最常见的热灭菌食品包装,但也有其他具有许多优点的类型的包装。蒸煮袋是轻质、矩形、灵活的层压塑料,是一种四面密封、方便、食物热处理时货架稳定的包装。它是 20 世纪 60 年代在美国发展起来的,已经成功地应用于世界各地的各种食品中。用这种包装的食品包括蔬菜咖喱、肉咖喱、普拉奥、炖肉、优质肉制品、即食食品、美食酱、玉米和绿豆。

与传统的金属或玻璃容器相比,蒸煮袋包装实现了更快地传热,原因是其更薄的轮廓,或更高的比表面积(Awuah 等,2007;Rodriguez 等,2003)。与罐装相比,微生物杀伤力相同的情况下,蒸煮袋加工时间缩短了 30%~50%。对于金属罐,自然对流可缩短加工时间。在大多数蒸煮袋的结构中使用了能够承受高加工温度和压力的四层复合包装膜(Jun 等,2006)。典型的蒸煮袋是由 12 μm 聚酯,15 μm 尼龙,9 μm 铝箔和 80 μm 流延聚丙烯组成的层压板。外部聚酯(聚对苯二甲酸乙二酯)层提供耐热性和可印刷性,铝箔层可防止氧气和光,双向尼拉伸龙提供弹性,流延聚丙烯内层提供包装密封(Holdsworth 和 Simpson,2007)。这些是惰性的,可热封的,尺寸稳定的,典型加工时间下耐热温度至少为 121℃。它们具有低氧和水蒸气渗透性,物理性能高,并且具有良好的老化性能。为了提高阻隔性能,铝箔或氧化硅可用于袋状材料(Holdsworth 和 Simpson,2007)。

15.2.8 无菌包装

热灭菌是常用的食品保鲜技术,它将食品在高温下加热足够长的时间,以破坏微生物和抑制酶的活性。罐装是固体和黏性食品最常用的容器内灭菌方法。然而,该工艺也有一些缺点,如实现无菌的过程时间长;加工温度高,导致能源成本高;产品的营养和感官特性损失。为克服罐装的局限性,食品可在无菌条件下装入无菌容器前,采用高温、短时间的预灭菌处理。无菌包装是在无菌条件下将无菌产品装入无菌容器中,然后密封容器以防止再次感染。"无菌"一词的含义来源于希腊语的"*septicos*",是指不存在或去除致病微生物。该工艺已成功应用于牛奶及其他乳制品、果蔬汁、汤料、酱料和酸奶等发酵乳制品。

使用无菌包装的主要优点如下所示。

①用于超高温短时(HTST)灭菌工艺。

②不适合包装内灭菌的容器的使用。

③在货架稳定的条件下延长产品的货架期。

④分销渠道成本较低,因为不需要冷链。

⑤不使用防腐剂。

包装材料常用的三个主要灭菌过程是放射、加热和化学处理,它们可以单独使用,也可以组合使用。放射源包括来自钴-60或铯-137的γ射线。γ射线具有很强的穿透力,已被用于对酸性或酸化食品的无菌包装材料进行消毒。其他放射物包括248~280 nm(UV-C范围)范围的紫外线,最佳为253.7 nm,可有效净化食品表面的污染。然而,UV-C放射通常与过氧化氢(H_2O_2)一起使用。

热灭菌过程包括蒸汽(湿热)、热水或干热;这些工艺可能会损坏包装材料,因此应用范围有限。聚苯乙烯模压杯和箔在165℃,600 kPa下用饱和蒸汽灭菌,而纸板层压纸箱采用315℃的干热空气灭菌。

环氧乙烷、过氧化氢、过氧乙酸、β-丙内酯、酒精、氯及其氧化物和臭氧等化学品用于无菌包装材料的灭菌。过氧化氢和干热空气处理是无菌包装材料灭菌的首选方式。过氧乙酸(PAA)是一种杀孢子剂,用于无菌灌装前对灌装机表面和PET瓶进行灭菌。利乐包装是一种纸板/铝箔/聚乙烯层压板,是无菌包装中使用最广泛的包装材料。它由多层纸板组成,内外涂有聚乙烯和一层薄薄的(6.3 μm)铝箔阻挡层。

近年来,PET被越来越多地用于包装。袋子以低密度聚乙烯(LLDPE)为层压板,以EVOH共聚物为阻隔层,且炭黑保证了袋子所需的保质期。包装也可使用由PVDC、PE、PS组成的其他层压板或由乙酸乙烯酯、尼龙、铝箔和PE组成的金属化聚酯。尺寸从1.5 L到1400 L不等的无菌盒装袋系统用于超高温灭菌产品。由EVOH制成的袋和金属化PET作为屏障层,使用γ射线进行灭菌(Robertson,2014)。

15.2.9　生物可降解包装

21世纪以来,环境友好的技术和由可再生资源制成的产品受到高度重视。塑料在环境中的积累以及在土壤或水流中的淋滤和有限的石油资源等严重问题促进了可生物降解包装的发展(Mohatney等,2005)。根据其来源和生产方法,生物可降解包装可分为三类:直接从生物质中提取/分离的聚合物,由经典化学合成和生物单体生产的聚合物,以及直接从天然或转基因生物中获得的聚合物(Chiellini,2008)。

①直接从生物质中提取/分离的聚合物:这一类包括从植物、海洋和家畜中获得的生物聚合物。例如,纤维素及其衍生物、果胶、卡拉胶、几丁质和淀粉、乳

清蛋白、酪蛋白、胶原蛋白、大豆蛋白、动物肌肉的肌原纤维蛋白等多糖。其可单独使用或与合成聚酯[如聚乳酸(PLA)]混合使用。

②通过经典化学合成和生物单体生产的聚合物:其中最著名的是聚乳酸(PLA)。聚乳酸的性质与热塑性聚苯乙烯相似,可通过发酵葡萄糖或淀粉得到获得乳酸的原料。碳水化合物的来源可能是玉米和小麦,也可能是乳清和糖蜜(Wackett,2008)。

③直接从天然或转基因生物获得的聚合物:这些生物聚合物由微生物合成,可生物降解,可用于包装。在非平衡生长条件下,一些细菌如芽孢杆菌、固氮菌、梭状芽孢杆菌、硫菊酯等偏离了它们原有的生理途径,合成了不同的化合物。如聚羟基烷酸酯(PHA)和聚羟基丁酸酯(PHB),它们可以成为合成聚合物的很好的替代品。根据细菌和碳源的不同,聚羟基烷酸酯(PHA)可由刚性材料到塑料再到橡胶状聚合物制成,并可与丙烯和聚乙烯等具有类似的弹性和热塑性(Zivkovic,2009)。

15.2.10 气调包装

气调包装(MAP)技术自20世纪70年代开始商业化。MAP产品在世界各地的超市货架上随处可见。MAP作为一种保鲜技术被广泛应用于提高园艺产品的货架期,但也越来越多地用于延长简单加工的新鲜水果和蔬菜的货架期。在气调包装(MAP)中,产品被包装在一个已知渗透性与空气不同的包装袋中,里面通常含有78.08%的氮气、20.96%的氧气和0.03%二氧化碳。惰性气体氮气通常用作填充剂,以稀释包装袋中的氧气和二氧化碳的浓度,而二氧化碳具有抑制微生物生长的抗菌作用。MAP通过减少保质期内的产品氧气量,有助于延缓产品的降解。MAP需要考虑与食品配送有关的各种属性,如气体或水蒸气渗透性、机械性能、密封性能、热成型性能、抗性(对水、油脂、酸、紫外线、光等)、机械加工性(在包装线上)、透明度、防雾能力、印刷性、可用性、成本。

尽管许多包装材料可用于MAP,但由于其对气体和水蒸气的渗透范围以及MAP所需的包装的完整性,大多数包装由聚氯乙烯(PVC),聚对苯二甲酸乙二酯(PET)、聚丙烯(PP)和聚乙烯(PE)制成,可用于果蔬包装(Kader 和 Watkins,2001;Ahvenainen,2003a,b;Marsh 和 Bugusu,2007;Mangaraj 等,2009)。因此,在这些情况下,塑料包装膜彼此之间或与其他材料(如纸或铝)通过涂层、层压、共挤和金属化过程相互结合是非常有益的(Mangaraj 等,2009)。其他包装创新包括具有不同透膜的活性MAP、具有抗菌特性的薄膜、将抗菌化合物直接结合到产品上的可食用涂层以及使用非传统气体来调整呼吸。有的包装使用集成传感器技术的智能包装,该包装可以显示成熟度、呼吸率及腐败情况。

15.2.11　活性包装和智能包装

食品包装最重要的作用是使食品免受任何外部污染。食品包装还通过阻止不利的化学和生物变化、物理损伤来保持食品质量,延长保质期并延缓分解的发生。在众多的食品包装技术中,最流行的技术是活性包装和智能食品包装技术。活性包装和智能食品包装在包装中起着便利、营销、传播以及遏制等重要作用。

活性包装是指在包装系统中加入某些添加剂(无论是放在包装内的、附着在包装材料内部的还是包装材料本身的),目的是保持或延长产品质量和保质期。当包装在食品保存中起到某种预期的作用,而不是对外部环境提供惰性屏障的被动作用时,称为活性包装(Hutton,2003)。

活性包装有助于延长保质期,提高安全性,或食品的感官特性。

活性包装的多种功能(表15.5)有:延迟氧化、控制呼吸频率、控制水分迁移、防止微生物生长、吸收异味和其他气体、去除乙烯、散发香气。

表 15.5　活性包装系统

活性包装系统	机制	食品中的应用
除氧剂	氧化铁和亚铁盐(如氧化亚铁)	磨碎的奶酪,熟肉和鱼,咖啡,休闲食品,坚果,油,干的食物和果汁
	酸的氧化(如抗坏血酸)	
	不饱和脂肪酸(如油酸、亚油酸)的氧化	
	金属(如铂)催化剂	
	酶氧化	
	亚硫酸盐	
	儿茶酚	
二氧化碳清除剂/排放器	氧化铁/氢氧化钙	咖啡,新鲜的肉和鱼,家禽,奶酪,坚果
	碳酸亚铁	
	氧化钙/活性炭	
	抗坏血酸和碳酸氢钠的混合物	
乙烯清除剂	活性氧化铝、高锰酸钾硅胶	呼吸跃变型水果和蔬菜
	活性炭,膨润土	
	活性黏土/沸石	

续表

活性包装系统	机制	食品中的应用
抗菌剂	有机酸	谷类,肥肉和鱼,坚果,含脂肪的速溶混合物,快餐食品,乳制品
	银沸石	
	香料和草药提取物	
	BHA/BHT 抗氧化剂	
	维生素 E 抗氧化剂	
	挥发性二氧化氯	
	二氧化硫	
	异硫氰酸烯丙酯	
	乳链菌肽	
乙醇排放器	酒精喷雾	蛋糕、面包、饼干、鱼和面包制品
	酒精胶囊	
	释放乙醇的小袋	
吸湿器	活性黏土和矿物	蘑菇、草莓、番茄、谷物、鱼、肉、家禽、水果和蔬菜、零食、干粮
	硅胶	
	氧化钙	
风味/气味吸收剂	乙酸纤维素	果汁、油炸零食、鱼、谷类、家禽、乳制品和水果
	乙酰化纸	
	柠檬酸	
	亚铁盐/抗坏血酸盐	
	活性炭/黏土/沸石	
温度控制	非织造塑料	即食、肉类、鱼类、家禽和饮料
	双层容器	
包装	氢氟碳气体	
	石灰/水	
	硝酸铵/水	

注　来源:(Day 1989,2003;Rooney,2005;Yildrim 等,2017)。

　　解决微生物污染和食源性疾病导致的保质期缩短是开发创新包装解决方案的一个主要目标。食品可追溯性也是发达国家和发展中国家所必需的。因此,食品工业和监管机构对开发准确、快速、无创的方法来提供产品新鲜度的实时信息产生了极大的兴趣。

　　智能包装是另一种流行的食品包装方法。智能包装用来检测环境变化并向用户传递信息。智能包装被定义为"在运输和储存过程中监测包装食品状况以

提供包装食品质量信息的包装系统"(Ahvenainen,2003a,b)。它有助于监测和
交流食品质量的信息。这种包装在跟踪和找到易腐食品方面发挥了突出的作
用。智能食品包装的各种特点如下所示。

①射频识别和 QR 码:可追溯性。

②成熟度/微生物腐败指标:毒素保护剂,用于检测沙门氏菌和大肠杆菌的
含有固定化抗体的聚乙烯基包装材料,用于监测由于微生物生长而产生的二氧
化碳的 pH 染料。

③新鲜度指标:COX 技术用于储存鱼类和其他海产品的"新鲜标签",用于
检测芳香化合物的成熟度、水果的成熟度和异味的"电子鼻"。

④时间-温度指示器:基于扩散的 TTI、基于酶的 TTI、基于细菌的 TTI 和基于
光致变色的 TTI。

⑤气体浓度指示器:MAP 和活性包装中的氧气和二氧化碳浓度。

⑥生物传感器。

⑦微生物生长指示器。

⑧物理冲击指示器:防震表指示器。

⑨泄漏指示器等。

15.2.12　纳米材料在食品包装中的应用

纳米技术是一种新兴技术,它涉及结构、器件或材料的表征、制造和操作。
这些结构、器件或材料长度至少为 1~100 nm(Duncan,2011)。纳米材料分为三
类,即纳米颗粒、纳米纤维和纳米板。纳米复合材料是具有一定几何结构的有机
和无机添加剂的混合物。纳米材料在食品包装中的应用有 4 个方面。

①通过加入纳米填充剂(如纳米黏土),增强气体和水分阻隔性能及抗高温
性能。

②在"活性包装"中控制活性物质如抗菌剂(如纳米银)的释放,以提高食品
的保质期。

③提高包装材料的机械性能(如纳米二氧化钛、氮化钛)。

④在智能包装中使用基于纳米颗粒的传感器检测病原体的存在。

来自食品接触材料的纳米材料的健康风险取决于纳米材料的毒性、迁移率
和特定食品的消耗率(Cushen 等,2012)。迁移研究表明,迁移随着储存时间和包
装中纳米材料的含量而增加(Cushen 等,2013,Song 等,2011)。

15.2.13　互联包装

互联包装是通过让消费者参与网络互动,从而影响和推动消费者购买的一种技术。许多新技术使现实包装与虚拟世界连接起来。随着全球联网设备拥有量的增长以及将包装与网络世界联系起来的技术的进步,各品牌通过各种途径与包装进行了虚拟连接[如 QR 码、近场通信(NFC)、射频识别(RFID)、蓝牙和增强现实(AR)]。二维码是数字印刷图案,可以激活一个动作,如打开智能手机上的网页。近场通信(NFC)是一个简单的标签,可以纳入包装。通过轻触智能手机上的标签,消费者可以直接获得产品信息。集成到产品包装中的每个支持NFC 的标签都有一个唯一的 ID,该 ID 支持产品跟踪和认证,并允许与单个消费者进行交互。增强现实(augmented reality)可以通过用户对真实世界的叠加图像来增强虚拟真实世界环境的直接或间接视图,从而增强对当前现实的感知。包装导向的增强现实(AR)的使用使品牌在消费者的真实体验中直接定位包装。AR 具有提供指导建议的潜力,为购物者提供比较产品的方法,并帮助做出购买决策(Mintel,2019)。

15.3　包装材料的安全评估

包装是确保产品安全交付给消费者的一种手段。包装可以确保食品的安全、防止生物污染、保留营养和感官特征、篡改证据、产品信息的显示以及重复使用或回收功能。与食品接触的材料必须是安全的,因为它在加工、储存和运输过程中会与食品相互作用。接触食品的材料可以是塑料、纸、纸板、玻璃、金属和合金、木材、陶瓷、蜡、石蜡、油漆、清漆、油墨等。直接接触食品的材料是瓶、袋、罐、塑料薄膜、盖子、瓶盖等;非直接接触食品的材料是纸板、清漆和油墨。当与食品接触时,食品接触材料(FCM)表现出不同的行为,并可能将某些成分转移到食品中。如果大量食用这种食品,可能会影响健康或改变食物。随着包装材料使用的增加,人们对这些问题的认识也变得明显。有关部门开始制定消费者保护条例。食品和包装材料安全的三大支柱是一种物质的毒性、该物质向食品的迁移程度和接触程度。为确保食品安全,食品成分和包装材料的毒理学评价和迁移试验是必要的。影响迁移的主要因素包括添加剂的浓度、塑料材料的类型、食品的性质和添加的成分、接触的时间和温度、材料的厚度、所用溶剂的体积和接触的类型、产品在规定时间内的保存、感官特性的保护,分发方便、重新密封、防盗、保持真空和压力。必须确保 FCM 和物品不得危害人类健康,不得使食品成分发生不可接受的变化,或使其感官特性变差。还需要确保材料和物品的生产符合良好的生产规范(GMP)。正确包装的选择应符合以下要求。

①总迁移限制(OML)。

②特定迁移限制(SML)。

③成品食品接触材料中物质的最大合法残留量(QMA 条款中的材料数量)。

不同国家对直接和间接接触材料的规定如下所示。

①欧洲框架条例(EC)1935/2004。

②印度法规:2006 年食品安全和标准法。

③美国:FDA 21 CFR。

④德国:德国联邦风险评估协会。

⑤意大利:1982 年 8 月 23 日第 777 号共和国总统令(DPR 777)和 1992 年 1 月 25 日第 108 号立法令(DL 108)。

⑥南美洲:南方共同市场条例。

⑦日本:食品卫生法。

⑧新加坡:1988 年食品法规。

15.4 油墨

油墨系统用于食品包装的安全性取决于所印刷的包装材料、印刷条件、用印刷包装袋包装的食品,以及包装生产和填充过程中的条件。印刷业的新发展旨在减少挥发性有机化合物的排放。与反向印刷兼容的快速固化水基柔印油墨具有高色密度、高层压强度和高印刷速度的特点,为食品产品提供了广泛的选择(柔性包装油墨技术的进步,2017)。已开发出直接印刷在食品包装上的创新专利,低迁移率 UV 固化喷墨墨水(Mondt 和 Graindourze,2015)。数码印刷工艺中使用的油墨和涂料有显著增长。

15.5 生命周期分析

食品包装在当今社会起着基础性的作用,因为它在产品的整个保质期内保护和保存食品。由于其广泛的使用,包装材料的生产和处理量不断增加,导致人们对环境影响的严重担忧。生命周期分析(LCA)考虑到环境影响的各个方面,并提供工具和技术来决定合适的产品形式和包装系统。生命周期方法可作为包装设计过程和评估成品食品包装的可持续性的工具。生命周期分析被认为是一种基于科学的方法,它解决了产品或服务在整个生命周期中对环境的影响。方法基于 ISO 14040 和 ISO 14044 进行生命周期评价。生命周期评估包括四个阶段:目标和范围定义阶段、清单分析阶段、影响评估阶段和解释阶段(SFS-EN ISO 14040 2006;SFS-EN ISO 14044 2006)。

近 20 年来,生命周期评价方法在环境影响评价中的应用及其在设计新型可持续包装材料和系统中的作用受到了广泛关注。

15.6 结论

包装是食品加工和物流系统的重要组成部分,在食品供应链中起着防止和减少浪费的重要作用。20 世纪,食品工业有了巨大的发展。这种增长在很大程度上归功于包装技术的进步。全球人口的增长和消费者对预包装食品需求的增长是加工和包装食品行业发展和增长的动力。

包装的创新保证了产品的高质量、安全性和可靠性。这些进步大多是由生活方式的改变、食品安全意识的增强、工业发展、健康意识和环境意识的增强、更健康和更安全的食品消费、小包装(单次使用和单次剂量)的发展、收入水平的提高、全球化、电子商务的发展、互联网的日益普及、交通基础设施新技术的采用以及新的零售业态驱动的。

高阻隔材料、可持续包装、活性包装和智能包装和其他食品包装技术的创新,提高了食品的质量和安全性,给消费者带来了便利。因此,消费者和决策者对环境的关注、消费者的需求及政策制定者将进一步共同推动食品包装的创新,以创造更美好的未来。

参考文献

[1] Advances in Ink Technology for Flexible Packages—Packaging Europe (2017). https://packagingeurope.com/new-advances-in-ink-technology-for-flexible-packages/. Accessed 17 Feb 2019

[2] Ahvenainen R (2003a) Novel food packaging technology. CRC Press, Boca Raton Ahvenainen R (2003b) Active and intelligent packaging: an introduction. In:

Ahvenainen R（ed）Novel food packaging techniques. Woodhead Publishing Ltd, Cambridge, pp 5-21

[3] Awuah GB, Ramaswamy HS, Economides A（2007）Thermal processing and quality：principles and overview. Chem Eng Process 46（6）:584-602

[4] Chiellini E（2008）Environmentally compatible food packaging. Woodhead Publishing Limited, Cambridge, pp 8-10

[5] Coles R, McDowell D, Kirwan MJ（2003）Food packaging technology. Blackwell Publishing, Oxford, p 284

[6] Cushen M et al（2012）Nanotechnologies in the food industry—recent developments, risks and regulation. Trends Food Sci Technol 24（1）:30-46

[7] Cushen M et al（2013）Migration and exposure assessment of silver from a pvc nanocomposite. Food Chem 139（1-4）:389-397

[8] Day BPF（1989）Extension of shelf-life of chilled foods. Eur Food Drink Rev 4: 47-56

[9] Day BPF（2003）Active packaging. In：Coles R, Mcdowell D, Kirwan M（eds）Food packaging technology. CRC Press, Boca Raton, FL, pp 282-302

[10] Duncan TV（2011）Applications of nanotechnology in food packaging and food safety：barrier materials, antimicrobials and sensors. J Colloid Interface Sci 363: 1-24

[11] Food Packaging Market worth ＄411. 3 billion by 2015/CAGR 5. 1%（2018）Report available on：https://www. grandviewresearch. com/industry-analysis/food-packaging-market. Accessed 17 Feb 2019

[12] Glass Packaging Market（2018）Future trends, competitive analysis and segments poised for strong growth in future 2023. https://www. reuters. com/brandfeatures/venture-capital/article？ id＝35625. Accessed 17 Feb 2019

[13] Holdsworth SD, Simpson R（2007）Thermal processing of packaged foods, 2nd edn. Springer, New York

[14] Hutton T（2003）Food packaging：an introduction. Key topics in food science and technology（no. 7）. Campden & Chorleywood Food Research Association Group, Chipping Campden, Gloucestershire, p 108

[15] Jun S, Cox LJ et al（2006）Using the flexible retort pouch to add value to agricultural products. Food Safety Technol 18:1-6

[16] Kader AA, Watkins CB (2001) Modified atmosphere packaging—toward 2000 and beyond. Hort Technol 10:483-486

[17] King D (2008) Packaging news,03 July 2008. http://www. packagingnews. co. uk/news/829300/Time-bring-back-bring-bank. Accessed 10 Jan 2019

[18] Lange J,Wyser Y (2003) Recent innovations in barrier technologies for plastic packaging—a review. Packag Technol Sci 16:149-158

[19] Lopez-Rubio A, Almenar E, Hernandez-Munoz P et al (2004) Overview of active polymer-based packaging technologies for food applications. Food Rev Int 20(4):357-387

[20] Mangaraj S,Goswami TK,Mahajan PV (2009) Applications of plastic films for modified atmosphere packaging of fruits and vegetables:a review. Food Eng Rev 1:133-158

[21] Marsh K,Bugusu B (2007) Food packaging—roles,materials,and environmental issues. J Food Sci 72:R39-R54

[22] Mintel (2019) Global packaging trends 2019. https://downloads. mintel. com/ private/nlYDR/files/753149/Accessed 10 Feb 2019

[23] Mohatny AK, Misra M, Drzal LT et al (2005) Chapter 1: natural fibers, biopolymers,and biocomposites:an introduction. In:Mohatny AK (ed) Natural fibers,biopolymers and biocomposites. CRC Press,Boca Raton,FL

[24] Mondt RD,Graindourze M (2015) UV-inkjet printing on food packaging:state of the art and outlook. https://uvebtech. com/articles/2015/uv-inkjet-printing -on-food-packaging-state-of-theart-and-outlook. Accessed 17 Feb 2019

[25] Packaging Trends (2019) Part 1—the search for sustainability. https://www. packaginginsights. com/news/packaging-trends-2019-part-1-the-search-for- sustainability. html. Accessed 10 Feb 2019

[26] Packaging: Market and Challenges (2016). https://www. all4pack. com/ Archives/Packagingmarket-challenges-2016. Accessed 10 Feb 2019

[27] Paine FA,Paine HY (2012) A handbook of food packaging. Springer Verlag, Berlin Plastic Packaging Market-Growth,Trends and Forecast (2019-2024). https://www. mordorintel mordorintelligence. com/industry - reports/plastic - packaging-market. Accessed 17 Feb 2019

[28] Robertson GL (2014) Food packaging. In: Encyclopedia agriculture and food

systems. Elsevier, London, pp 232-249

[29] Rodriguez JJ, Olivas GI, Sepulveda DR et al (2003) Shelf-life study of retort pouch black bean and rice burrito combat rations packed at selected residual gas levels. J Food Qual 26:409-424

[30] Rooney ML (2005) Introduction to active food packaging technologies. In: Han JH (ed) Innovations in food packaging. Elsevier Ltd, London, pp 63-69

[31] Sahu YS (2017) Metal packaging market overview. In: Metal packaging market by material (steel, aluminum, and others), product type (cans, caps & closures, barrels & drums, and others) and end user (food, beverage, personal care, healthcare, and others)—global opportunity analysis and industry forecast, 2014-2022. https://www. alliedmarketresearch. com/metal - packagingmarket. Accessed 15 Jan 2019

[32] SFS-EN ISO 14040 (2006) Environmental management. Life cycle assessment. Principles and framework.

[33] SFS-EN ISO 14044 (2006) Environmental management. Life cycle assessment. Requirements and guidelines

[34] Singh T (2018) Food packaging market: rise of flexible packaging to drive market growth. Accessed fromhttps://www. processingmagazine. com/flexible - food-packaging-market/

[35] Song H et al (2011) Migration of silver from nanosilver-polyethylene composite packaging into food stimulants. Food Addit Contamin Part A 28(12):1758-1762

[36] Wackett LP (2008) Polylactic acid (PLA) an annotated selection of World Wide Web sites relevant to the topics in environmental microbiology. Microb Biotechnol 1(5):432-433

[37] Yildrim S, Rocker B, Pettersen MV et al (2017) Active packaging applications for food. Compr Rev Food Sci Food Saf 17(1):165-199. https://doi. org/10. 1111/1541-4337. 12322

[38] Živkovic N (2009) Polyhydroxyalkanoates, green chemistry (seminar). Food technology zagreb, (in Croatian)

16　真空浸渍:开发功能性食品的新型无损技术

摘要　随着功能性食品发展步伐的加快,消费者对健康食品的意识不断增强。为了实现这一目标,食品工业中出现了各种创新的方法来定制食品的功能品质。真空浸渍(VI)是一种渗透处理方法,在不影响感官特性的前提下,将理想的增强剂溶液引入果蔬多孔基质的新型非热方法。在 VI 应用中,由于渗透和扩散过程结合的独特便利性,在果蔬加工业中有着广泛的应用。本章比较了真空浸渍和渗透脱水法的工艺细节及其在食品工业中的应用。此外,本章还深入研究了能够填补未来空缺的真空浸渍技术的重要性,以便在解决技术壁垒的情况下可以进一步开发相同的技术。

关键词　真空浸渍;矿物质;强化;功能食品

16.1　引言

现在的消费者相信食品有助于他们的健康。因此,人们对能够满足消费者兴趣的健康和积极生活方式的食品的期望越来越高(Menard 等,2000)。对这类食品需求增加的可能原因是医疗保健费用的增加、预期寿命的稳步增长以及老年人对提高晚年生活质量的渴望(Kotilainen 等,2006;Roberfroid,2000a,b)。在这方面,功能性食品能够满足特定消费群体的特殊健康需求。功能性食品被定义为"外观与传统食品相似,作为正常饮食的一部分,但经过改良后,除了提供简单的营养需求外,还可以发挥各种生理作用"(Bech Larsen 和 Grunert,2003)。目前,各种改良技术用于改良传统饮食,以使其成为具有理想感官属性的高健康促进价值的食品。功能性食品开发最常用的技术是向传统食品中注入生理活性化合物。真空浸渍(VI)作为创新技术之一,可使液体进入某些食品的多孔结构(Chiralt 等,1999),从而满足具有健康意识的消费者对健康和营养食品的需求。真空浸渍,从根本上来说,是由于压力变化促进的流体力学机制(HDM)的作用,将封闭在开放孔隙中的内部气体或液体转化为所需的溶质(Fito,1994;Fito 和 Pastor,1994)。这样,为了增强某些食品特性,产品设计及其物理和化学性质可能会发生变化(Fito 和 Chiralt,2000)。VI 处理可利用原有生鲜食品的结构,将 PAC 与之结合,从而获得生鲜功能食品(FFF)。因此,VI 处理不仅使食品富含具有创新感官特性的营养和功能成分,而且限制了降解反应的发生(Derossi 等,2010)。此外,据报道,VI 可通过去除孔隙中的天然液体(水)来提高终端产品的质量并降低操作成本,因此可作为干燥或冷冻前的预处理(Zhao 和 Xie,2004)。

16.2　真空浸渍的重要性

VI 是一种创新的食品加工技术,旨在提供具有巨大健康促进价值和不影响感官属性的食品(Elzbieta 等,2014)。lgal 等(2008)指出,VI 是一种基于扩散过程的渗透处理(OT)。OT 是一种非热处理方法,其目的是通过部分去除水分,然后在保持原料结构完整性的同时用所需的溶质溶液对其进行浸渍而定制食品材料的成分(Spiess 和 Behsnilian,1998)。真空浸渍(VI)是一种 OT,将食品置于真空状态后,引入理想的溶质/增强剂溶液。这样,在几秒钟内,就可以通过大气压恢复时产生的压力差,用浸渍/强化剂溶液来恢复水果或蔬菜孔隙中先前所含的闭塞空气(Tiwari 和 Thakur,2016)。

因此,它不仅可以使产品样品部分脱水,也有助于向食品颗粒注入适量所需的强化剂溶液。如早期研究所报告的那样,这样可以提高食品产品的质量(Torreggiani 和 Bertolo,2001)。

16.3　渗透处理和真空浸渍

根据施加在系统上的压力,渗透处理分为三种,分别是 OD(大气压下的渗透脱水)、VOD(真空下的渗透脱水)和 PVOD(脉冲真空渗透脱水)(Fito 等,1994)。PVOD 的设计是在注意到关键 HDM 的效果非常迅速并且在大气压力恢复时才出现的情况下进行的。从根本上说,在 PVOD 中,通过真空脉冲的作用,渗透溶液在前 5~10 min 内进行 VI 处理,从而导致产品成分的快速变化,进而改变渗透驱动力和传质动力学(Fito 和 Chiralt,2000)。然而,OD 是最常见的渗透处理。新发展的真空浸渍(VI)是 OD 进一步发展的结果。表 16.1 描述了 VI 和其他渗透处理之间的进一步差异。

此外,VI 经常与渗透脱水(OD)混淆,因为两者都属于渗透处理技术。因此,在讨论 VI 之前,有必要澄清这两种技术之间的区别。

表 16.1 真空浸渍和不同渗透处理之间的差异

不同点	过程		
	真空浸渍	渗透处理	PVOD
时间	分钟	小时	天/周
推动力	压力梯度和毛细作用	毛细作用和组分的化学势(主要是水)	机械力和压力梯度
主要机理	HDM	PDM 和 CMD	气体释放和孔隙填充
平衡条件	$\Delta P_{int-ext} = 0$	$\Delta A_w = 0$	$P_{DRP} = 0$ $\Delta M = 0$
失水率	高	中	低
固体得率	低	中	高

注 HDM 流体力学机制,DRP 变形弛豫现象,CMD 细胞基质变形。$\Delta P_{int-ext}$ 产品内外压力差(N/m^2),ΔA_w 溶液和产品之间的水活度差,ΔP_{DRP} 细胞基质的 DRP 压力差(N/m^2),ΔM 指初始质量样品的重量损失(kg/kg)(Fito 等,2000)。

OD 是一种常规工艺,包括从产品中去除大量的水,同时添加少量固体,以降低蜜饯水果或果酱等简单加工的果蔬或一些深加工水果的水活性。然而,渗透过程的效率依赖于渗透性,而渗透性主要取决于渗透溶液的类型、浓度、温度和处理时间。与传统的食品加工,如 OD 相比,目前浸渍技术已成为国内外研究者关注的焦点,并进行了商业应用。浸渍包括在两个方向上的渗透运动,使溶质进入食物,即两股逆流把溶质注入食物中以去除水分,而不是仅仅依靠水射流(Kuntz,1996)。这将导致成品的不同特性。浸渍(填充,饱和或渗透过程)通常与注入和渗透混合使用。

VI 是食品渗透脱水进一步发展的结果。研究发现,在真空压力在系统中的应用中,依据产品的孔隙率和机械性能,随着加工时间的显著缩短,OD 和其他固液操作可以进一步得到增强(Fito 等,2001)。因此,VI 是一种食品强化技术,涉及由于暴露在真空中而导致的外部浸渍溶液和食品基质之间的传质(Bhattacharya,2014)。因此,与 OD 相比,VI 除了是非热 OT 外,还是一种新技术(Tiwari 等,2018)。VI、OD 和 PVOD 在加工条件,驱动力,控制机制和平衡方面的差异列于表 16.2(Tiwari 和 Thakur,2016)。

表 16.2　VI 和 OD 加工条件的差异

不同点	过程	
	真空浸渍	渗透脱水
传质	由于机械作用引起的压力不同而发生传质	传质取决于食物中细胞间液体和溶液之间浓度的变化
目标	目前方法的主要目标是把外液注入材料中	OD 涉及顺浓度梯度把部分水从材料中移除
所用溶液的类型	由于必须应用真空,因此 VI 需要等渗溶液	OD 需要高渗溶液,这个过程发生在大气压下
持续性	VI 是快速过程(几分钟完成),低能耗	OD 是一个持续时间长的过程
营养损失	没有报道有营养损失	组织中有营养流失
营养价值	味道没有改变,营养价值降低了	最常见的渗透溶液(盐或糖)的化合物会显著改变食品的味道,降低食品的营养价值
外液的使用	外部溶液可重复使用多次,并可在低温下进行	外部溶液只能使用一次

16.4　OD 和 VI 机制的不同

渗透脱水机理

图 16.1 突出显示了长期渗透脱水过程的典型途径,其中讨论了两个主要过程(Barat 等,2001)。

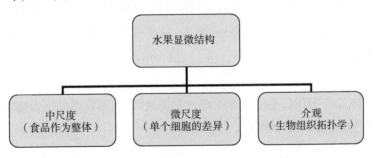

图 16.1　水果显微分类(Tiwari 和 Thakur,2016)

16.4.1.1 脱水过程

在最初脱水过程的几个小时,失水引起强烈变形(质量和体积损失和皱缩)或表面硬化,直到水和溶质的活性达到与渗透溶液相同的值。随后在拟平衡状态下,样品的质量和体积再次上升。由于皱缩而变干的过程中,囤积在食品基质中的机械应力随着样品膨胀而释放。

16.4.1.2 弛豫过程

在这种现象下,食品基质中产生了压力梯度,从而促进外部液体流入结构。物质通过 HDM 在细胞间隙进行物质运输,有时通过细胞壁进行物质运输。有学者利用 Peleg 方程,通过将质量通量与结构元件中的压力下降联系起来,获得了成分平衡后长期渗透过程中基质流动的动力学,并对其进行了建模(Fito 等,2000)。

16.5 VI 机制

VI 过程包括用所需材料填充由于机械诱导的压差而产生的孔隙和毛细管。流体力学机制(HDM)和变形弛豫现象(DRP)是导致所需液体浸渍过程的两个重要现象。这个过程包括两个阶段:压力下降阶段和大气压阶段。当材料浸入溶液(t_0)中时,毛细管内部(p_i)和外部(p_e)的压力等于大气压力($p_i = p_e = p_{at}$)。毛细管的初始体积(V_{g0})充满气体。

16.5.1 真空阶段/减压阶段

在真空阶段,压力降低($p_1 < p_{at}$),气体由于压力差从毛细管中排出。随后,由于外部压力下降,毛细管发生变形和膨胀,这是变形弛豫现象(DRP)的第一步。结果,毛细管的体积增加($V_{g1A} = V_{g0} + X_{c1}$),这一阶段反复出现,直到达到压力平衡($p_i = p_e$)。

接下来,由于 HDM,毛细管开始部分充满液体,毛细管内的压力略微增加,而毛细管内的自由体积减小到 $V_{g1B} = V_{g0} + X_{c1} - X_{v_1}$。

16.5.2 大气压阶段

在 VI 过程的第二阶段,压力恢复到大气压,并按设计(t_2)将样品置于溶液中驰豫一段时间。这就是 DRP 相向弛豫相转变的原因。结果,毛细管收缩的程度甚至比过程开始前更大。同时,由于毛细压力和减压的作用,液体从毛细管的外部向内部彻底侵入,最终气体体积减小到 $V_{g2} = V_{g0} - X_c - X_V$。从实际的角度来看,驰豫阶段是特别重要的,因为在这个阶段,只发生了组织浸渍。真空去除不应太快,因为过快的压力平衡可能导致毛细管关闭和流体力学机制的抑制(Fito,1994)。

16.6　VI 食品改性

从早期的研究结果推断,渗透处理引起的主要变化是细胞膨胀消失,细胞脱黏,细胞壁阻力改变,细胞包装密度、样本大小和形状(Martínez-Monzó 等,1998;Cháfer 等,2003),温度(Vincent,1994;Pitt,1992),水和溶质浓度的变化(Salvatori 等,1999)以及样品中空气和液体体积分数的变化(Fito,1994)。从上述 VI 和 OD 的现象可以清楚地看出,这两个概念在时间尺度、驱动力、控制机制和表 16.2 中描述和总结的许多其他方面都有显著的差异。

16.7　VI 在食品行业的工业应用

节能:通过产品体积的压缩,节省了食品加工、储存和运输的成本。此外,由于 VI 去除了产品中的大部分水分,用 VI 对水果和蔬菜进行预处理也降低了能耗(Zhao 和 Xie,2004)。在许多产品中,脱水水果和蔬菜也可以作为许多产品的食品成分,还可以添加到谷类食品、麦片棒、烘焙食品和混合食品中,甚至可以直接食用。

附加值:据报道,VI 是食品强化过程的最佳工具。通过真空脉冲渗透脱水,可以将钙注入零食菠萝的细胞结构中(Marla Mateus de Lima 等,2016)。样品脱水意味着细胞呼吸速率降低,因此加工水果的保质期延长,如果向样品中添加钙,这两种情况都非常明显(Moraga 等,2008)。正如 Erihemu 等(2015)所报道的那样,VI 马铃薯的铁含量随着真空时间和恢复时间增加而增加。此外,VI 还可以作为生产富含益生菌的水果产品的工具。在此本章还列举了其他各种食品附加值的例子(表 16.3)。

表 16.3 真空浸渍在食品行业的应用

原材料	真空浸渍所用溶液	效果	参考文献
整个马铃薯	葡萄糖酸锌溶液（9 g/100 g Zn）	VI 马铃薯（去皮或未去皮）由于真空和恢复时间的应用，锌含量高出 69~70 倍	Erihemu 等（2015）
整个马铃薯	抗坏血酸溶液（10%）	VI 马铃薯具有较高的抗坏血酸浓度（50 mg/100 g fr. wt.）	Hironaka 等（2011）
青苹苹果切片	含蔗糖和乳酸钙的等渗水溶液	每 200 g 苹果中，成人每日建议钙摄入量从 0% 增加到 40%	Barrera 等（2009）
鲜切富士苹果	20% 稀释高果糖玉米糖浆（HFCS）或添加 0.4% α-生育酚乙酸酯的 1% 酪蛋白酸钙水溶液，7.5% 葡萄糖醛酸钙和 0.04 乳酸锌	与非强化苹果相比，100 g 鲜切苹果中维生素 E 含量增加 100 倍以上，钙、锌含量增加 20 倍左右	Park 等（2005）
卷心莴苣叶	与用于真空浸渍莴苣叶具有相同水活性的蔗糖水溶液	总含量 169 mg 刺山柑和 250 g 浸渍卷心莴苣叶	Gras 等（2011）
短圆柱野苹果	添加酵母菌的苹果汁、添加酵母菌和干酪乳杆菌的牛奶	风干（40℃）产品中有超过 106 CFU/g 干酪乳杆菌	Derossi 等（2010）
番石榴片和木瓜片	添加干酪乳杆菌的番木瓜和番石榴汁	浸渍后观察到 $10^8 ~ 10^9$ CFU/g 干酪乳杆菌	Krasaekoopt 和 Suthanwong（2008）

食品盐渍:Chiralt 和 Fito(1997)讨论了为降低盐渍时间,利用压力梯度作用下毛细管孔隙中发生的流体力学机制(HDM)对盐的吸收开发了盐 VI 工艺。此外,在多孔食品盐渍过程中,利用 VI 技术可以获得快速盐析,使盐在产品中的分布更加均匀和提高过程产率(Chiralt 等,1999)。

产品质量:据报道,VI 预处理可以改善冷冻水果和蔬菜的品质,主要通过减少滴水损失和改善质地,以及在冷冻过程中节约能源消耗(Torreggiani 和 Bertolo,2001;Xie 和 Zhao,2004)。与传统的水果浸泡法相比,VI 在极少经过处理的水果或蔬菜中更有效(Tamer 和 opur,2010)(表 16.4)。

表 16.4 VI 的应用

原材料	真空浸渍所用溶液	效果	参考文献
澳洲青苹果	精制葡萄汁和3%高甲氧基果胶溶液	提高组织的机械和结构性能,显著降低水果的游离水含量。游离水含量的降低反过来提高了水果的抗冻性	Martínez-Monzó 等(1998)
草莓 (10 mm 切片)	50%高果糖玉米糖浆	改善纹理特性降低解冻草莓的滴水损失	Xie 和 Zhao (2004)
西葫芦 (切片厚0.5 cm)	麦芽糊精溶液和氯化钙	增加溶质和水分,限制纹理和微观结构的变化	Occhino 等 (2011)
菠萝	壳聚糖成膜乳液	延长酪蛋白酸盐涂层菠萝谷物系统的货架期	Talens 等 (2012)
块菌	防冻液	由于低冰晶的形成,块菌的质地得到了改善	Derossi 等 (2015)
小麦粒	不同浓度面筋	观察到形态结构的显著差异,这反过来导致小麦制备的长期过程向许多生产过程(如面粉加工、脱壳等)的加速	Leszek 和 Dariusz(2008)
桃子	果胶甲基酯酶与氯化钙	桃子罐头硬度的提高	Javeri 等 (1991)
木瓜 (切成4 cm * 2.5 cm * 0.5 cm),草莓	55%和65%(W/W)蔗糖溶液,65%(W/W)蔗糖溶液	水活性降低	Moreno 等,(2000,2004)

16.8 未来挑战

VI加工技术用于改变果蔬产品配方,提高产品质量,恢复某些果蔬产品的能量。通过选择合适的工艺条件,可以进一步调节和优化VI的应用。然而,要充分利用其独特的特性和大规模的工业应用,还需要进行全面的研究。这里提及了一些技术挑战和未来的研究需求。

从食品开发的角度来看,操作模式不仅影响成品的质量,而且影响干燥动力学和能耗。食品质量特性的改善与食品成分、颜色、风味、质地、体积、大小和形状的改变有关,这与脱水-水化过程中的改变一致。由于其独特的特性,VI被认为是第一种基于三维食品微观结构开发的食品加工技术。目前的挑战包括细胞组织结构和功能的复杂性以及在微观(细胞)水平上对其在热质传递机制与变形驰豫现象耦合中的作用。这些微观耦合机制与相变现象同步,将导致产品在宏观水平上的收缩或膨胀。但这种关系还不是很清楚。众所周知,水果微观结构有三种不同的空间尺度(中尺度、微尺度和细观)(Mebatson 等,2008),如图 16.1所示。

因此,食品三维结构的精确表征、食品加工过程中的变化及其与安全和质量的关系将是未来面临的重要挑战之一(Datta,2007a,b;Halder 等,2007)。对上述水果微观结构三维变化的深入研究属于食品基质工程(FME)的范畴。FME 是食品工程的一个分支,是研究有关食品基质组成、结构和性质的学科,旨在促进和控制合适的变化,从而改善食品中的某些感官/功能性质及其稳定性。

缺乏关于这些技术优势的信息可能是其在工业层面适用性降低的原因。

我们还需要分析的是 VI 溶液和加工产品的微生物安全性,因为它会阻碍 VI技术的成功应用。产品污染可能从农场开始。如果原材料受到污染,在 VI 加工过程中 VI 溶液也可能受到污染。如果重复使用受污染溶液,可能会造成进一步的污染。关于这方面的研究很少,因此需要大量的研究工作。

在 VI 和任何其他渗透处理的大规模工业应用中,过程结束时残留/剩余溶液的管理是主要问题之一。从工程的观点来看,将同一回收溶液至少重复使用20 次是可行的。为了支持这一观点,有研究讨论了用重复使用的渗透液在渗透脱水过程中脱水苹果块的失水率、固形物得率和颜色,发现与用新鲜渗透液获得的结果相同。但渗透液的回收仍然是主要缺点和挑战之一。可能的原因是由于颜色、酸度和产品碎片的同时浸出和溶液中的溶质渗透到产品中,导致工艺结束时,溶液的某些特性发生了变化。其次,在混合溶质的情况下,每种溶质的比例必须进行测试和调整,使再利用变得更加复杂。因此,废浓缩液特别是混合液的处理技术是非常重要的,需要进一步深入研究。

是将产品完全浸入溶液中,同时在整个过程中保持良好的接触对 VI 处理也至关重要。一般来说,由于比内液密度低,产品往往漂浮在外部溶液(渗透溶液)上。为了克服这一问题,目前的工业操作采用搅拌或压缩的方法,但也增加了成本,而且可能损坏产品。因此,我们需要研究其他更划算的方法。

此外,为了扩大在工业规模上的应用,我们应提供关于这些技术的应用和优点的信息。

16.9　结论

VI 是 OD 的最新进展,似乎是开发果蔬组织作为新基质的最可行技术。其在不影响感官性能的前提下,可以成功地将功能成分加入其中。它在食品加工业有广泛的应用,如脱水、预处理方法、苦味处理、蔬菜 pH 降低、抗菌效果、产品微观结构变化、益生菌食品生产、食品盐渍等。然而,由于控制传质速率、食品三维结构表征、食品加工过程中的变化及其与安全和质量的关系,要产品完全浸入溶液的整个过程中保持良好的接触的要求,过程结束时对残留溶液的管理,VI 溶液和加工产品的微生物安全等技术限制,使 VI 在工业上的应用仍然不理想。为解决 VI 溶液污染、有效管理残留液、使产品完全浸入 VI 溶液等问题 FME 及其应用还需要进一步研究。

参考文献

[1] Barat J, Gonzalez-Marino G, Chiralt A, Fito P (2001) Yield increase in osmotic processes by applying vacuum impregnation: application in fruit candying. In: Fito P, Chiralt A, Barat JM, Spiess WEL, Behsnilian D (eds) Osmotic dehydration & vacuum impregnation: application in food industries. Technomic, Lancaster, PA, pp 79-90

[2] Barrera C, Betoret N, Corell P, Fito P (2009) Effect of osmotic dehydration on the stabilization of calcium-fortified apple slices (var Granny Smith): Influence of operating variables on process kinetics and compositional changes. J Food Eng 92: 416-424

[3] Bhattacharya S, Sindawal S (2014) Fortification and impregnation practices. Conventional Adv Food Process Technol 3:338

[4] Bech-Larsen T, Grunert KG (2003) The perceived healthiness of functional foods—a conjoint study of Danish, Finnish and American consumers' perception of functional foods. Appetite 40:9-14

[5] Ch. fer M, Gonz. lez-Mart. nez C, Fern. ndez B, P. rez L, Chiralt A (2003) Effect of blanching and vacuum pulse application on osmotic dehydration of pear. Food Sci Technol Int 9(5):321

[6] Chiralt A, Fito P, Andres A et al (1999) Vacuum impregnation: a tool in minimally processing of foods. Processing of foods quality, optimization and process assessment. pp 341-356

[7] Chiralt A, Fito P, Andres A, Barat J (1997) Vacuum impregnation: a tool in minimally processing of foods. In: Processing of foods quality, optimization and process assessment. CRC Press, Boca Raton, pp 341-356

[8] DeLima MM, Giustino TJA, deSouzaIvan R, Borges G dSJ, LaurindoBruno AMC (2016) Vacuum impregnation and drying of calcium-fortified pineapple snacks. LWT - Food Sci Technol 72:501-509

[9] Datta AK (2007a) Porous media approaches to studying simultaneous heat and mass transfer in food processes. I:problem formulations. J Food Engg 80:80-95

[10] Datta AK (2007b) Porous media approaches to studying simultaneous heat and mass transfer in food processes. 2nd:property data and representative results. J Food Engg 80:96-110

[11] Derossi A, De Pilli T, Severini C (2010) Reduction in the pH of vegetables by vacuum impregnation:a study on pepper. J Food Eng 99:9-15

[12] Derossi A, Iliceto T, De P, Severini C (2015) Application of vacuum impregnation with anti—freezing proteins to improve the quality of truffles. J Food Sci Technol 52:7200-7208

[13] Elzbieta RK, Roza BM, Mercin K (2014) Applicability of vacuum impregnation to modify physico-chemical, sensory and nutritive characteristics of plant origin products—a review. Int J Mol Sci 15:16577-16610

[14] Erihemu, Hironaka K, Koaze H, Oda Y, Shimada K (2015) Zinc enrichment of whole potato tuber by vacuum impregnation. J Food Sci Technol 52:2352-2358

[15] Fito P (1994) Modelling of vacuum osmotic dehydration of foods. J Food Eng 22:313-318

[16] Fito P, Chiralt A (2000) Vacuum impregnation of plant tissues. In: Alzamora SM, Tapia MS, Lopez-Malo A (eds) Minimally processed fruits and vegetables: fundamental aspects and applications, 1st edn. Aspen Publication, Gaithersburg, MD, pp 189-204

[17] Fito P, Pastor R (1994) Non-diffusional mechanism occurring during vacuum osmotic dehydration(VOD). J Food Eng:513-519

[18] Fito P, Andres A, Pastor R, Chiralt A (1994) Modelling of vacuum osmotic dehydration of foods. In: Singh P, Oliveira F (eds) Process optimization and minimal processing of foods. CRC Press, Boca Raton, pp 107-121

[19] Fito P, Chiralt A, Barat JM, Martinez-Monzo J (2000) Vacuum impregnation in fruit processing. In: Lozano JE, Anon C, Parada-Arias E, Barbosa-Canovas GV (eds) Trends in food engineering. Technomic Publishing Company, Pennsylvania, pp 149-164

[20] Fito P, Chiralt A, Betoret N (2001) Vacuum impregnation and osmotic dehydration in matrix engineering. Application in functional fresh food development. J Food Eng 49:175-183

[21] Gras ML, Vidal-Brot. ns D, V. squez-Forttes FA (2011) Production of 4th range iceberg lettuce enriched with calcium. Evaluation of some quality parameters. Procedia Food Sci 1:1534-1539

[22] Halder A, Dhall A, Datta AK (2007) An improved, easily implementable porous media-based model for deep-fat frying Part 1: model development and input parameters. Food Bioprod Process 85(3):209-219

[23] Hironaka K, Kikuchi M, Koaze H, Sato T, Kojima M, Yamamoto K, Yasuda K, Mori M, Tsuda S (2011) Ascorbic acid enrichment of whole potato tuber by vacuum-impregnation. Food Chem 127:1114-1118

[24] Javeri H, Toledo R, Wicker L (1991) Vacuum infusion of citrus pectin methylesterase and calcium effects on firmness of peaches. J Food Sci 56:739-742

[25] Kotilainen L, Rajalahti R, Ragasa C et al (2006) Health enhancing foods: opportunities for strengthening the sector in developing countries. Agriculture and Rural Development Discussion Paper 30

[26] Krasaekoopt W, Suthanwong B (2008) Vacuum impregnation of probiotics in fruit pieces and their survival during refrigerated storage. Kasetsart J 42:723-731

[27] Kuntz LA (1996) Investigating infusion. Food Product Design 10:38-80

[28] Leszek R, Dariusz A (2008) Vacuum impregnation process as a method used to prepare the wheat grain for milling in flour production 8a:134-141

[29] Lgual M, Castello ML, Ortola MD et al (2008) Influence of vacuum impregnation on respiration rate, mechanical and optical properties of cut permission. J Food Eng 86:315-323

[30] Martínez-MonzóJ, Mart. nez-Navarrete N, Chiralt A, Fito P (1998) Mechanical and structural changes in apple (var. Granny Smith) due to vacuum impregnation with cryoprotectants. J. Food Sci 63:499-503

[31] Mebatson HK, Verboven P, Ho QT, Verlinden BE, Nicolai BM (2008) Modelling fruit (micro) structures, why and how. Trends Food Sci Technol 19:59-66

[32] Menard M, Husing B, Menard K et al (2000) Functional Food TA 37/2000

[33] Moraga MG, Fito PJ, Mart. nez - Navarrete N (2008) Effect of vacuum impregnation with calcium lactate on the osmotic dehydration kinetics and quality of osmo-dehydrated grapefruit. J Food Engg 90(3):372-379

[34] Occhino E, Hernando I, Liorca E, Neri L, Pittia P (2011) Effect of vacuum impregnation treatments to improve quality and texture of zucchini (Cucurbita pepo, L). Procedia Food Sci 1:829-835

[35] Park S, Kodihalli I, Zhaonutritional Y (2005) Sensory, and physicochemical properties of vitamin E- and mineral-fortified fresh-cut apples by use of vacuum impregnation. J Food Sci 70:593-599

[36] Pitt RE (1992) Viscoelastic properties of fruits and vegetables. In: Viscoelastic properties of foods. Elsevier Applied Science Publishers, New York

[37] Roberfroid MB (2000a) Concepts and strategy of functional food science: the European perspective. Am J Clin Nutr71:S1660-S1664

[38] Roberfroid MB (2000b) An European consensus of scientific concepts of functional foods. Nutrition 16:689-691

[39] Salvatori D, Andr. s A, Chiralt A, Fito P (1999) Osmotic dehydration progression in apple tissue I:spatial distribution of solutes and moisture content. J Food Eng 42:125-132

[40] Spiess WEL, Behsnilian D (1998) Osmotic treatments in food processing. Current stage and future needs. In:Drying ﹍98'A. Ziti Editions, Greece, pp 47-56

[41] Talens P, P. rez-Mas. a R, Fabra MJ, Vargas M, Chiralt A (2012) Application of edible coatings to partially dehydrated pineapple for use in fruit-cereal products. J Food Eng 112:86-93

[42] Tamer CE, Copur OU (2010) Chitosan:an edible coating for fresh-cut fruits and vegetables. Acta Horti 877(877):619-624

[43] Tiwari P, Thakur M (2016) Vacuum impregnation:a novel nonthermal technique

to improve food quality. Int J Curr Res Biosci Plant Biol 3(7):117-126

[44] Tiwari P,Joshi A,Thakur M (2018) Process standardization and storability of Calcium fortified potato chips through vacuum impregnation. J Food Sci Technol 55:3221-3331

[45] Torreggiani D,Bertolo G (2001) Osmotic pre-treatments in fruit processing: chemical,physical and structural effects. J Food Eng 49(2-3):247-253

[46] Vincent JFV (1994) Texture of plants. In: Linskens HF, Jackson JF (eds) Vegetables and vegetable products. Springer/Verlag,Berlin/Heidelberg

[47] Xie J,Zhao Y (2004) Use of vacuum impregnation to develop high quality and nutritionally fortified frozen strawberries. J Food Process Preserv 28:117-132

[48] Zhao Y,Xie J (2004) Practical application of vacuum impregnation in fruit and vegetable processing. Trends Food Sci Technol 15:434-451

17 高压处理对淀粉改性的影响研究进展

摘要 高压处理(HPP)是一种非热处理技术,广泛用于灭活食品中的某些酶和微生物,以提高食品质量和安全性。与传统技术相比,低温和温和温度下HPP可导致病原微生物腐败,使产品颜色、风味和质地发生些许改变。此外,这项技术是改变蛋白质和淀粉等食品生物聚合物的有效工具。近年来,利用非热技术对淀粉加工特性的研究越来越受到研究者的关注。由于淀粉本身的一些结构和性质限制了其在食品工业中的应用,因此需要对其进行改性。本章旨在探讨高压处理的基本原理及其对淀粉糊化的机理。本章重点研究了不同高压处理及其对不同淀粉的糊化、颗粒形态和结晶度的影响。HPP还可诱导抗性淀粉的形成,从而有助于糖尿病和某些癌症的治疗。

关键词 高压处理;淀粉糊化;颗粒形态;结晶度

17.1 引言

食品中酶和微生物的失活可以提高食品的保质期、安全性和质量。高压处理(HPP)是一种广泛使用的非热技术,它通过灭活酶和微生物来延长保质期(Porretta等,1995;Tangwongchai等,2000;Rodrigo等,2007)。与其他传统技术相比,HPP导致病原微生物腐败,从而使食品的颜色、味道和质地发生细微改变(Cheftel,1995)。多年来,这项技术已用于生产复合材料、陶瓷、碳石墨和塑料。所有这些技术的发展使HPP逐渐应用到食品行业(Melt,1998)。高压作用的基本原理包括勒夏特列原理和均衡原理。勒夏特列原理指出,任何现象如相变、分子构型变化和化学反应的改变都会使体积减小,压力增加。均衡原理指出,压力以均匀的、准瞬时的方式分布在整个样品中。大约100年前,人们对高压使微生物休眠以及对食品生物聚合物改性进行了研究。此外,高压技术是改变淀粉和蛋白质等食品生物聚合物的有效工具(Knorr等,2006)。淀粉是由直链淀粉和支链淀粉组成的生物聚合物。天然状态的淀粉颗粒是无定形和结晶部分交替存在的。淀粉被广泛用作胶体、稳定剂、增稠剂、填充剂、胶凝剂等。未改性的天然淀粉在剪切时普遍缺乏稳定性,温度、pH 和冷藏条件严重限制了其在食品工业中的应用。高压处理可引起某些改性,从而改变其物理和化学性质。本章综述了高压处理淀粉改性的研究进展。

17.2　高压处理类型

淀粉的高压处理根据应用目的不同,压力范围 200～1000 MPa。以下是 Liu 和 Zhou(2016)提出的 HPP 的三个目标。

①高压糊化,当含 30%～99% 过量水的淀粉悬浮液受到 200～800 MPa 的静压时,会产生类似于热糊化的淀粉糊化。

②高压均质,淀粉水悬浮液在 20～100 MPa 的动态压力下,空化、剪切、湍流和温升等压力诱导的现象同时发生,引起淀粉的改性。

③高压压缩,低水分淀粉/固体淀粉在 200～1100 MPa 的静压力作用下,通过改变淀粉分子的内外结构来改变其理化性质。

17.3　高压对吸水率的影响

稻谷的吸水性是淀粉糊化开始的关键。它可以通过在常压或高温或高压下浸泡来实现。水稻与热液浸泡相关的研究有很多,但对水稻高压吸水特性的研究较少。在 500 MPa 压力下对粳稻进行 20 min 的加压处理,使其含水量增加了 50% 左右,而在预浸 30 min 的情况下,含水量为 35%～40%(Huang 等,2009)。因此,高压处理导致了稻米糊化所需的快速水合作用。在压力处理的最初 40 min 内,粳稻的吸水速度很快,在后期则较慢,泰国糯稻也出现了类似的情况(Ahromrit 等,2006)。即使在室温下浸泡水稻,水稻也会在初始阶段迅速吸收水分。

有学者研究了泰国糯米在不同高温高压条件下浸泡的吸水特性(Ahromrit 等,2006)。他们发现,在高达 300 MPa 的压力下,水分含量不会受到影响,而在更高的压力下,水分含量会增加,因为水和淀粉之间的氢键在高压下会增加,从而促进水分的吸收(Douzals 等,1996)。对于 600 MPa,120 min 的 HPP 处理,在 20℃、50℃、60℃ 和 70℃ 温度下每克干物质的最大含水量为 1.7 g、3.0 g、3.2 g 和 3.3 g。

17.4　高压对淀粉糊化的影响

糊化是淀粉颗粒内分子顺序的破坏,分子顺序的破坏反过来会导致淀粉性质的不可逆变化,如颗粒膨胀、微晶熔化、黏度变化、淀粉增溶和双折射的消失(Bor 和 Robert,1991)。Knorr 等(2006)将糊化定义为在存在过量水的情况下,在称为糊化温度的特征温度下,天然晶体结构的破坏,其特征是结晶度损失和直链淀粉的溶解以及颗粒的不可逆膨胀。糊化可以通过热处理或压力处理来实现,但降解机理不同。在压力糊化中,不同淀粉在不同的糊化压力范围内糊化,糊化程度可根据压力、加压温度和处理时间的变化而变化(Bauer 和 Knorr,2005)。

17.4.1　高压诱导的糊化机制

当淀粉悬浮液在 200 MPa 压力下加热时,糊化温度低于常压加热。因此,高压有可能在室温下使淀粉糊化(Thevelein 等,1981;Muhr 和 Blanshard,1982)。在水热处理的情况下,糊化发生在 55℃ 和 80℃ 之间,这取决于水稻品种(Bhattacharya,1979)。

淀粉糊化的机理因热处理和压力处理而异。在存在过量水的情况下热糊化,发生无定形生长环水化和结晶区域的熔化;这种熔融结构通过螺旋-螺旋离解和螺旋-卷曲转变而解体,导致可溶性直链淀粉的重新结合,从而导致黏度增加和凝胶形成(Stolt 等,2000)。而在压力糊化过程中,淀粉颗粒保持完整或部分分解,因此直链淀粉的溶解性较差,导致支链淀粉比较稳定,而稳定的支链淀粉阻止了结晶区的融化。这种不完全分解是由于范德华力的稳定和有利于螺旋构象的氢键,这似乎是压力糊化淀粉从 A 型结晶转化为 B 型结晶的原因(Knorr 等,2006)。

17.4.2　压力处理全谷物的糊化

学者对高压(100~600 MPa)和温度(20~70℃)联合作用下泰国糯米淀粉糊化动力学进行了研究(Ahromrit 等,2007)。他们研究了压力对糊化的影响,发现大米浸泡 20 min 后,在压力低于 300 MPa、温度为 20℃ 和 50℃ 时,没有出现糊化现象,随压力的增加糊化度增加,糊化率随温度的升高而增大。表 17.1 显示了压力对不同淀粉糊化的影响。Boluda-Aguilar 和 Taboada-Rodríguez(2013)采用高压处理制备速煮米(QCR)。他们研究了预浸和 HPP 对大米糊化度(DG)的影响,结果表明,300 MPa 和 400 MPa 下预浸大米的糊化率分别达到 14% 和 27%,双 HPP(400

MPa/4 min 和 570 MPa/20 min)处理的大米糊化率略高,在 30%左右。而粳稻在 300 MPa 下没有发生糊化;500 MPa,50℃,20 min 处理的糊化度高达 73%(Huang 等,2009)。

表 17.1　高压对各种淀粉糊化的影响研究

原料	处理的压力范围(MPa)	温度(℃)	时间(min)	糊化度(%)	参考文献
生米(香米)	300 400 400 和 570	25 25 25	4 4 4 和 20	14 27 30	Boluda – Aguilar 和 Taboada – Rodríguez, 2013
泰国糯米	500 600	20 20	45 45	15 17	Ahromrit 等,2007
粳稻	500	50	120	73	Huang 等,2009
粳稻淀粉	200~300 400~600 300~600	20 和 40 20 和 40 50	15 15	糊化开始 33~100 47~100	Tan 等,2009
印度香米粉浆	350	22~25	15	47.8	Ahmed 等,2007
印度香米分离纯淀粉	550 650	22~25 22~25	15 15	100 100	Ahmed 等,2007
糯米淀粉,糯玉米淀粉,木薯淀粉	600	20	30	100	Oh 等,2008a,b
普通大米和普通玉米淀粉	600	20	30	部分糊化	Oh 等,2008a,b
马铃薯淀粉	600	20	30	未糊化	Oh 等,2008a,b
糯米淀粉	500	10~60	30	100	Oh 等,2008a,b
本地大麦淀粉	550	30	0	100	Stolt 等,2000
马铃薯淀粉	1000	40	66h	100	Kawai 等,2007
高粱淀粉	600	20	15	100	Vallons 和 Arendt,2009
玉米淀粉	100 140	12 17	0	12.9 26.8	Wang 等,2008
普通淀粉和糯米淀粉	600	30	30	100	Hu 等,2011
小麦、木薯和马铃薯	400 550 700	29 29 29	15 15 15	100 75 60	Bauer 和 Knorr,2005

17.4.3　压力处理分离淀粉的糊化

不含蛋白质和脂类的分离纯淀粉比天然淀粉 DG 更高,当在 650 MPa 下处理时,印度香米粉浆完全糊化,而分离淀粉在 550 MPa 下完全糊化(Ahmed 等,2007)。粳稻淀粉在 600 MPa,20℃、40℃和 50℃完全糊化(Tan 等,2009)。Oh 等(2008a,b)研究了高压对各种普通淀粉和糯米淀粉的影响,根据淀粉的压力糊化特性,他们将淀粉悬浮液分为三种类型:

①糯淀粉(如糯米、糯玉米),在高压(>400 MPa)下完全糊化。

②普通淀粉(如普通大米、普通玉米),在高压(600 MPa)下部分糊化。

③抗压淀粉(如马铃薯),不受高压(600 MPa)影响。

17.5　高压对淀粉结晶度的影响

根据 X 射线衍射图谱的特征,淀粉可分为 A 型淀粉、B 型淀粉和 C 型淀粉。A 型淀粉的例子包括普通大米、糯米、普通玉米和糯玉米。马铃薯和木薯属于 B 型和 C 型淀粉。加压淀粉的衍射图谱表明,A 型转化为 B 型,而 B 型则保持原来的图谱没有任何变化,表明具有耐压性(Stute 等,1996;Rubens 等,1999;Katopo 等,2002)。A 型晶体结构比 B 型晶体具有更大的压缩性,因此耐压(Yoshiko 等,1993)。高压处理的普通玉米、小麦、糯玉米、木薯和马铃薯天然淀粉在 X 射线衍射图中没有任何变化,表明结晶结构没有改变(Liu 等,2008),但水悬浮液中的压力处理淀粉显示其晶型结构的变化。Tian 等(2014)研究了回生过程中 HPP 处理(600 MPa/30℃/30 min)的糊化糯米和非糯米淀粉慢消化特性及其机理,发现 B 型结晶是在回生过程中形成的(Hibi 等,1990),HPP 处理降低了慢消化淀粉的完美微晶,增加了不完美微晶。高压均质木薯淀粉中未观察到结晶图谱的变化,这表明晶体结构对高压均质具有很强的抵抗力(Che 等,2007)。

Katopo 等(2002)研究了超高压处理(690 MPa/5 min 和 1 h)对淀粉(普通玉米、木薯淀粉、高直链玉米、大米和马铃薯淀粉)结晶结构转化和物理性质的影响。他们发现乙醇悬浮液中的淀粉对压力处理最稳定,有助于保持淀粉的结晶性。普通玉米和水稻淀粉经高压处理后,出现了向弱 B 型和 V 型的转化,而高直链淀粉玉米则保持了原有的图谱。

Kawai 等(2012)研究了压力处理引起的淀粉颗粒晶体结构的变化。他们发现普通玉米淀粉的 X 射线波峰很钝,表明晶体结构遭到了压力破坏,而马铃薯的

X 射线波峰很尖锐,表明没有遭到破坏。普通脱脂糯玉米和大米淀粉在 200 MPa 作用 20 min 后,晶体结构变化不大,但在 500 MPa 下作用 20 min 或 60 min 后,A 型结构遭到破坏,并趋向于向微弱的 B 型转变。但由于马铃薯淀粉为 B 型淀粉,在加压处理的任何阶段,其晶体结构均不受影响。使用正己烷研究了水在淀粉晶体结构变化中的作用,结果表明,即使在 500 MPa 处理 60 min 后,未处理样品的 A 型和 B 型结构都没有变化。这说明在高压下,淀粉的结晶结构在无水的情况下是不会改变的。小麦淀粉也出现了类似的晶体结构转变(Douzals 和 Perrier cornet,1998)。

17.6 高压对双折射的影响

当在偏振光下观察时,晶体取向非常明显,天然淀粉颗粒呈"马耳他十字"状,称为双折射。高压处理的淀粉可能由于压缩而改变其晶体结构,因此会导致双折射的变化。双折射消失是淀粉糊化的表征(Thomas 和 Atwell,1999;Oh 等,2008a,b)。600 MPa 压力处理后,普通大米、糯米、普通玉米、糯玉米和木薯淀粉的双折射消失,但马铃薯淀粉颗粒中仍观察到双折射(Oh 等,2008a,b)。这与 Stute 等(1996)和 Knorr 等(2006)的结果一致,而与 Kudta 和 Omasik(1992)观察到的结果相矛盾。糯玉米淀粉在 450 MPa 和木薯淀粉 600 MPa 的临界压力水平会导致双折射消失(Pei Ling 等,2012)。高粱淀粉在 300 MPa 以上 60℃处理时,马耳他十字的数目随压力和温度的升高而显著降低。600 MPa 或 75 ℃时、马耳他十字完全消失,表明淀粉完全糊化(Vallons 和 Arendt,2009)。与其他淀粉相比,大米淀粉在 500 MPa 下处理时表现出双折射消失(Oh,2008a,b)。

17.7 高压对淀粉颗粒形态的影响

用扫描电镜测定了淀粉的颗粒完整性。糯玉米水/淀粉悬浮液 1∶1(V/W)在 690 MPa 下加压 5 min,淀粉颗粒部分失去完整性。然而,在相同条件下,普通玉米淀粉仍保持其颗粒完整性(Katopo 等,2002)。在 500 MPa 高压处理过程中,淀粉悬浮在两种不同离子力作用的 pH 为 7 缓冲液中,发现糯米和玉米淀粉均未膨胀,但在处理过程中颗粒失去了其结构而形成凝胶,一些颗粒形成了颗粒重影(Atkin 等,1998)。大麦淀粉即使在 600 MPa 的高压处理下,也保持其粒状结构(Stolt 等,2000)。与糯米相比,糯玉米淀粉颗粒保持其原始形状,而其他淀粉颗粒膨胀并形成重影(Simonin 等,2011)。此外,经过高压处理的普通大米淀粉保持了其完整性,但糯米淀粉失去了其完整性(Hu 等,2011)。

Pei Ling 等(2012)研究了高压对糯玉米淀粉和木薯淀粉改性非晶颗粒淀粉的影响。他们发现,即使双折射完全消失,这两种淀粉仍然保持其颗粒形状,但表面由最初的光滑变得粗糙,有小裂纹,尤其是木薯淀粉。Błaszczak 等(2005)研究了高压处理马铃薯淀粉结构的变化,表明尽管马铃薯是一种抗压淀粉,但 600 MPa 长时间处理导致颗粒完整性遭到更大破坏。Vallons 和 Arendt(2009)研究了高粱淀粉的结构变化。扫描电镜照片显示天然高粱淀粉以不溶于水的颗粒形式存在,粒径 2~30 μm。在热糊化过程中,其颗粒结构发生变化。但即使将高粱淀粉置于 600 MPa(100% 糊化度)压力下,其颗粒完整性仍得以保持。表 17.2 讨论了淀粉高压处理的几项最新研究及其主要发现。

表 17.2　高压处理淀粉的最新研究

研究者	淀粉	处理条件	反应研究	主要发现
Katopo 等 (2002)	普通玉米,糯玉米,高直链淀粉玉米,木薯,马铃薯和大米淀粉	600 MPa/5 min 和 1 h	形态的改变,结晶度,糊化和黏度特性	—在 690 MPa/1 h 和 5 min 条件下处理的淀粉也有相同的结果 —淀粉悬浮液变成饼状或凝胶状 —糯玉米经高压处理后变为 C 型,木薯淀粉变为 B 型,普通玉米和大米淀粉变为 B 型和 V 型 —B 型淀粉为耐压型 —在 2∶1(V/W)水-淀粉悬浮液中处理的淀粉的 DG 高于 1∶1(V/W)悬浮液 —UHP 处理后分子量分布无变化
Hu 等 (2011)	普通大米,糯大米	600 MPa/30 ℃ 30 min	糊化行为,回生行为,形态与直链淀粉浸出	—600 MPa 完全糊化 —普通水稻处理后,回生程度更低,颗粒结构不受影响 —对于糯米,回生程度不受影响,颗粒完整性丧失 —普通大米直链淀粉的浸出较少,糯米不受影响
Bauer 和 Knorr (2005)	小麦,马铃薯,木薯	100~700 MPa/10 ~ 70 ℃ 15 min	糊化度及双折射消失	—在恒温下,糊化随压力增加而增加,反之亦然 —小麦和木薯淀粉呈 S 形糊化曲线 —马铃薯淀粉呈现出基本曲线(即耐压) —在处理的第一个小时,糊化增加很高

续表

研究者	淀粉	处理条件	反应研究	主要发现
Oh 等 (2008a,b)	普通大米,糯米	100~700 MPa/ 10~60 ℃/0~ 30 min	糊化特性,最初的表观黏度,膨胀度,双折射的消失,淀粉和直链淀粉的浸出	—糯米淀粉的初始黏度有明显改变比普通大米 —初始黏度的增加与溶胀度和糊化度相关 —普通大米的膨胀率为50%,而糯米的膨胀率为100% —初始黏度和压力之间呈S形曲线 —在 500 MPa 时双折射完全消失 —直链淀粉的浸出随压力处理而增加
Ahmed 等 (2007)	印度香米粉和分离的纯米粉	(350, 450, 550,650)MPa/ 7.5 和 15 min	压力对机械强度的影响,保温时间对黏度的影响,浓度的影响,糊化度	—随着压力的增加,糊化程度增加,焓降低 —分离淀粉在 550 MPa 下完全糊化 —米粉浆在 650 MPa 下完全糊化,这种较慢的糊化是由于其中含有蛋白质 —压力处理提高了机械强度 —随着保温时间的延长,大米凝胶的弹性增加 —低于 1∶3(面粉与水的比例)的浆液由于水分不足导致糊化不完全 —等温加热的凝胶比压力处理的凝胶具有更高的机械强度
Liu 等 (2008)	普通玉米,糯玉米、小麦、马铃薯	HPT1－740 到 880 MPa/5 min~ 2 h,HPT2－960 －1100 MPa/24 h,HPT3－1500 MPa/24 h	淀粉糊化,结构改变	—高压处理后,糊化起始温度和焓降低 —HPT1 处理和 HPT3 处理的淀粉之间存在显著差异,并且对糊化也有影响 —高压处理不会改变内部结构和 X射线衍射图谱 —淀粉颗粒的形状从光滑变为粗糙
Oh 等 (2008a,b)	普通大米,糯米,普通玉米,糯玉米,木薯,马铃薯	400 和 600 MPa/20 ℃/ 30 min	膨胀度,糊化曲线,双折射	—糯米、糯玉米和木薯完全糊化,100%膨胀 —普通大米和普通玉米出现部分糊化和50%膨胀 —马铃薯淀粉无糊化和20%膨胀 —普通大米和糯米在 400 MPa 下处理时,双折射消失 —除马铃薯外的其他淀粉在 600 MPa 下双折射消失

研究者	淀粉	处理条件	反应研究	主要发现
Tan 等（2009）	粳稻	高压处理:100~600 MPa,20~50℃/15 min 20~85℃ 热处理	膨胀指数,糊化程度,流变学	—与热糊化相比,压力和水合作用较少时发生完全糊化 —85℃时最大膨胀指数为12 g 和600 MPa 时最大溶胀指数为7 g —300~600 MPa 处理,淀粉糊化率较高 —400~600 MPa 处理 DG 增加至33%~100%,300~600 MPa 50℃时47%~100%的糊化 —600 MPa,20℃、40℃或50℃下完全糊化 —压力处理样品的糊化特性与高 G' 值的热处理样品显著不同 —黏度随溶胀指数和 DG 的增加而增加
Tian 等（2014）	糯米和非糯米	600 MPa/30 ℃/30 min	体外消化率和SDS产品的结晶性,变性淀粉凝胶的热性能,游离水分析	压力糊化大米的 SDS 百分比高于热糊化大米 —HPP 抑制大米淀粉的回生,与 SDS 百分比无关 —在回生过程中,淀粉凝胶的冰融化焓变化较高,表明其中不冻水的含量较少 —观察到完全糊化 —HP 处理减少了完美微晶,增加了不完美微晶
Simonin 等（2011）	糯米,糯玉米	溶液 pH 从 5.0 到 9.0（5.0, 5.6, 7.0, 8.4, 9.0）和在 500 MPa,盐渗透压69~333 mosmoL 下作用 30 min		—糯米的凝胶溶胀能力高于糯玉米淀粉,但 pH 值对凝胶溶胀能力没有影响 —两种淀粉都观察到渗透压的负面影响 —无论离子力和 pH 值如何,大米淀粉的糊化速度都比玉米淀粉快 —在酸性条件（pH 5）下,淀粉糊化作用增强 —在高压处理的最初 15 min 内发生糊化 —随着渗透压的增加,糊化率和糊化淀粉的最高水平降低 —增加盐的浓度会降低糊化速度 —两种淀粉的流变特性和凝胶强度均未受到影响

续表

研究者	淀粉	处理条件	反应研究	主要发现
Yoshiko 等（1993）	马铃薯,普通玉米,糯玉米,普通大米,糯米	50 ~ 500 MPa 17~23℃,20~60 min	双折射、晶体结构、酸水解、比重、含水量	—除马铃薯淀粉外,所有其他淀粉的双折射均消失,处理后晶体结构受损 —500 MPa 处理20 或 60 min,普通大米和糯米和玉米淀粉的 A 型微晶转变为 B 型 —淀粉的结晶度和水分含量越高,比重越小 —破坏淀粉颗粒的晶体结构会增加其密度
Stolt 等（2000）	大麦	400 ~ 550 MPa,30℃	流变学,微观结构,双折射消失,支链淀粉晶体熔融	—黏度随压力和保持时间增加 —当施加的压力水平较低时,结构变化最小 —当淀粉浓度从10%提高到25%时,在加压过程中形成光滑的厚浆 —10%淀粉悬浮液在 450 MPa 下暴露 30 min 和 600 MPa 下暴露 0 min 时,双折射完全消失 —将 25%的悬浮液置于 550 MPa 下,双折射消失 —25%淀粉悬浮液的热处理显示出更高的溶胀度 —高压处理后没有直链淀粉浸出
Błaszczak 等（2005）	马铃薯	600 MPa,20 ℃ 2 min 和 3 min	糊化度和微观结构	—600 MPa 的高压导致糊化温度降低,非晶构象增加,颗粒结构改变 —糊化焓也随时间降低 —大多数淀粉颗粒保持其颗粒性状 —高压影响马铃薯淀粉结构中无定形和结晶部分的丰度 —淀粉的内部比表面更容易受到压力的影响

17.8　结论

　　HPP 能有效地改变淀粉生物聚合物的理化性质。它限制了颗粒的溶胀能力,因此与经温度处理的颗粒相比,其黏度较低。HPP 可在室温甚至低于室温下产生淀粉糊化。HPP 处理产生抗性淀粉,这种淀粉与可溶性纤维具有相似的作用,对人体健康有益。

参考文献

[1] Ahmed J, Ramswamy HS, Ayad A (2007) Effect of high-pressure treatment on rheological, thermal and structural changes in Basmati rice flour slurry. J Cereal Sci 46(2):148-156

[2] Ahromrit A, Ledward D, Niranjan K (2006) High pressure induced water uptake characteristics of Thai glutinous rice. J Food Eng 72(3):225-233

[3] Ahromrit A, Ledward D, Niranjan K (2007) Kinetics of high pressure facilitated starch gelatinisation in Thai glutinous rice. J Food Eng 79(3):834-841

[4] Atkin NJ, Abeysekera RM, Robards AW (1998) The events leading to the formation of ghost remnants from the starch granule surface and the contribution of the granule surface to the gelatinization endotherm. Carbohydr Polym 36(2-3):193-204

[5] Bauer B, Knorr D (2005) The impact of pressure, temperature and treatment time on starches: pressure-induced starch gelatinisation as pressure time temperature indicator for high hydrostatic pressure processing. J Food Eng 68(3):329-334

[6] Bhattacharya KR (1979) Gelatinization temperature of rice starch and its determination. Proc Workshop Chem Aspect Rice Grain Quality 24(2):116-118

[7] Błaszczak W, Valverde S, Fornal J (2005) Effect of high pressure on the structure of potato starch. Carbohydr Polym 59(3):377-383

[8] Boluda-Aguilar M, Taboada-Rodríguez A (2013) Quick cooking rice by high hydrostatic pressure processing. LWT-Food Sci Technol 51(1):196-204

[9] Bor SL, Robert RM (1991) Parboiled rice. In: Luh BS (ed) Rice. Springer, Boston, MA

[10] Che L, Dong L, Wang L, Özkan N, Chen XD, Mao Z (2007) Effect of high-pressure homogenization on the structure of cassava starch. Int J Food Prop 10(4):911-922. https://doi.org/10.1080/10942910701223315

[11] Cheftel JC (1995) Review: High-pressure, microbial inactivation and food preservation. Food Sci Technol Int 1(2-3):75-90

[12] Douzals JP, Perrier cornet JM (1998) High-pressure gelatinization of wheat starch and properties of pressure-induced gels. J Agric Food Chem 46(12):

4824-4829

[13] Douzals JP, Marechal PA, Coquille JC, Gervais P (1996) Microscopic study of starch gelatinisation under high hydrostatic pressure. J Agric Food Chem 44(6): 1403-1408

[14] Hibi Y, Kitamura S, Kuge T (1990) Effect of lipids on the retrogradation of cooked rice. Cereal Chem 67(7-10):7-10

[15] Hu X, Xu X, Jin Z, Tian Y, Bai Y, Xie Z (2011) Retrogradation properties of rice starch gelatinized by heat and high hydrostatic pressure (HHP). J Food Eng 106(3):262-266

[16] Huang SL, Jao CL, Hsu KC (2009) Effects of hydrostatic pressure/heat combinations on water uptake and gelatinization characteristics of japonica rice grains: a kinetic study. J Food Sci 74(8):E442-E448

[17] Katopo H, Song Y, Jane JL (2002) Effect and mechanism of ultrahigh hydrostatic pressure on the structure and properties of starches. Carbohydr Polym 47(3):233-244

[18] Kawai K, Fukami K, Yamamoto K (2007) Effects of treatment pressure, holding time, and starch content on gelatinization and retrogradation properties of potato starch-water mixtures treated with high hydrostatic pressure. Carbohydr Polym 69(3):590-596

[19] Kawai K, Fukami K, Yamamoto K (2012) Effect of temperature on gelatinization and retrogradation in high hydrostatic pressure treatment of potato starch-water mixtures. Carbohydr Polym 87(1):314-321

[20] Knorr D, Heinz V, Buckow R (2006) High pressure application for food biopolymers. Biochim Biophys Acta, Proteins Proteomics 1764(3):619-631

[21] Kudta E, Omasik P (1992) The modification of starch by high pressure. Part I: air- and oven-dried potato starch. Starch-Starke 44(5):167-173

[22] Liu Y, Zhou W (2016) Functional properties and microstructure of high pressure processed starches and starch-water suspensions. In: Ahmes J, Ramswamy HS, KAsapis S, Boye JI (eds) Novel food processing: effect of rheological and functional properties. CRC Press, Boca Raton, pp 281-300

[23] Liu Y, Selomulyo VO, Zhou W (2008) Effect of high pressure on some physicochemical properties of several native starches. J Food Eng 88(1):126-136

[24] Muhr AH, Blanshard JMV (1982) Effect of hydrostatic pressure on starch gelatinisation. Carbohydr Polym 2:67-74

[25] Oh HE, Hemar Y, Anema SG, Wong M, Pinder DN (2008a) Effect of high-pressure treatment on normal rice and waxy rice starch-in-water suspensions. CarbohydrPolym 73(2):332-343

[26] Oh HE, Pinder DN, Hemar Y, Anema SG, Wong M (2008b) Effect of high-pressure treatment on various starch-in-water suspensions. Food Hydrocoll 22:150-155

[27] Pei-Ling L, Qing Z, Qun S, Xiao-song H, Ji-Hong W (2012) Effect of high hydrostatic pressure on modified noncrystalline granular starch of starches with different granular type and amylase content. LWT-Food Sci Technol 47(2):450-458

[28] Porretta S, Birzi A, Ghizzoni C, Vicini E (1995) Effects of ultra-high hydrostatic pressure treatments on the quality of tomato juice. Food Chem 52:35-41

[29] Rodrigo D, Jolie R, Loey AV, Hendrickx M (2007) Thermal and high pressure stability of tomato lipoxygenase and hydroperoxide lyase. J Food Eng 72:423-429

[30] Rubens P, Snauwaert J, Heremans K, Stute R (1999) In situ observation of pressure-induced gelation of starches studied with FTIR in the diamond anvil cell. CarbohydrPolym 39:231-235

[31] Simonin H, Guyon C, Orlowska M, de Lamballerie M (2011) Gelatinization of waxy starches under high pressure as influenced by pH and osmolarity: Gelatinization kinetics, final structure and pasting properties. LWT-Food Sci Techol 44(3):779-786

[32] Smelt JPPM (1998) Recent advances in the microbiology of high pressure processing. Trends Food Sci Technol 9(4):152-158

[33] Stolt M, Oinonen S, Autio K (2000) Effect of high pressure on the physical properties of barley starch. Innovative Food Sci Emerg Technol 1(3):67-175

[34] Stute R, Klingler RW, Eshtiaghi N, Knorr D (1996) Effects of high pressures treatment on starches. Starch 48:399-408

[35] Tan FJ, Dai WT, Hsu KC (2009) Changes in gelatinization and rheological characteristics of japonica rice starch induced by pressure/heat combinations. J Cereal Sci 49(2):285-289

[36] Tangwongchai R, Ledward D, Ames JM (2000) Effect of high-pressure

treatment on lipoxygenase activity. J Agric Food Chem 48:2896-2902

[37] Thevelein JM, Van Assche JA, Heremans K, Gerlsma SY (1981) Gelatinisation temperature of starch, as influenced by high pressure. Carbohydr Res 93 (2): 304-307

[38] Thomas DJ, Atwell WA (1999) Starch analysis methods. Starches 13-24

[39] Tian Y, Li D, Zhao J, Xu X, Jin Z (2014) Effect of high hydrostatic pressure (HHP) on slowly digestible properties of rice starches. Food Chem 152:225-229

[40] Vallons KJR, Arendt EK (2009) Effects of high pressure and temperature on the structural and rheological properties of sorghum starch. Innov Food Sci Emerg Technol 10(4):449-456

[41] Wang B, Li D, Wang L, Chiu YL, Chen XD, Mao Z (2008) Effect of high-pressure homogenization on the structure and thermal properties of maize starch. J Food Eng 87(3):436-444

[42] Yoshiko H, Matsumoto T, Hagiwara S (1993) Effect of high pressure on crystalline structure of various starch granules. Cereal Chem 70(6):671-676

18 饱和食用油反复加热后脂肪酸分布变化的测定

摘要 本研究确定了一种测定反复加热后食用油脂肪酸分布变化的方法。研究共采集了 6 个样本,包括椰子油、植物酥油和印度酥油。其中,3 个不同的样品被加热 1 次,剩下 3 个相同类型的样品分别加热 5 次。待测样品用分光光度法测定。本章进一步比较了 1 次加热和 5 次加热的饱和食用油脂肪酸组成的差异。结果表明,与一次加热的椰子油相比,椰子油经 5 次加热后,总脂肪、饱和脂肪、多不饱和脂肪酸和单不饱和脂肪酸分别减少 3.6 g、6 g、0.72 g 和 1.2 g。椰子油中的反式脂肪和胆固醇含量为 0。同样地,每种食用油反复加热后的脂肪酸分布都有变化。

关键词 食用油;饱和脂肪;脂肪酸分布;食用油加热

18.1 引言

食用油是印度家庭的重要食品组成。它是植物、动物或合成脂肪,用于油炸、烘焙和其他类型的烹饪和制备。油脂主要由脂肪酸、甘油三酯和胆固醇以及其他营养素组成。油中脂肪酸的种类决定了它的各种物理和其他化学特性。脂肪酸分为饱和脂肪酸和不饱和脂肪酸。不饱和脂肪酸的碳原子之间有一个或多个双键,而饱和脂肪酸没有双键。当油被加热到烟点时,它们的化学成分会随着油的分解而发生变化(表 18.1)。因此,根据其特性选择脂肪酸种类是很重要的。

表 18.1 食用油饱和脂肪组成的变化($n=6$)

序号	参数	椰子油		酥油		植物酥油	
		量(1次加热)	量(5次加热)	量(1次加热)	量(5次加热)	量(1次加热)	量(5次加热)
1	总脂	98.89 g	95.29 g	99.30 g	94.30 g	99.33 g	97.31 g

序号	参数	椰子油		酥油		植物酥油	
		量(1 次加热)	量(5 次加热)	量(1 次加热)	量(5 次加热)	量(1 次加热)	量(5 次加热)
2	饱和脂肪	85. 35 g	79. 35 g	60. 35 g	58. 39 g	56. 29 g	52. 29 g
3	反式脂肪	0. 0 g	0. 0 g	1. 5 g	1. 0 g	2. 30 g	2. 19 g
4	多不饱和脂肪酸	1. 5 g	0. 78 g	37. 80 g	31. 21 g	13. 78 g	12. 75 g
5	单不饱和脂肪酸	5. 30 g	4. 10 g	27. 47 g	23. 65 g	24. 66 g	25. 62 g
6	胆固醇	0. 0 mg	0. 0 mg	240 mg	180 mg	290 mg	280 mg

18.2　方法

研究对食用油样品进行了实验室测定,以比较加热后油中脂肪酸组成的变化。使用乙醇和指示溶液测定酸值和游离脂肪酸。

18.3　结果和讨论

表 18.1 显示了加热 1 次和 5 次的饱和食用油脂肪酸的分布。比较发现,加热 5 次和加热 1 次的食用油中,总脂肪、饱和脂肪、反式脂肪、多不饱和脂肪酸、单多不饱和脂肪酸和胆固醇的含量存在显著差异(图 18.1~图 18.3)。

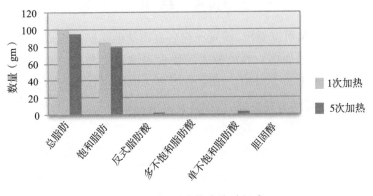

图 18.1　椰子油的脂肪酸组成

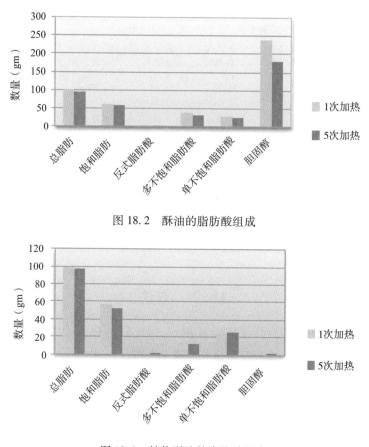

图 18.2　酥油的脂肪酸组成

图 18.3　植物酥油的脂肪酸组成

18.4　结论

从以上研究结果可以看出,反复加热后食用油的脂肪酸组成有明显的变化,因此应避免多次重复加热。养成健康的饮食习惯很重要,因为食用油是饮食的主要组成部分。大多数食谱都是用少量或更多的油烹饪的。因此,选择正确的油很重要,并以正确的方式烹饪,以保持良好的健康状况。

19　烘烤对甜玉米植物化学成分及营养价值的影响

摘要　甜玉米是世界上许多国家的主食之一。它植物营养成分很高,包括膳食纤维、维生素、抗氧化剂和适当比例的矿物质。本章旨在探讨烘烤对甜玉米中一般成分、抗氧化活性及植物化学成分含量的影响。甜玉米干粉和水提物采用烘烤和干燥法制备。通过标准程序测定样品的一般成分、植物化学成分含量和抗氧化活性。结果表明:甜玉米烘烤后水分、蛋白质、碳水化合物、脂肪、铁、钙、维生素 C 含量降低,而纤维素和灰分含量增加。甜玉米烘烤后其植物化学成分和抗氧化剂含量(鞣质、植酸、黄酮类和酚类)没有发生质的变化。

关键词　甜玉米;烘烤;一般成分;抗氧化剂;植物化学物质

19.1　引言

甜玉米是世界上许多国家的主食之一。用于人类食物的玉米品种有很多,把它们加工成玉米糖浆、玉米淀粉等食品配料(Temple,2000)。甜玉米是一种无麸质的谷类食品,可以安全地用于治疗乳糜泻。它含有大量的有益健康的重要矿物质,如锌、镁、铜、铁和锰(Bernhardt 和 Schlich,2006)。烹调方法会影响甜玉米的物理和化学变化,从而增加或减少一般成分和植物化学成分的含量,特别是抗氧化剂。过去,新鲜的甜玉米广泛地用于烘焙(Rhoads,2008)。谷物受热时会发生许多变化,蛋白质、脂肪和维生素会受到破坏,这对谷物的营养价值是有害的。很多研究表明,富含谷类食物的饮食能预防疾病,食用这种食物的人群血浆抗氧化水平较高,患癌症和心血管疾病的风险较低。烧烤会引起甜玉米发生许多变化(Sood 等,2002)。因此,本章的主要目的是测定烘烤对甜玉米的一般成分、植物化学成分含量和抗氧化活性的影响,希望这些研究结果能指导今后的烹饪实践,以尽量减少甜玉米中营养物质的降解。

19.2　材料和方法

样品的采集和制备:甜玉米来自拉贾斯坦邦农业部,64℃烘烤晒干后磨成粉末;还制备了用于植物化学测定的水提取物。

生玉米和烤甜玉米的一般成分和矿物成分:根据标准对生玉米和烤甜玉米粉的水分、灰分、粗纤维、蛋白质、碳水化合物、脂肪和钙、铁等矿物质进行了测定。

根据 AOAC(2000)中描述的方法测定甜玉米样品中的水分含量。干燥、冷却和称重,直到样品质量恒定。根据 Raghuramulu 等(2003)所述的方法估算钙和铁的含量。用 AOAC(2000)中描述的方法估算甜玉米样品中的粗纤维含量,所用试剂为氯化氢和氢氧化钠。根据 Sharma(2007)中给出的方法估算去除水分的干燥样品中的脂肪含量,所用试剂为石油醚。采用 AOAC(2000)中的凯氏定氮法测定甜玉米样品中的蛋白质含量,对样品进行了消化、蒸馏和滴定以测定蛋白质含量。碳水化合物含量用 100 减去水分、蛋白质、灰分、脂肪和粗纤维之和来计算。甜玉米中钙的含量采用 Raghuramulu 等(2003)给出的滴定法测定。铁含量的测定按照 Raghuramulu 等(2003)中描述的 Wong 法估算。

抗氧化剂和植物化学成分含量的估算:根据 AOAC(2000)中给出的方法估算甜玉米中抗坏血酸含量。为了估计维生素 C 的含量,用 2,6-二氯苯酚-吲哚苯酚溶液滴定样品。采用定性方法测定了生玉米和烤甜玉米中植物化学成分的含量。采用 Luximon-Ramma 等(2002)的方法对总黄酮进行了估算。根据 Folin 和 Denis(1915)的方法测定总多酚含量。采用 schandell(1970)方法测定甜玉米样品中的鞣酸。植酸含量用 Wheeler 和 Ferrel(1970)的方法估算。

19.3　统计分析

对数据采用描述性统计分析,采用 t 检验评估蒸煮处理(烘烤)对甜玉米各项指标的影响。烘烤玉米样品数值与新鲜甜玉米样品进行了比较。

19.4　观察和讨论

表 19.1 显示了生玉米和烤甜玉米中的一般营养成分。它表示的是样品在

烘烤过程中一般组分的损失百分比和增加百分比。烘烤后灰分和粗纤维含量增加,水分、粗脂肪、蛋白质和钙含量降低。粗纤维和蛋白质含量在生、烤甜玉米中差异不显著($P>0.05$)。其他研究也报道了相同的粗纤维和蛋白质值(Norwood,2001;Rehman 等,2001)。烘烤显著降低了水分、脂肪和碳水化合物的含量($P<0.05$)。在其他研究中也得出了相同的值(Walker 等,2013;Norwood,2001;Rehman 等,2001)。烘烤显著增加了灰分含量($P<0.05$),其他研究中也得出了相同的值(Walker 等,2013)。烘烤后甜玉米的铁、钙含量没有显著降低($P<0.05$)。在另一项研究中也发现了相同的铁和钙含量(Rehman等,2001)。

表 19.1　生甜玉米和烤甜玉米的常规成分分析(以干物质计)

成分	R\生甜玉米	BB 烤甜玉米
水分（g/100 g）	75.1±0.17	62.1±0.34 *
灰分（g/100 g）	8.96±0.5	10.16±0.11 *
粗脂肪（g/100 g）	10.3±0.17	9.9±0.17 *
粗纤维（g/100 g）	1.43±0.23	1.96±0.11 NS
蛋白质（g/100 g）	0.13±0.020	0.07±0.005 NS
碳水化合物（g/100 g）	12.99±0.15	12.03±0.15 *
铁（mg/100 g）	3.80±0.01	3.72±0.03 NS
钙（mg/100 g）	10.01±0.01	9.01±0.01 NS

　　注　取三次测量的平均值±标准差来表示 100g 样品中成分的含量。(*)表示在 $P>0.05$ 水平上差异显著,NS 不显著。

19.5　抗氧化剂和植物化学成分

　　烘烤后甜玉米维生素 C 含量无显著降低($P<0.05$),见表 19.2。另一项研究也发现了类似的结果(Sood 等,2002)。用定性方法估算了生玉米和烤玉米中抗氧化剂和植物化学成分含量(表 19.2)。结果表明,生玉米和烤甜玉米中均含有抗氧化剂(多酚和黄酮)和植物化学物质(鞣质和植酸)。

表19.2　甜玉米中抗氧化剂和植物化学成分的定性分析

抗氧化剂/植物化学成分	生甜玉米	烤甜玉米
维生素 C(mg/100 g)	5.67±0.06	4.26±0.05[NS]
多酚(mg GAE/100 g)	阳性	阳性
黄酮(mg QU/100 g)	阳性	阳性
单宁(mg/100 g)	阳性	阳性
植酸(mg/100 g)	阳性	阳性

注　NS 不显著。

19.6　结论

为了健康,人们需要最佳的营养。但由于营养过剩或失衡,人们的营养需求不符合推荐量。烘烤后,甜玉米的水分、脂肪和碳水化合物含量显著降低,而蛋白质、铁、钙、维生素 C 含量下降不显著。甜玉米烘烤后,灰分含量显著增加,粗纤维含量增加不显著。对生玉米和烤玉米植物化学成分中的植酸、鞣质和抗氧化因子酚类和黄酮类含量进行了定性分析,结束均为检出。因此,选择正确的烹饪方法和方式很重要,可以保持良好的健康状况。

参考文献

[1] AOAC (2000) Official method of analysis, 17th edn. Association of Official and Analytical Chemistry. (by Dr. William Horwitz). , Gaithersburg, MD, USA

[2] Bernhardt S, Schlich E (2006) Impact of different cooking methods on food quality: retention of lipophilic vitamins in cereals. J Food Eng 77:327-333

[3] Folin O, Denis W (1915) A colorimetric estimation of phenol and derivatives in urine. J Biol Chem 22:305-308

[4] Luximon-Ramma A, Bahorum T, Soobratee MA et al (2002) Antioxidant activities of flavonoid compounds in extract of Cassia Fistula. J Agric Food Chem 50:5042-5047

[5] Norwood CA (2001) Planting date, hybrid maturity and plant density effect on soil water depletion and yield of dry land corn. Agron J 93:1034-1042

[6] Raghuramulu N, Madhavan K, Kalyanasundara S (2003) A manual of laboratory

techniques. Indian Council Med Res, Hyderabad, India, pp 175-195

[7] Rehman A, Ihsan H, Khalil IH et al（2001）Genotypic variability for morphological traits among exotic maize hybrids. Sarhad J Agric 21(4):599-602

[8] Rhoads FM（2008）Sweet corn research in North Florida. Fla. Agri. Expt. Sta. Research Report, Quincy. Vegetable Field Day

[9] Schanderl SH（1970）Methods in food analysis. Academic Press, New York, London, p 709

[10] Sharma S（2007）Estimation of proximate chemicals composition, experiments and techniques in biochemistry. Galgotia Publication Pvt Ltd, New Delhi, pp 55-60

[11] Sood J, Gadag RN, Jha GK（2002）Genetic analysis and correlation in sweet corn（Zea mays）for quality traits, field emergence and grain yield. Indian. J Agric Sci 77(9):613-615

[12] Temple NJ（2000）Antioxidants and disease: more questions than answer. Nutr Res 20(3):449-459

[13] Walker L, Tibäck E, Svelander C, Smout C, Ahrné L, Langton M, Alminger M, Loey AV, Hendrickx M（2013）Thermal pretreatments of sweet corn using different heating techniques: effect on quality related aspects. Innovative Food Sci Emerg Technol 10(4):522-529

[14] Wheeler EL, Ferrel RE（1970）A method of phytic acid determination in wheat and wheat fractions. Cereal Chem 48:312-316

20 花园水芹籽的添加对莱杜感官和营养品质的影响

摘要 莱杜(Laddu)是一种传统的甜食,不仅深受孩子们的喜爱,而且深受各年龄段、各阶层人群的喜爱。添加花园水芹籽(*Lepidium sativum* L.)可以使其营养丰富。为此,本章开展了水芹籽莱杜(Laddu)的开发与营养评价试验。在莱杜(Laddu)中添加不同水平(5%、10%和15%)的水芹籽,并由训练有素和未受过训练的感官评价小组成员在9点享乐量表上进行试验,以观察其可接受性。对最可接受的试验组(10%添加水平)进行了营养价值分析,并与对照组进行了比较。添加10%水芹籽组总可接受性的平均得分最高(7.6)。该组含有较高比例的蛋白质(6.52%)、脂肪(27.47%)、灰分(1%)、纤维(1.17%)和能量(528.67 kcal/100 g)。钙(44.51 mg/100 g)、铁(3.53 mg/100 g)和锌(1.82 mg/100 g)的含量也有显著提高($P \geqslant 0.01$)。赖氨酸(4.31 g/100 g 蛋白质)和色氨酸(0.93 g/100 g 蛋白质)也增加了。MUFA 和 PUFA 含量也显著增加($P \geqslant 0.01$)。与对照组相比,添加水芹籽的莱杜(Laddu)富含常量和微量营养素。它有可能通过各种营养补充方案成为贫穷和营养不良儿童饮食的一部分。

关键词 莱杜,水芹,营养不良,营养方案

20.1 引言

莱杜是一种传统的甜食,不仅深受孩子们的喜爱,而且深受各年龄段、各阶层人群的喜爱。添加水芹籽(*Lepidium sativum* L.)可以使其营养丰富。水芹籽富含常量和微量营养素。水芹是一种重要的药用和营养植物。种子、叶子、根和整个植物都可药用(Jain 和 Grover,2016)。水芹籽含有大量的蛋白质(25.3 g/100 g)、铁(100 mg/100 g)和硫胺(0.59 mg/100 g)、核黄素(0.61 mg/100 g)和烟酸(14.3 mg/100 g)等其他微量营养素(Gopalan 等,2011)。这些营养素可以减少其他微量营养素缺乏引起的营养不良,如贫血(Jain 等,2017)。它提供 454 kcaL/100 g 热量和

24.5%的脂肪。它含有大量的钙(377 mg/100 g)和镁(430 mg/100 g)。籽富含必需氨基酸(赖氨酸)和脂肪酸(亚麻酸)(Jain等,2016)。这种植物的常用名是"普通水芹""花园胡椒水芹""胡椒""芥末"等(Gokavi等,2004)。由于其营养特性,它可能成为日常食品的一部分。由于它性价比高,可能是政府补充方案和供餐计划的一部分。为此,本研究开展了营养密集型水芹莱杜的培育与评价试验。

20.2　材料和方法

20.2.1　原材料的采购

全麦面粉、孟加拉克面粉、糖粉、德西酥油、水芹籽等原料均购自当地市场。籽在烤箱里150℃烘烤,直到出现一种令人愉快的水芹籽的味道。冷却后的籽置于密封塑料容器中贮藏(20℃、相对湿度60%)。

20.2.2　莱杜的制备

莱杜是在卢迪亚纳州保罗市家庭科学学院食品与营养系制备的。全麦面粉(75 g)、面粉(25 g)、糖粉(100 g)和德西酥油(60g)用于对照品的制备。将全麦面粉和面粉分别与酥油一起烘烤,直至面粉呈浅金黄色。面粉冷却后与糖混合。将混合物进一步按质量等分,并制备成小球(Pant,2011)。在水芹莱杜中分别添加5%、10%和15%的水芹籽。

20.2.3　感官评价

莱杜的感官特性由10名训练有素和10名半培训的评委组成的小组进行评估。小组成员评估了产品的不同属性,即外观、颜色、质地、风味和整体可接受性。按照指南提供样品,将它们放在相同的容器里,用不同的号码编码,同时品尝。评分采用九点享乐量表(Watts等,1989)。

20.2.4　营养分析

20.2.4.1　常规成分

常规成分用AOAC(2000)的方法分析。

20.2.4.2　总矿物质

样品在电热板上用5∶1(V/V)的硝酸和高氯酸混合物进行湿消化。消化后的样品用原子吸收分光光度法(Lindsey 和 Norwell,1969)进一步测定钙、铁和锌的含量。

20.2.5　淀粉和蛋白质的体外消化率

用 Bernfeld(1954)法测定了淀粉的体外消化率。样品淀粉用胰 α-淀粉酶消化,37℃孵育 2 h。麦芽糖的释放量以百分比表示。蛋白质体外消化率采用了 Akeson 和 Stahman(1964)方法,用胃蛋白酶和胰酶溶液 37℃下消化 1 天。氮气含量测定采用凯氏定氮法。消化系数用 100 g 样品中的初始蛋白质中减去残余蛋白质来表示。

20.2.6　体外铁

用 Rao 和 Prabhavathi(1978)方法估算体外铁含量和生物利用度百分比。

20.2.7　所选氨基酸和脂肪酸组成的估算

水解法提取含硫氨基酸。水解样品用于测定蛋氨酸(Horn 等,1946)和胱氨酸(Liddell 和 Saville,1959)含量。赖氨酸含量的估算采用 Booth(1971)修订的 Carpenter(1960),色氨酸采用 Concon(1975)估算。

样品中的油脂采用索氏提取法提取,并用气相色谱法进行分析。脂肪酸甲酯(FAME)是用 Appleqvist 法(1968)合成的,用气相色谱法(variancp3800,美国)分析。分析了饱和脂肪酸(c16:0 和 c18:0)、单不饱和脂肪酸(c18:1 和 c20:1)和多不饱和脂肪酸(c18:2 和 c18:3)。

20.2.8　抗营养成分

草酸和植酸磷含量分别用 Abeza 等(1968)及 Haug 和 Lantzsch(1983)方法测定。

20.2.9　统计分析

结果重复测定 3 次,并使用 SPSS 16.0 进行统计分析。感官评分平均值之间的差异使用 Tukey 检验。采用 t 检验分析营养价值间的差异。显著性水平 $P<0.05$。

20.3　结果和讨论

20.3.1　感官评价

感官属性得分随莱杜中水芹籽添加水平增加而下降(表20.1)。与添加组相比,小组成员更喜欢对照组莱杜。莱杜的外观和色值从极好(对照组)下降到很好(添加5%和10%水芹籽的莱杜)。添加5%和10%在统计学上不显著。不同处理间质地无显著差异。在风味方面,5%和10%水芹籽添加组的平均得分略有不同(分别为7.4和7.5)。在总体可接受度方面,对照组的平均得分最高(8.06),其次是10%(7.6)添加组和5%(7.35)添加组,不同组间差异有统计学意义。

表 20.1　莱杜的感官评价

添加水平	感官属性*				
	外观	色泽	质地	风味	总可接受度
对照	8.3[a]±0.48	8.1[a]±0.74	7.9[a]±0.74	8.0[a]±0.67	8.06[a]±0.55
5%	7.3[bc]±0.48	7.2[b]±0.63	7.5[a]±0.53	7.4[ab]±0.53	7.35[bc]±0.24
10%	7.8[ab]±0.42	7.5[ab]±0.53	7.6[a]±0.70	7.5[a]±0.52	7.6[b]±0.39
15%	6.8[c]±0.63	6.9[b]±0.57	7.4[a]±0.52	6.8[b]±0.42	6.98[c]±0.28

注　数值用平均数±标准差来表示;上标不同字母表示0.05水平上差异显著性;*9优,8极好,7很好,6良好,5好,4一般,3非常一般,2差,1很差。

15%添加水平总可接受度得分最低(6.98)。水芹籽特殊的味道可能与水芹莱杜的可接受性有关,但当添加量超过10%时,产品会有苦味。这可能是15%添加水平莱杜最不可接受的原因。Verma 等(2014)报告说,加入芝麻增强了色泽、味道和其他参数,从而提高了莱杜的整体可接受性。同样,大豆莱杜也同样可以接受(Singh 和 Singh,2009)。

20.3.2　常规成分

表20.2描述了对照组和添加组莱杜的常规成分。结果表明,添加组莱杜的水分含量(0.81%)低于对照(0.93%)。对照组莱杜的蛋白质含量为5.89%,添加组蛋白质含量(6.52%)显著高于(提高了10.57%)对照组($P \leq 0.01$)。添加组莱杜脂肪含量(27.47%)显著高于对照组(26.21%)($P \leq 0.01$)。同样的,添

加组纤维含量（1.17%）比对照组（0.64%）也有显著提高（$P \leqslant 0.01$）。对照组灰分含量为 0.80%，添加组灰分含量 1.0% 显著提高（提高了 25%）（$p \leqslant 0.05$）。对照组和添加组的有效碳水化合物含量分别为 66.45% 和 63.83%。对照和添加莱杜组能值分别为 525. 32 kcal/100 g 和 528. 67 kcal/100 g。Angel 和 Devi（2015）开发了水芹籽莱杜（5 g），其中包括米片、狼尾草、鹰嘴豆、椰糖和麦粒。50 g 的莱杜含有 376 kcal 的能量和 12.8 g 的蛋白质。结果与 Verma 等（2014）、Nailwal（2013）和 Kaur（2011）的结果中提到的值一致，他们也分别制备了含有不同面粉、甘薯粉和鹰嘴豆叶粉的莱杜。

表 20.2 莱杜的常规成分（以干物质计）

处理（莱杜）	水分（%）	蛋白（%）	脂肪（%）	纤维（%）	灰分（%）	碳水化合物（%）	能量[a]（kcal）
对照组	0.93±0.12	5.89± 0.17	26.21±0.26	0.64 ±0.04	0.80±0.10	66.45	525.32
添加组	0.81±0.07	6.52±0.13	27.47± 0.17	1.17 ±0.03	1.0 ±0.18	63.83	528.67
t 值	1.96	6.07 **	8.48 **	18.29 **	2.28 *		

注　a 能量 =（蛋白质×4）+（碳水化合物×4）+（脂肪×9）；添加组（可接受添加水平 10%）；值用平均数±标准差表示；* 5%水平显著和 ** 1% 水平显著。

20.3.3　氨基酸含量和脂肪酸组成

结果表明，添加水芹籽后，赖氨酸含量（4. 31 g/100 g 蛋白质）增加（表 20.3）。蛋氨酸（2.42 g/100 g 蛋白质）和胱氨酸（1.15 g/100 g 蛋白质）含量与对照组（2. 60 g/100 g 和 1. 20 g/100 g 蛋白质）相比降低。色氨酸含量（0.93 g/100 g 蛋白质）与对照组（0.86 g/100 g 蛋白质）相比提高了 8.14%。Kaur（2011）也报道了用鹰嘴豆叶开发的莱杜中的赖氨酸和蛋氨酸含量增加但胱氨酸含量减少的情况。

表 20.3 莱杜的氨基酸含量，单位：g/100 g 蛋白质（干物质计）

处理（莱杜）	赖氨酸	蛋氨酸	胱氨酸	色氨酸
对照组	4. 12 ±0.02	2.60 ±0.11	1.20 ±0.06	0.86 ±0.08
添加组	4.31±0.05	2.42±0.06	1.15±0.02	0.93 ±0.03
t 值	0.82	1.87	1.07	0.45

注　添加组（可接受添加水平是 10%），用平均数±标准差表示；* 5%水平显著和 ** 1% 水平显著。

结果表明，对照组棕榈酸含量 34.7%，而水芹籽添加组的棕榈酸含量为

33.17%（表20.4）。添加组硬脂酸（10.90%）和油酸（26.87%）含量略有下降（对照组11.43%和30.83%），而亚油酸则从5.00%上升到5.23%。水芹籽添加组莱杜中亚麻酸（1.13%）和二十烷酸（2.40%）含量显著高于（$P \le 0.05$）对照组（0.53%和0.90%）。

表20.4　莱杜的脂肪酸组成

处理（莱杜）	C16:0（%）	C18:0（%）	C18:1（%）	C18:2（%）	C18:3（%）	C20:1（%）
对照组	34.70±2.91	11.43±0.96	30.83±2.57	5.00±0.46	0.53±0.06	0.90±0.10
添加组	33.17±2.71	10.90±0.90	26.87±2.24	5.23±0.40	1.13±0.35	2.40±0.89
t值	1.28	1.31	2.65*	1.27	3.66*	3.64*

注　添加组（可接受添加水平是10%），用平均数±标准差表示；＊5%水平显著和＊＊1%水平显著。

20.3.4　总铁、可电离铁百分比和铁生物利用度百分比、钙和锌含量

对照组和添加组莱杜的铁含量分别为2.43和3.53 mg/100 g，显著增加了45.21%（$P \le 0.01$）（表20.5）。添加莱杜的试验组可电离铁百分比（14.99%）和铁的生物利用度（7.30%）略高于对照组（分别为14.4%和7.26%）。研究发现，随着可电离铁和铁生物利用度百分比的增加，加入鹰嘴豆叶粉的莱杜中的铁含量增加（Kaur，2011）。

表20.5　莱杜中总铁、可电离铁百分比和铁生物利用度百分比（干物质计）

处理（莱杜）	铁（mg/100 g）	可电离铁（%）	铁生物利用度（%）
对照组	2.43 ±0.21	14.4	7.26
添加组	3.53 ±0.33	14.49	7.30
t值	5.89＊＊		

注　添加组（可接受添加水平是10%），值用平均数±标准差表示；＊5%水平显著和＊＊1%水平显著。

Kaur（2011）及 Angel 和 Devi（2015）报告了添加水芹籽的莱杜的铁含量（10%添加水平）为20 g，铁生物利用度为4%。对照组和添加组的钙含量分别为31.35 mg/100 g 和44.51 mg/100 g，钙含量显著增加了45.21%（$P \le 0.01$）（表20.6）。对照组和添加组莱杜锌含量分别为（1.11±0.01）mg/100 g 和（1.82±0.02）mg/100 g。添加水芹籽后，钙、锌含量显著增加。

表 20.6　莱杜中钙和锌含量(干物质计)

处理(莱杜)	钙(mg/100 g)	锌(mg/100 g)
对照组	31.35±0.01	1.11±0.01
添加组	44.51±0.55	1.82 ±0.02
t 值	48.82**	6.41**

注　添加组(可接受添加水平是10%),用平均数±标准差表示;*5%水平显著和**1%水平显著。

20.3.5　淀粉和蛋白质的体外消化率

莱杜的淀粉体外消化率为 82.46,但添加组莱杜的淀粉体外消化率(80.71%)显著下降($P \leqslant 0.01$)(表 20.7)。同样,添加组蛋白质体外消化率(77.07%)也比对照组(78.57%)显著下降($P \leqslant 0.01$)。但其他研究报告了使用鹰嘴豆面粉(Kaur,2014)和马铃薯、大豆和玉米粉(Gahlawat 和 Sehgal,1998)开发的莱杜的体外蛋白质消化率显著增加,这可能是由于马铃薯、大豆和玉米的纤维含量减少,从而增加了产品的消化率。由于水芹籽纤维含量高,蛋白质、淀粉等常量营养物质的体外消化率降低。

表 20.7　莱杜的体外消化率(干物质计)

处理(莱杜)	淀粉体外消化率(%)	蛋白质体外消化率(%)
对照组	82.46±0.50	78.57±0.55
添加组	81.71±0.65	77.07±0.21
t 值	4.54**	5.38**

注　添加组(可接受添加水平是10%),值用平均数±标准差表示;*5%水平显著和**1%水平显著。

20.3.6　抗营养成分(草酸盐、植酸磷)

莱杜中的草酸盐、植酸磷等抗营养成分含量如表 20.8 所示。结果表明,添加组中的抗营养成分增加了。籽中含有大量的草酸盐和植酸,这是食品产品中抗营养物质增加的主要原因。对照组莱杜的草酸盐含量为 3.81 mg/100 g,而添加了水芹籽的莱杜草酸盐含量显著提高到 4.21 mg/100 g。与对照组(102.75 mg/100 g)相比,添加组植酸磷含量显著增加到 104.55 mg/100 g($P \leqslant 0.01$)。Nailwal(2013)和 Kaur(2011)使用甘薯粉和鹰嘴豆叶粉开发的莱杜也得出了类似的结果。

表 20.8　莱杜的抗营养成分(干物质计)

处理(莱杜)	草酸盐(mg/100g)	植酸磷(mg/100g)
对照组	3.81±0.33	102.75±1.84
添加组	4.21±0.55	104.55±1.99
t 值	1.15	5.04**

注　添加组(可接受添加水平是10%),用平均数±标准差表示;*5%水平显著和**1%水平显著。

可以推测,莱杜中草酸盐和植酸磷含量的增加可能是由于添加了含有足够数量的这些抗营养成分的水芹籽,即使添加比例很低。

20.4　结论

结果表明,添加了水芹籽的莱杜富含能量、蛋白质、脂肪、矿物质(尤其是铁、钙和锌)、氨基酸和脂肪酸。由于抗营养成分含量的增加,淀粉和蛋白质的体外消化率降低。可以通过进一步的试验来减少抗营养成分含量以提高消化率。通过各种补充喂养方案,水芹莱杜有可能成为贫困和营养不良儿童饮食的一部分。

参考文献

[1] Abeza RH, Black JT, Fisher EJ (1968) Oxalates determination analytical problems encountered with certain plant species. J Assoc Off Anal Chem 51:853

[2] Akeson WR, Stahman MA (1964) A pepsin pancreatin digest index of protein quality evaluation. J Nutr 83:257–261

[3] Angel M, Devi KPV (2015) Therapeutic impact of garden cress seeds incorporated ladoo among the selected anaemic adolescent girls (12–15 years). J Drug Discov Ther 3:18–22

[4] AOAC (2000) Official methods of analysis, 13th edn. Association of Official Analytical Chemists, Washington, DC

[5] Appleqvist LA (1968) Rapid methods of lipid extraction and fatty acid ester preparation for seed and leaf tissue with special remarks on preventing the accumulation of lipid contaminants. Ark Kenci 28:351–370

[6] Bernfeld F (1954) Amylases £ and β, methodology of enzymology. I. Academic

Press, New York, p 149

[7] Booth VH (1971) Problems in the determination of FNDB: available lysine. J Sci Food Agric 22:658

[8] Carpenter KJ (1960) The estimation of available lysine in animal protein foods. Biochem J 77:604-610

[9] Concon JM (1975) Rapid and simple method for the determination of tryptophan in cereal grains. Anal Biochem 67:206

[10] Gahlawat P, Sehgal S (1998) Protein and starch digestibilities and mineral availability of products developed from potato, soy and corn flour. Plant Foods Hum Nutr 52(2):151-160

[11] Gokavi SS, Malleshi NG, Guo M (2004) Chemical composition of garden cress (Lepidium sativum) seeds and its fractions and use of bran as a functional ingredient. Plant Foods Hum Nutr 59:105-111

[12] Gopalan C, Sastri BVR, Balasubramanian SC, Rao BSN, Deosthale YG, Pant KC (2011) Food composition tables. In: Gopalan C (ed) Nutritive value of Indian foods. National Institute of Nutrition, Indian Council of Medical Research, Hyderabad, India, pp 47-58

[13] Haug W, Lantzsch HT (1983) Sensitive method for rapid determination of phytate in cereal and cereal. J Sci Food Agric 34:1423

[14] Horn MJ, Jones DB, Blum AE (1946) Colorimetric determination of methionine in proteins and foods. J Biol Chem 166:313-320

[15] Jain T, Grover K (2016) A comprehensive review on the nutritional and nutraceuticals aspects of garden cress (Lepidium sativum Linn). Proc Nat Acad Sci, India Sec B: Biol Sci 88(2). https://doi.org/10.1007/s40011-016-0775-2

[16] Jain T, Grover K, Gill NK (2017) Impact of garden cress supplemented biscuits on nutritional profile of malnourished and anemic school children (seven-nine years). Nutr Food Sci 47:553-566

[17] Jain T, Grover K, Kaur G (2016) Effect of processing on nutrients and fatty acid composition of garden cress (Lepidium sativum) seeds. Food Chem 213:806-812

[18] Kaur G (2011) Development of food supplements to combat deficiency of vitamin A and Iron. Dissertation, Punjab Agricultural University, Ludhiana, India

[19] Kaur G (2014) Diet Cal: a tool for dietary assessment and planning. Profound

Tech Solutions, AIIMS, New Delhi, India

[20] Liddell HP, Saville B (1959) Colorimetric determination of cysteine. Analyst 84:188-190

[21] Lindsey WL, Norwell MA (1969) A new DPTA-TEA soil test for zinc and iron. Agron Abstr 61:84

[22] Nailwal N (2013) Organoleptic and nutritional evaluation of antioxidant rich products of sweet potato (Ipomoea batatas). Dissertation, Punjab Agricultural University, Ludhiana

[23] Pant R (2011) Development and nutritional evaluation of value added cereal pulse based products using drumstick leaves (Moringa oleifera). Dissertation, Punjab Agricultural University, Ludhiana, India

[24] Rao BSN, Prabhavathi T (1978) An in vitro method for predicting the bioavailability of iron from foods. Am J Clin Nutr 31:169-175

[25] Singh G, Singh P (2009) Preparation of soy blended product and their organoleptic evaluation. Shodh Sameekshaaurmoolyankan 2:808-810

[26] Verma A, Neeru B, Shukla M, Sheikh S (2014) Preparation of low cost snacks by incorporation of developed flour mixtures. Int Res J Pharm App Sci 4:61-63

[27] Watts BM, Ylimaki GL, Jeffery LE, Elias LG (1989) Basic sensory methods for food evaluation.

[28] IDRC-277e The International Development research Centre, Ottawa, Canada

21 使用超临界 CO_2 萃取技术对凤尾菇生物活性成分的筛选

摘要 侧耳属(Pleurotus. spp)中已开发出可用于研制新的救命药的未开发代谢物。使用合适的技术筛选、提取和生产生物活性化合物仍然是一个挑战。用于提取营养化合物/成分的各种新技术,即超声波和微波辅助、超临界流体和加速溶剂法,已发展成为缩短提取时间、最大限度地减少溶剂的使用、提高提取率以及提高现有化合物的特性和数量的新技术。本章试图比较了从凤尾菇子实体中提取重要生物活性化合物的超临界 CO_2 萃取技术和传统萃取方法。使用GC-MS 检测凤尾菇子实提取物的产量及其化学成分。尽管超临界萃取获得的产量(0.8%)比甲醇萃取(1.86%)少,但鉴定出的化合物数量多于甲醇萃取。主要的化合物为脂肪酸酯、脂肪酸、麦角甾醇、萜类(三萜和二萜)、醇和植物醇。本章表明,用超临界方法获得的提取物虽然产率较低,但所产生的有机化合物数量比用常规提取方法多,并且可以成功地用于医药领域。

关键词 生物活性化合物;蘑菇;营养食品;侧耳属;超临界萃取

21.1 引言

蘑菇由于其独特的风味和众多的治疗特性,数百年来被用作食品和药物。体内外实验已经确定和证实它们可作为营养药物和保健食品(Prasad 等,2015)。蘑菇作为蔬菜和营养食品(胶囊、配方、浓缩提取物/粉末和膳食补充剂等)的消费量日益增加,其领先品牌在全世界的发展速度也在加快(Rathore 等,2017)。在最可接受的蘑菇种类中,侧耳属(*Pleurotus spp.*)是栽培量居第二的蘑菇种类,其富含优质蛋白质、必需氨基酸、膳食纤维、B 族维生素、钾、铁和硒等重要矿物质(Correa 等,2016)。据报道,其子实体具有治疗作用(Prasad 等,2018),如抗菌(Schillaci 等,2013)、抗病毒(Fakharany 等,2010)、抗糖尿病(Ng 等,2015)、抗氧化(Li 等, 2017)、抗高胆固醇血症 (Anandhi 等,2013)、抗癌和抗肿瘤

（Deepalakshmi 和 Mirunalini,2013）。这是由于存在各种次级代谢物和生物活性
化合物。但这些活性化合物含量通常很少,因此,此类生物活性分子的提取仍然
是制药公司面临的挑战。到目前为止,许多具有成本效益的提取技术(如使用甲
醇和乙醇溶剂)被用于在较短时间内提取高产粗提物(Askin 等,2007),而这些技
术对人类健康和环境都有害(Prasad 等,2017)。超临界二氧化碳(SC-CO₂)是一
种利用有机溶剂(即 CO₂)进行萃取的强大萃取技术。该技术已广泛用于提取精
油(Kamali 等,2015)和制作果泥、果汁等(Rawson 等,2012)。在我们之前的研究
中,我们曾尝试从药用蘑菇香菇中提取浓缩物(Prasad 等,2017),与甲醇萃取相
比,所获得的提取物质量更优、效率更高。综上所述,本研究旨在提取凤尾菇提
取物,并与传统方法提取的凤尾菇提取物的产量进行比较。

21.1.1　凤尾菇菌种的制备和培养

　　培养的凤尾菇来自索兰蘑菇研究理事会(DMR)。培养物常规置于马铃薯葡
萄糖琼脂(PDA)斜面上,将这种真菌接种到小麦粒中作为菌种使用。菌种在
25℃下培养,直到基质完全定植。培养技术遵循 Gothwal 等(2012)的规定。

21.1.2　凤尾菇中生物分子的提取

　　超临界 CO₂ 萃取(SCE):SCE 按照 Prasad 等(2017)的方法进行。萃取技术
采用超临界流体萃取装置(美国塔尔技术公司),使用隔膜压缩机将 CO₂ 压缩至
所需压力。使用加热套加热浸提器,同时使用恒温器控制压力(±1℃)。压力由
背压调节器控制。将凤尾菇粉(120 g)放入一个用玻璃棉盖住的 400 mL 容器
中,并以 40 g/min 的流速,在 50℃,30 MPa 的压力下用 CO₂ 萃取进行萃取。萃取
物汇集在黏附于减压阀上的置于 0℃ 的旋转冷冻槽中的附加容器里。收集的粗
提取物储存在冰箱(4℃)中,以供进一步研究。

　　溶剂萃取:溶质使用索氏仪器进行萃取,并按照 AOAC(2005)的 920.39℃ 方
法进行。在索氏仪器中加入 150 ml 甲醇溶剂和 5 g 干燥样品,在沸腾温度下萃
取 6 h。所得溶剂在旋转蒸发器中减压蒸发以获得粗提物。获得的提取物储存
密封琥珀色玻璃瓶中并置于 4℃ 保存。

21.1.3　GC-MS 分析

　　超临界 CO₂ 流体萃取和溶剂萃取采用配备可编程顶空自动调节取样器和自
动进样器的日本岛津的 GCMS-QP2010 Plus 进行分析。使用的毛细管柱为 DB-

1/RTX-MS(30 m),以氦气为气体载体,流速为 3 mL/min,进样量为 1 μL。通过将其保留时间和质量与气相色谱法获得的标准样品的保留时间和质量相关联,以及与来自威利图书馆的质谱和国家标准与技术研究所(NIST)数据库中的质谱相关联,对组成化合物进行鉴定。

21.1.4　统计分析

所得数据使用 SPSS　17 分析其平均值和标准差。

21.2　结果和讨论

超临界萃取和溶剂萃取获得的蘑菇提取物的产率

图 21.1 显示了两种技术所得的凤尾菇提取物的产量。超临界萃取得到的产率(0.8%)低于甲醇萃取(1.86%)。结果表明,萃取物的量与溶解度有关,使用有机溶剂的传统方法的产率较高,可能是由于溶剂-溶质相互作用,从而提高了样品中成分的溶解性。我们的结果与 Rodríguez-Solana 等(2014)和 Prasad 等(2017)的研究结果一致。索氏提取的产率比超临界流体萃取更高。然而,Ozcan 和 Ozcan(2004)得出结论,使用两种技术(索氏和 SCF)获得的植物提取物质量相似,但他们指出,超临界二氧化碳萃取的碳氢化合物回收率更高,即 0.6 mg/g。尽管本研究采用 SCE 获得的产率较低,但可以通过与溶剂组合使用(如 5%或10%甲醇)来克服(Prasad 等,2017)。结果表明,尽管没有实现高产率,但超临界萃取方法在获得大量的化合物/分子方面具有优势。有效成分分子量、浓度(%)、分子式、分子结构和保留时间如表 21.1 所示。SCE 中检测到的具有治疗作用的主要生物活性化合物[以峰面积(%)表示]为亚油酸(19.23%)、棕榈酸(15.20%)和麦角甾醇(16.23%)。亚油酸具有巨大的治疗作用,研究表明,膳食中添加亚油酸可以降低冠心病(Farvid 等,2014)、乳腺癌(Zhou 等,2016)和糖尿病(Henderson 等,2018)的风险。类似地,棕榈酸也被认为具有重要的健康治疗特性,如对糖尿病、心血管疾病和各类癌症的控制(Mancini 等,2015)。凤尾菇中提取的挥发性不饱和烃中的萜类化合物被报道具有抗炎活性,制药公司广泛用其开发具有抗疟、抗胆碱酯酶、抗病毒、抗菌和抗炎作用的药物(Rathore 等,2017)。

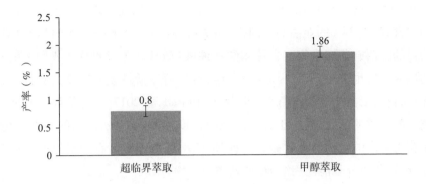

图 21.1　不同技术所得提取物的得率

表 21.1　用常规方法(甲醇)和超临界流体萃取(SCE)获得的
凤尾菇提取物的相对成分分布(%峰面积)

序号	成分名称	分子式	保留时间	SCE 提取物的峰面积(%)	甲醇提取物的峰面积(%)	分子量	治疗特性
1	正十六酸(棕榈酸)	$C_{16}H_{32}O_2$	16.578	15.20	1.72	256.42	抗炎
2	E,Z-1,3,12 十三烯(亚油酸)	$C_{18}H_{32}O_2$	22.667	19.23	18.53	280.44	镇痛,抗炎
3	9-十八烯酸,1,2,3-丙三酯(E,E,E)	$C_{57}H_{104}O_6$	20.872	8.63	8.03	282.46	抗炎和抗肿瘤作用
4	麦角甾醇-5,7,22-三醇(3.β,22E)-(麦角甾醇)	$C_{28}H_{44}O$	29.737	16.12	13.18	438.68	维生素 D 合成前体
5	1-(1,5-二甲基-4-己烯基)-4-甲苯(2-庚烷)	C_7H_{14}	10.924	5.29	—	98.19	免疫调节作用
6	9-十八烯-1-醇,(Z)(油醇)	$C_{18}H_{36}O$	18.470	4.20	—	—	—
7	β-没药烯	$C_{15}H_{24}$	11.261	3.65	—	204.35	抗癌的毒性效应
8	β-倍半水芹烯(萜类)	$C_{15}H_{24}$	2.43	5.46	—	204	抗炎特性
9	9,12 十八碳二烯酸正丙酯(亚油酸丙酯)	$C_{21}H_{38}O_2$	18.274	3.29	—	322.5	—
10	γ-麦角甾醇	$C_{28}H_{48}O$	31.357	1.87	—	400	—

Mazzutti 等(2012)也对蘑菇进行了超临界萃取,采用 SCE+5%乙醇萃取的提取物中含有 44.24%的亚油酸。同样,40 MPa 和 243.15 K 下采用超临界 CO_2 萃取获得的巴西蘑菇提取物富含棕榈酸和油酸(Coelho 等,2009)。我们之前对香菇的研究数据也表明,SCE 提取物具有丰富的治疗活性成分以及具有抗氧化剂的优点,包括酚类物质和自由基清除作用(Prasad 等,2017)。超临界 CO_2 密度远大于一般气体的密度,略小于有机溶液的密度,可轻易穿透样品的内部结构,有助于获得更多的生物活性化合物。此外,CO_2 低临界温度有利于提取热性和水解成分,这些成分不能使用溶剂(如萜类化合物)萃取。

此外,凤尾菇含有大量麦角甾醇(表 21.1),麦角甾醇是维生素 D 转化的前体。据报道,当暴露于紫外线下时,麦角甾醇通过光化学反应开始转化为维生素 D_2(Rathore 等,2017)。Shu 和 Lin(2011)也报道了从真菌中分离的麦角甾醇具有药理活性、抗氧化能力和抗肿瘤活性。结果表明,传统提取工艺提取功能性化合物的能力较低。

21.3 结论

本研究结果表明,超临界流体萃取技术比索氏提取技术更适合于药用凤尾菇的全部化学成分的表征,有更多的治疗上稳定的生物活性化合物,如萜类化合物、麦角甾醇和必需脂肪酸。SCE 是一种获得重要生物活性化合物的有益技术,有助于开发各种新型营养药物。这将壮大现有的方便功能食品生产部门,并造福于人类。

参考文献

[1] Anandhi R, Annadurai T, Anitha TS, Arumugam R, Najmunnisha K, Nachiappan V, Philip AT, Geraldine P (2013) Antihypercholesterolemic and antioxidative effects of an extract of the oyster mushroom, Pleurotusostreatus, and its major constituent, chrysin, in Triton WR - 1339 - induced hypercholesterolemic rats. J Physiol Biochem 69(2):313

[2] AOAC (2005) Official method of analysis, method 954.02, fat (crude) or ether extract in pet food, 18th edn. AOAC International, Gaithersburg, MD

[3] Askin R, Sasaki M, Goto M (2007) Sub and supercritical fluid extraction of

bioactive compounds from ganoderma lucidum. Proc of Int Symposium on Eco Topia Science. 574-57

[4] Coelho JP, Casquinha L, Velez A, Karmali A (2009) Supercritical CO_2 extraction of secondary metabolites from Agaricusblazei: experiments and modelling. Alicerces 2:7-15

[5] Correa RCG, Brugnari T, Bracht A, Peralta RM, Ferreira ICFR (2016) Biotechnological, nutritional and therapeutic uses of Pleurotus spp. (Oyster mushroom) related with its chemical composition: a review on the past decade findings. Trends Food Sci Technol 50:103-117

[6] Fakharany EM, Haroun BM, Ng TB (2010) Oyster mushroom laccase inhibits hepatitis C virus entry into peripheral blood cells and hepatoma cells. Protein Pept Lett 17(8):1031-1039

[7] Farvid MS, Ding M, Pan A, Sun Q, Chiuve SE, Steffen LM, Willett WC, Hu FB (2014) Dietary linoleic acid and risk of coronary heart disease: a systematic review and meta-analysis of prospective cohort studies. Circulation 130:1568-1578

[8] Gothwal R, Gupta A, Kumar A, Sharma S, Alappat BJ (2012) Feasibility of dairy waste water (DWW) and distillery spent wash (DSW) effluents in increasing the yield potential of Pleurotus flabellatus (PF 1832) and Pleurotus sajor-caju (PS 1610) on bagasse. 3 Biotech 2(3):249-257

[9] Henderson G, Crofts C, Schofield G (2018) Linoleic acid and diabetes prevention. Lancet Diabetes Endocrinol 6:12-13

[10] Kamali H, Aminimoghadamfarouj N, Golmakani E, Nematollahi A (2015) The optimization of essential oils supercritical CO_2 extraction from Lavandula hybrida through static-dynamic steps procedure and semi-continuous technique using response surface method. Pharm Res7(1):57-65

[11] Li H, Zhang Z, Li M, Li X, Sun Z (2017) Yield, size, nutritional value, and antioxidant activity of oyster mushrooms grown on perilla stalks. Saudi J Biol Sci 24(2):347-354

[12] Mancini A, Imperlini E, Nigro E, Montagnese C, Daniele A, Orrù S, Buono P (2015) Biological and nutritional properties of palm oil and palmitic acid: effects on health. Molecules 20:17339-17361

[13] Mazzutti S, Ferreira SRS, Riehl CAS, Smania A, Smania FA, Martinez J (2012)

Supercritical fluid extraction of Agaricus brasiliensis: antioxidant and antimicrobial activities. J Supercrit Fluids 70:48-56

[14] Mirunalini S, Deepalakshmi K (2013) Modulatory effect of Ganoderma lucidum on expression of xenobiotic enzymes, oxidant-antioxidant and hormonal status in 7, 12 - dimethylbenz (a) anthracene - induced mammary carcinoma in rats. Pharmacognosy Magazine 9(34):167

[15] Ng SH, Robert SD, Zakaria F, Ishak WRW, Ahmad WAN (2015) Hypoglycemic and antidiabetic effect of Pleurotus sajor-caju aqueous extract in normal and Streptozotocin-induced diabetic rats. Biomed Res Int 2015:214918

[16] Ozcan A, Ozcan AS (2004) Comparison of supercritical fluid and Soxhlet extractions for the quantification of hydrocarbons from Euphorbia macroclada. Talanta 64(2):491-495

[17] Prasad S, Rathore H, Sharma S, Yadav AS (2015) Medicinal mushrooms as a source of novel functional food. Int J Food Sci Nutr Diet 04(5):221-225

[18] Prasad S, Rathore H, Sharma S (2017) Studies on effects of supercritical CO_2 extraction on yield and antioxidant activity of L. edodes extract. Res J Pharm, Biol Chem Sci 8(4):1144-1154

[19] Prasad S, Rathore H, Sharma S, Tiwari G (2018) Yield and proximate composition of Pleurotus florida cultivated on wheat straw supplemented with perennial grasses. Indian J Agric Sci 88(1):91-94

[20] Rathore H, Prasad S, Sharma S (2017) Mushroom nutraceuticals for improved nutrition and Better human health: a review. Pharma Nutr 5:35-46

[21] Rawson A, Tiwari BK, Brunton N, Brennan C, Cullen PJ, O'Donnell CP (2012) Application of supercritical carbon dioxide to fruit and vegetables: extraction, processing, and preservation. Food Rev Int 28(3):253-276

[22] Rodríguez-Solana R, Salgado JM, Domínguez JM, Cortés-Diéguez S (2014) Comparison of soxhlet, accelerated solvent and supercritical fluid extraction techniques for volatile (GC-MS and GC/FID) and phenolic compounds (HPLC-ESI/MS/MS) from Lamiaceae Species. Phytochem Anal 26:61-71

[23] Schillaci D, Arizza V, Gargano ML, Venturella G (2013) Antibacterial activity of Mediterranean Oyster mushrooms, species of genus Pleurotus (higher Basidiomycetes). Int J Med Mushrooms 15(6):591-594

［24］Shu CH,Lin KJ（2011）Effects of aeration rate on the production of ergosterol and blazeispirol A by Agaricusblazei in batch cultures. Journal of the Taiwan Institute of Chemical Engineers 42(2):212-216

［25］Zhou Y,Wang T,Zhai S,Li W,Meng Q（2016）Linoleic acid and breast cancer risk:a meta-analysis. Public Health Nutr 19:1457-1463

22 苹果片渗透脱水工艺参数的优化

摘要 采用干糖法对苹果片进行渗透脱水,同时使用各种添加剂来增强风味,连续 3 天检查白利度。3 天后,在柜式干燥机中对渗透预处理的苹果片在 60℃下进一步脱水,并进行感官评分来分析口感、风味、颜色和总可接受度。

关键词 渗透脱水;苹果;保存;渗透作用;干燥

22.1 引言

水果是健康可口的食品,可作为零食或配料,一般新鲜食用或加工后食用。苹果可作为新鲜水果食用,也可作为甜点、冰淇淋和布丁食用。苹果冷藏保质期为6~8 周。但室温下,由于酶的作用,苹果会很快成熟,因此室温下可保存 1~2 周。

干果保质期长,可用于不同的产品中。不同的干燥技术提高了干燥产品的质量。技术挑战是主要困难,因为极低水分含量的稳定产品,并不是简单地对食品原料的最小改变来获得的。渗透脱水作为提高干燥食品质量的有效和可能的替代方法,正在得到广泛认可。渗透脱水是将产品浸入高渗(渗透)溶液中,去除产品中部分水分的过程。渗透脱水是基于渗透现象。水从组织扩散到溶液中的驱动力是高渗溶液的高渗透压。本章的目的是优化苹果片渗透脱水的工艺参数,将糖与各种添加剂(如蜂蜜、柠檬汁、盐等)结合使用,以提高最终产品的整体质量。研究使用各种渗透剂组合,连续 3 天检测并维持白利度。3 天后,渗透预处理的苹果片在 60℃的柜式干燥机中进一步脱水,并根据五点享乐测试分析收缩率、质地、风味、颜色和整体可接受度。

22.1.1 文献综述

Bahadur Singh 等(2007)通过响应面法(RSM)优化渗透脱水工艺,获得最大的失水率、复水率、颜色保持率、感官评分和最小溶质。据观察,在白利度为 45~55°Brix、温度为 35~55℃、处理时间为 120~240 min 的蔗糖水溶液中对胡萝卜块进行渗透脱水,RSE 对优化上述参数非常有效。结论是,通过数值优化,最优参数是白利度为 52.5°Brix,温度为 49℃,持续时间为 150 min。

Nikolaos E. Mavroudis 等(1998)研究了搅拌和结构属性对渗透脱水的影响。在装有 20℃、50% 蔗糖溶液作为渗透介质的搅拌槽中进行渗透脱水。搅拌雷诺数用于搅拌定量。将样品分为内部和外部苹果薄壁组织,内部组织的细胞间隙互连性和长宽比高于外部组织。结构分化对过程反应有强烈的影响。苹果薄壁组织的内部固体增重(kg/kg i. m.)高于外部,且与搅拌水平无关。在相同雷诺数下,苹果薄壁组织内部的水分损失(kg/kg i. m.)低于外部。紊流区的失水率比层流区高。本研究对外部质量条件进行了研究。

Apoorva Behari—Lal 等(2012)认为,渗透风干苹果可以通过将切片置于最佳渗透浓度中干燥制得。在本研究中,他们在 65.16℃、3. 16 的干燥时间和 1. 5 m/s 的风速下对渗透切片进行了处理。该工艺可以获得货架稳定的产品。产品是可接受的,具有良好的感官、质地属性和复水率。这是一个非常经济和节能的过程,在农村和农场层面都可以使用。Yadav 和 Singh(2014)总结了不同的方法、处理、优化和渗透脱水的效果,得出渗透脱水是延长保质期的最佳方法,其对维生素、颜色、矿物质和味道的保留特性优于其他方法。他们还得出结论,除了蔗糖之外,渗透剂组合更好,因为它增加了所添加溶质的性质。Chavan 和 Amarowicz (2012)评估了蔬菜和水果渗透脱水过程中的方法和优势。渗透脱水是一个简单的过程,能量消耗较少,可用于增强香蕉、人心果、无花果、菠萝、番石榴、苹果、芒果、葡萄、胡萝卜、南瓜等水果的感官特性。它在加工行业中对保持食品质量和食品卫生可能有好处。

22.1.2　材料

苹果和柠檬是从东德里瓦松达拉飞地当地市场购买的。蜂蜜、糖和盐购自瓦松达拉飞地的居民杂货店。

22.1.3　方法

苹果用流水清洗,手动去核,切成 8. 0 ~ 10. 0 mm 厚的薄片。在渗透浓度方面,已知质量的苹果片和糖与不同添加剂以 1∶1 的比例交替放置。

对于样品 1,用 195 g 的糖喷洒 195 g 苹果片,即每层以 1∶1 的比例喷洒;从两个柠檬提取的 22 mL 柠檬汁作为添加剂加入。对于样品 2199 g 苹果片用 199 g 的糖喷洒,即每层以 1∶1 的比例喷洒;添加 180 g 蜂蜜作为添加剂。对于样品

3212 g 苹果片喷上 212 g 糖,即每层比例为 1∶1;添加 20 g 盐作为添加剂。对于样品 4192 g 苹果片喷上 192 g 糖,即每层比例为 1∶1;添加 5% 的柠檬酸,即 20 mL 蒸馏水含柠檬酸 1 g,作为添加剂加入(表 22.1)。

表 22.1　样品中使用的不同添加剂

序号	样品名称	样品质量	添加剂	渗透溶液比例
01	样品 1	195	柠檬汁	1∶1
02	样品 2	199	蜂蜜	1∶1
03	样品 3	212	盐	1∶1
04	样品 4	192	柠檬酸	1∶1

所有准备好的样品都用铝箔包裹并贴上标签。将这些容器放在一个盛满水的托盘中,以防止蚂蚁和其他昆虫进入。容器置于室温(31~33℃)。连续 3 天,每天定期检查和控制白利度。第 3 天,将苹果片从容器中取出,沥干半小时以去掉糖浆。将苹果片铺在塑料板上,贴上标签,然后置于实验室柜式托盘干燥机中。干燥机的温度设置为 60℃,干燥 4 h。然后从干燥机中取出苹果片,常温下放置 1 h。随后进行包装并贴上相应的标签。由 20 名专家以五点享乐量表进行感官评估(表 22.2~表 22.4)。

表 22.2　第 1 天的白利度

序号	样品名称	添加剂	观察到的白利度(°Brix)	最终的白利度(°Brix)
01	样品 1	柠檬汁	54	70
02	样品 2	蜂蜜	62	70
03	样品 3	盐	54	70
04	样品 4	柠檬酸	48	60

表 22.3　第 2 天的白利度

序号	样品名称	添加剂	观察到的白利度(°Brix)	最终的白利度(°Brix)
01	样品 1	柠檬汁	59	75
02	样品 2	蜂蜜	64	76
03	样品 3	盐	54	77
04	样品 4	柠檬酸	53	75

表 22.4　第 3 天的白利度

序号	样品名称	添加剂	观察到的白利度（°Brix）	最终的白利度（°Brix）
01	样品 1	柠檬汁	65	65
02	样品 2	蜂蜜	66	66
03	样品 3	盐	67	67
04	样品 4	柠檬酸	62	62

22.2　结果和讨论

22.2.1　第一天

22.2.1.1　样品 1：（糖+柠檬汁）

苹果的颜色没有变化（颜色如鲜果）。糖浆的颜色是略带粉红色的，即果皮的颜色浸出。容器底部有少量结晶糖；样品中有独特的柠檬（酸）味。观察到的白利度为 54°Brix。然后将糖浆加热（在盘子中分离出薄片后），白利度增加到 70°Brix。冷却后，苹果片再次置于糖浆中，盖好并保存在水托盘中。

22.2.1.2　样品 2：（糖+蜂蜜）

糖浆的颜色是浅蜜色（暗黄色）。苹果呈乳白色。容器底部有大量的结晶糖。糖浆有显著的蜂蜜的甜味。糖浆的黏性比其他样品大。观察到的白利度为 62°Brix。糖浆的白利度增至 70°Brix。冷却后，苹果片再次置于糖浆中，盖好并保存在水托盘中。

22.2.1.3　样品 3：（糖+盐）

苹果的颜色与新鲜样品的颜色非常接近。糖浆的颜色略带粉红色。容器底部存在极少量结晶糖。糖浆有苹果特有的气味。观察到的白利度是 54°Brix。糖浆的白利度增至 70°Brix。冷却后，苹果片再次置于糖浆中，盖好并保存在水托盘中。

22.2.1.4　样品 4：（糖+柠檬酸）

苹果的颜色与新鲜样品的颜色非常接近。糖浆的颜色略带粉红色。容器底部存在极少量结晶糖。糖浆有苹果特有的气味。观察到的白利度是 48°Brix。糖浆的白利度增至 60°Brix。冷却后，苹果片再次置于糖浆中，盖好并保存在水托盘中。

22.2.2　第 2 天

22.2.2.1　样品 1：（糖+柠檬汁）

上层的苹果已经发生了轻微的褐变。糖浆的颜色略带粉红色。容器中没有结晶糖。糖浆有柠檬汁的酸味。观察到的白利度为59°Brix。最终达到75°Brix。冷却后,苹果片再次置于糖浆中,盖好并保存在水托盘中。

22.2.2.2 样品2:(糖+蜂蜜)

外层的苹果变成了棕色。糖浆呈浅蜜色。容器底部有轻微结晶糖和黏附的糖。气味和昨天一样。糖浆相对更黏稠。观察到的白利度为64°Brix,最终达到76°Brix。冷却后,苹果片再次置于糖浆中,盖好并保存在水托盘中。

22.2.2.3 样品3:(糖+盐)

苹果没有发生褐变,而是变为更吸引人的白色(糖浆的颜色和气味与第1天相同)。容器底部没有结晶糖。观察到的白利度为59°Brix,最终调至77°Brix。冷却后,苹果片再次置于糖浆中,盖好并保存在水托盘中。

22.2.2.4 样品4:(糖+柠檬酸)

颜色没有显著变化。糖浆呈浅粉色。容器底部有极少量结晶糖。观察到的白利度为53°Brix,最终到75°Brix。冷却后,苹果片再次置于糖浆中,盖好并保存在水托盘中。

22.2.3 第3天

22.2.3.1 样品1:(糖+柠檬汁)

上层的苹果已经发生了轻微的褐变。糖浆的颜色略带粉红色,更为黏稠。容器中没有结晶糖。人们察觉到柠檬汁的酸味。观察到的白利度为65°Brix。

22.2.3.2 样品2:(糖+蜂蜜)

外层的苹果已经发生褐变。糖浆略带蜜色,更为黏稠。容器底部少量结晶糖和黏附的糖。气味依然是柠檬汁的酸味。糖浆相对更为黏稠,观察到的白利度为66°Brix。

22.2.3.3 样品3:(糖+盐)

苹果没有发生褐变,颜色变为更吸引人的白色(糖浆的气味和颜色同第1天)。容器底部没有结晶糖。观察到的白利度是67°Brix。

22.2.3.4 样品4:(糖+柠檬汁)

苹果的颜色没有显著变化。糖浆的颜色略带粉红色。容器底部有极少量结晶糖。人们察觉到柠檬汁的酸味。观察到的白利度为62°Brix。

对每种样品进行感官评估,所有样品的整体结果均比较满意。就外观而言,样品3最好,褐变和质地损失最小。样品1非常耐嚼,味道很好,但出现了褐变。样品2的味道非常甜,气味宜人。样品4具有良好且平衡的风味。

样品1:第1个样品含有添加剂柠檬汁,酸味比预期水平更酸。样品由于干燥而发生褐变,但具有良好的适口性。因此,这是一个令人满意的样本。颜色、质地和风味的平均得分分别为3.57、2.71和3.17。

样品2:第2个样品添加了蜂蜜,糖和蜂蜜的甜度足够。褐变是由于样品干燥不当造成的。样品2过甜,但有蜂蜜特有的甜味。颜色、质地和风味的平均得分分别为3.14、4和3.85。

样品3:第3个样品含有盐。颜色保留得很好。样品2过咸,但与糖的甜度相平衡。吃起来硬。颜色、质地和风味的平均得分分别为4.71、4.42和3.42。样本3得分最高。

样品4:第4个样品添加了柠檬酸。风味很好。没有发生褐变。颜色、质地和风味的平均得分分别为3.85,4和3.57。

基于不同样品的感官得分绘制了柱状图(图22.1~图22.4)。

对所有样品进行感官评估,结果均合格。小组成员发现样品2的风味很好,而样品3非常咸。样品3外观和质量较好。几乎所有样品的颜色都很好。降低样品3的盐浓度,产品可能具有更好的质量。同样在糖+柠檬汁的情况下,降低柠檬汁的含量,可以提高产品的质量。

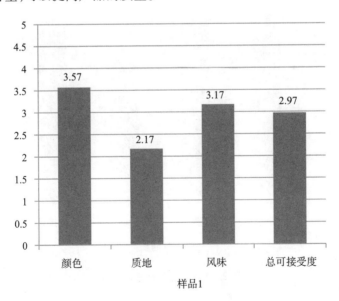

图22.1 样品1的感官评分

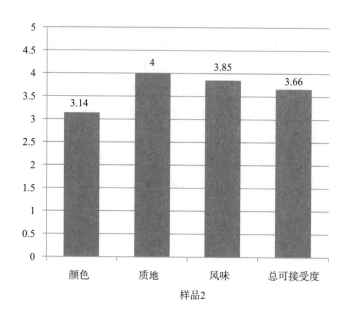

图 22.2 样品 2 的感官评分

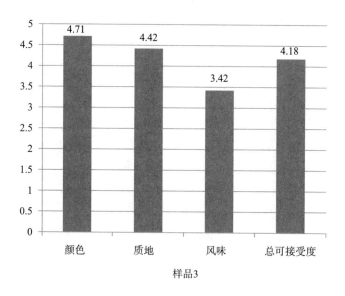

图 22.3 样品 3 的感官评分

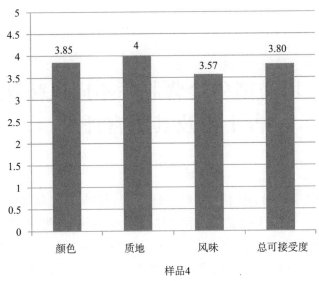

样品4

图 22.4　样品 4 的感官评分

22.3　结论

100 g 小包装的渗透脱水苹果的估价约为 74 卢比。样品可以进一步分析样品的物理化学性质。未来的研究可能还会尝试各种其他水果及添加剂组合。

参考文献

[1] Behari Lal A, Misra EKP, Singh K (2012) Optimization of air drying process for osmotically concentrated apple slices. Beverage and Foods. December 2012(3)

[2] Chavan UD, Amarowicz R (2012) Osmotic dehydration process for preservation of fruits and vegetables. J Food Res 1(2):s5

[3] Mavroudis NE, Gekans V, Sjoholm I (1998) Osmotic dehydration of apples—effects of agitation and raw material characteristics. J Eng Des 35(2):191-209

[4] Singh B, Panesar PS, Gupta AK, Kennedy JF (2007) Optimisation of osmotic dehydration of carrot cubes in sucrose-salt solutions using response surface methodology. Eur Food Res Technol 225(2):157-165

[5] Yadav AK, Singh SV (2014) Osmotic dehydration of fruits and vegetables: a review. J Food Sci Technol 51(9):1654-1673

23　用滞销马铃薯制作不同风味速溶吉士粉及其感官评价

摘要　马铃薯淀粉和面粉与奶粉、糖和干果（腰果、杏仁和树脂）混合制成速溶吉士粉（ICP）。研究共尝试了 4 种口味，即奶油糖果、豆蔻、香草和橘子，其中橘子的风味最好。D 级马铃薯是从市场上采购的。马铃薯淀粉的制备方法是将马铃薯片在过量的水中粉碎，制成浆料，过筛后得到沉淀的淀粉，洗净后在烘箱中 45℃ 干燥，并研磨成细粉。马铃薯粉的制备方法是将马铃薯片放在烤箱中烘干，使其水分降至 3%~4%。干切片磨粉，将马铃薯淀粉和马铃薯粉在一定量的牛奶和热水中混合，加入干果，制成蛋奶糊。感官评估由 20 名成员组成的小组进行，四种样品中，橘子的风味是最好的。成本分析表明，每包成本是 7 卢比。

关键词　马铃薯；速溶吉士粉；质量；经济

23.1　引言

马铃薯（*Solanum tuberosum L.*）是世界上种植最早的块茎作物之一，尤其是在欧洲和美洲，也是印度最重要的经济蔬菜作物。近年来，马铃薯的产量达到了更高的水平。在印度，种植面积已扩大到 1.92×10^{10} m²，年总产量为 4150 万吨，D 级马铃薯占 5%~10%。它富含优质蛋白质和碳水化合物，在印度全年都有供应，是谷物饮食的良好补充。总产量的 10% 留种；由于缺乏足够的冷藏设施，总产量 10%~15% 在收获和收获后被浪费掉。在农场层面，总产量包括 A 级（块茎大小 50~75 mm）和 D 级（块茎<25 mm）马铃薯。滞销的马铃薯因体积小（<25 cm）而卖不出去，难以处理，但可以低廉的价格从种植者购入，并通过加工获得更好的报酬。目前的研究工作集中在马铃薯淀粉和马铃薯粉制备后，如何更有效地利用滞销马铃薯来制备速溶吉士粉（ICP）。

本研究是食品工业中一个最广泛的研究领域，旨在找到制备食品的有效方法、途径和工艺，同时考虑到以下几点：副产品的可再生性，减少生产过程中的浪费,未使用或未消耗产品的再利用。

我们的研究工作主要集中在第三点,即未使用或未消耗产品的再利用。

Awoyale 等(2015)评估了吉士粉的营养价值,吉士粉由优质黄木薯淀粉和富含 5%、10%、20% 和 30% 不同比例的部分脱脂大豆粉制成。学者观察了它们的常规成分、色素(类胡萝卜素)含量和糊化(黏附)性能。Okoye 等(2008)进行了一项研究,他们制备了大豆强化奶油冻,并测定其营养成分和感官可接受度。将大豆分离蛋白加入吉士粉中,以提高其蛋白质含量和营养成分,并对其感官品质进行评价。结果表明用大豆等经济来源的蛋白质强化吉士粉,可以增加其营养价值,但会改变其感官和功能特性。随着分离物含量的增加,吉士粉的分散性、填充容重、溶胀力、黏度和溶解度指数增加。

Alimi 等(2016)研究了复合玉米-香蕉奶油吉士粉制品的工程特性,该产品利用天然、热湿处理或 15%、25% 或 35% 退火处理的香蕉淀粉作为复合材料而制备的。香蕉淀粉的大椭圆形颗粒会占据基质中的空隙,从而使玉米粉结构更加紧密。反过来,随着内含物含量的增加,堆积密度也会增加。随着凝胶化和沸点的变化,玉米粉样品的溶胀能力显著降低。

Awoyale 等(2015)研究了贮藏对木薯淀粉基吉士粉的化学成分和微生物活性以及感官特性的影响。本研究提倡使用黄色果肉的木薯根淀粉。吉士粉的营养价值较差,尤其是蛋白质。因此,添加优质动物蛋白产品(如全蛋粉)可以提高其蛋白质质量和数量。这些成分的相互作用使产品在储存期间发生了一些变化,一种或多种食品特性达到了不受欢迎的状态。贮藏后,水分含量和微生物负荷也增加了。在贮藏结束后,除味道和颜色外,所有感官属性均可接受,胡萝卜素含量显著降低。

23.2　材料和方法

23.2.1　所需材料

马铃薯,3% 氯化钠溶液和 0.05% 抗坏血酸溶液,0.2%KMS 溶液,蒸馏水,奶粉,牛奶,干果,糖粉。

23.2.2　方法

原料:D 级马铃薯购自市场。彻底清洗所有的马铃薯,并用不锈钢去皮器去皮,然后用手动不锈钢切片机将马铃薯切成 1~2 mm 厚的小块。

马铃薯粉的制备:将切好的切片放入 3% 的 NaCl 和 0.05% 的抗坏血酸溶液中,防止多酚氧化酶引起的褐变。然后将这些切片在 80~85℃ 下热烫 3 min,以制备面粉。热烫切片在自来水下冷却,然后用 0.2% KMS 处理 15 min,以防止非酶褐变。然后在机械干燥器中分三个阶段干燥切片,即 70℃ 2 h,65℃ 4 h,最后 60℃,并将含水量降至 3%~4%。干燥切片在锡容器中固化以均衡水分,然后研磨成细粉,制成马铃薯粉。

马铃薯淀粉的提取:切片在 80~85° 下热烫 1 min,然后用研磨机(4~6 min)在过量水(5 次)中粉碎,以制备细泥浆。泥浆用细棉布筛分,在食品盒中过滤沉淀。弃上清液,用流水冲洗沉淀的淀粉 2~3 次以去除所有杂质,获得干净淀粉。淀粉在 40~45℃ 的烘箱中干燥。在干燥完全之前,制成细粉,然后装在聚乙烯袋中并贴上标签。

速溶吉士粉的制备:获得的马铃薯淀粉和马铃薯粉用于速溶吉士粉的制备。通过将马铃薯淀粉和马铃薯粉与奶粉和干果混合,制定出速溶吉士粉的配方,并通过将 ICP 与不同的调味粉混合制备出不同风味的吉士粉。5 点享乐量表上感官评分最高的作为最佳配方。

制备吉士粉的方法如下:

速溶吉士粉(100 g)

用 50 mL 水搅拌成糊状

向糊状物中加入 60 mL 牛奶

加热时搅拌 2~3 min,并加入所有的调味剂。冷藏几个小时后装盘。

所用原材料的组成如下:马铃薯粉 5 g(每个样品),马铃薯淀粉 2 g(每个样品),奶粉 1 g(每个样品),调味剂 0.75 g(每个样品),糖 2.5 g(每个样品)。

23.2.3 感官评价

由 20 名评委组成的专家组,根据颜色、稠度、风味和总可接受度,对制备的四种不同口味的样品采用 5 点享乐量表进行感官质量评估。最后,根据感官评估得分得到最佳样本。

ICP 成本的计算考虑了各种投入,如原材料、劳动力、电力、加工成本、包装和其他变化。为了计算产品的售价,速溶粉的售价加上了 10% 的利润空间。

23.3　结果和讨论

本研究制备了 4 种不同风味的速溶马铃薯吉士粉,橘子味的最好。

①样品 A(豆蔻)。

A. 豆蔻风味的色泽最好。平均分为 4.11。

B. 样品的味道稍重一些,但可以接受。平均分为 3.55。

C. 稠度很好,但可以更稠,这可以通过添加更多的淀粉来实现。平均分为 3.61。

D. 样品的总可接受度是合理的。平均分为 3.55。

②样品 B(奶油糖果)。

A. 大多数评委广泛认可其色泽,评分也很好。平均分为 4.22。

B. 调味剂用量越大,风味越差。因此留下了后味。平均分为 2.88 分。

C. 稠度被评为所有样品中最好的。平均分为 3.77 分。

D. 奶油糖果样品的总体可接受度良好。平均分为 3.77 分。

③样品 C(香草)。

A. 颜色非常好,乳白色。平均分为 3.77 分。

B. 蒸煮过度,因此被评为一般。平均分为 3.66 分。

C. 稠度达不到要求,添加增稠剂可能会使稠度增加。平均分为 3.55 分。

D. 总体可接受度良好。平均分为 3.77 分。

④样品 D(橙子)。

A. 橙子味道最好。平均分为 4.22 分。

B. 由于未添加人工色素,颜色较差。因此它是乳白色的,本应该是橙色的。平均分为 3.11 分。

C. 稠度较稀,可以通过添加更多的淀粉来增稠。平均分为 3.52 分。

D. 总体可接受度很好。平均得分为 4 分(图 23.1)。

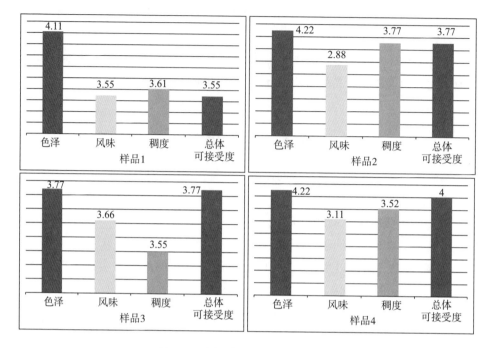

图23.1 图示各种样品的总体偏好

23.4 结论

用D级马铃薯成功制备出速溶吉士粉。制备了各种口味的吉士粉,由20名成员组成的小组根据各种感官属性(风味、颜色、稠度和总体可接受度)进行感官评估,所选样品中橙子风味最佳。成本分析的结果是每包7卢比。这项研究在利用D级马铃薯方面非常有用,表明D级马铃薯是一种经济的营养来源。由于市场上对吉士粉的需求量很大,这种产品的应用范围很广。

参考文献

[1] Alimi B, Sibomana M, Workneh TS, Oke M (2016) Some engineering properties of composite corn-banana custard flour: engineering properties of corn-banana custard flour. J Food Process Eng40: e12444. https://doi. org/10. 1111/jfpe. 12444

[2] Awoyale W, Sanni L, Shittu T, Adegunwa M (2015) Effect of storage on the

chemical composition, microbiological load, and sensory properties of cassava starch-based custard powder. Food Sci Nutr 3(5):425-433

[3] Okoye JI, Nkwocha AC, Agbo AO (2008) Nutrient composition and acceptability of soy-fortified custard. Cont J Food Sci Technol 2:37-44

24 不同来源咖啡豆中赭曲霉毒素 A（OTA）的对比测定研究

摘要 赭曲霉毒素是由不同种类的真菌产生的次级代谢产物。咖啡是全球大多数人消费的第二大饮料。人们很早就在食品中发现赭曲霉毒素 A（OTA）污染（尤其是在咖啡豆中）事件的发生，对人类健康具有严重威胁。OTA 具有多种致癌特性。咖啡豆中的 OTA 污染存在于整个生产链中，它取决于作物管理、收获、收获后储存和烘焙过程。这项研究的重点是测定 7 种不同产地咖啡豆中的 OTA 水平。

关键词 赭曲霉毒素 A（OTA）；线粒体毒素；咖啡豆污染；真菌毒素

24.1 引言

在有利的环境条件，作物收获、处理和储存过程中，农产品中的真菌代谢会产生真菌毒素（Abdulkadar 等，2004）。常见的真菌毒素来源于曲霉菌、青霉、镰刀菌等各种真菌。与食用含有真菌毒素污染农产品有关的毒性综合征称为真菌毒素中毒症（Huff 和 Hamilton，1979）。最主要的是黄曲霉毒素 $B_1/B_2/G_1/G_2$、棒曲霉素、伏马菌素 B_1/B_2、玉米赤霉烯酮（ZON）、T-2 和 HT-2、OTA、脱氧雪腐镰刀菌烯醇等。OTA 是咖啡豆污染中的主要问题（Abdulkadar 等，2004；Araguas 等，2005；Brera 等，2003；Boqué 等，2002；FAO，1997）。

Huff 和 Hamilton（1979）指出，在咖啡豆的储存和生产过程中，真菌毒素污染很严重。他观察到，真菌毒素的形成取决于各种内外生长因子，如温度、储存时间、污染率、碎谷物、虫噬、O_2 浓度、收割期间和收割后的伤害、运输等。OTA 的生物学行为表现为免疫抑制，致畸性、不育性、诱变性和其他致癌特性（Joosten 等，2001）。食品中的这些真菌毒素会导致肾毒性、肾病、遗传毒性，并具有致癌性。

不同食品如谷物、葡萄酒、啤酒、咖啡、葡萄汁、猪肉制品、可可、香料、油籽等都发现有 OTA 存在。值得注意的是,OTA 在烘焙、速溶和绿咖啡中最常见(Moss,1998)。咖啡果和咖啡豆更易产生赭曲霉毒素。污染发生在从田间到最终储存的各个阶段。真菌的存在不仅会影响饮料的香气和风味,而且还会依浓度水平威胁到安全。HPLC 和荧光检测器是定量咖啡豆中 OTA 的最佳选择方法(Lau 等,2000)。

基于其在生物系统中存在的风险因素,急需定量和定性测定咖啡豆中 OTA 的标准方案(Guillamont 等,2005)。最近的调查显示,人类摄入的 OTA 中有 12% 来自咖啡。本研究旨在测定 7 种不同来源的咖啡豆中的 OTA 浓度,即乌干达必和必拓、乌干达阿拉比卡、越南、秘鲁、肯尼亚、洪都拉斯和印度尼西亚。

24.2 材料和方法

24.2.1 咖啡豆样品

来自不同产地(乌干达必和必拓、乌干达阿拉比卡、越南、秘鲁、肯尼亚、洪都拉斯、印度尼西亚)的咖啡豆购自印度泰米尔纳德邦泰尼 TaTa 咖啡私人有限公司。咖啡样品取自 TaTa 咖啡私人有限公司 ICD 部门的冻干部门。用于分析的咖啡豆样品根据其来源进行分离。OTA 含量采用 AOAC 标准方法(2000)进行分析,OTA 标准品购自 Sigma-Aldrich。

24.2.2 OTA 的测定

24.2.2.1 样品准备

用咖啡研磨机(研磨机)研磨青咖啡豆。称取 15 g 样品放入锥形瓶中,并添加 150 mL 萃取剂。将锥形瓶置于摇床上 30 min,并用 4 号惠特曼滤纸过滤。

24.2.2.2 OTA 的提取

用 10 mL 萃取溶剂稀释 10 mL 试样,并通过免疫亲和柱(IAC)(德国拜发生,生物制药)。遵循厂商建议的程序。稀释后的洗脱液以不大于 5 mL/min 的流速通过 IAC。随后用 10 mL PBS 清洗柱子并风干 10~20 s。使用甲醇(1.5 mL)将附着在柱吸附床上的毒素洗脱到小瓶中。然后在气流下蒸发溶剂,小瓶中留下毒素和一些萃取残渣。

24.2.2.3 OTA 分析

对于 HPLC 分析,通过将小瓶中的残渣旋转 1 min 使其重新溶解到 1 mL 流动相[水∶乙腈∶乙酸(51∶48∶1)]中。用0.2 μm 滤盘过滤溶液。

使用(20、10、5、1)ng OTA/mL 绘制标准曲线。将样品和标准品(100 μL)加入 HPLC 系统。

使用 C18 柱(30 mm×2.1 mm,1.8 μm,CA,美国)Dionex Ultimate 3000 系列进行 HPLC 分析,并使用荧光检测器对 OTA 进行定量和定性。使用的流动相为水∶乙腈∶乙酸(51∶48∶1 V/V),流速为 1 mL/min。

24.2.2.4 回收率

回收率根据加标到样品中的 OTA 量和 HPLC 法测定的量进行计算,试验的显著性水平为5%($P \leqslant 0.05$):

$$回收率(\%) = \frac{HPLC\ 法测定样品中的\ OTA\ 量}{加入样品的\ OTA\ 量}$$

24.2.2.5 定量

使用以下公式计算试验样品的 OTA 质量浓度:

$$W_m = W_a \times \left(\frac{V_f}{V_i} \right) \times \left(\frac{1}{V_s} \right)$$

式中:W_m——试样中 OTA 质量浓度的数值,ng/g 或 ng/mL;

W_a——OTA 量的数值,对应于样品提取物的峰面积,ng;

V_f——重新溶解的洗脱液的终体积值,μL;

V_i——注入洗脱液的终体积值,μL;

V_s——准备好的试样通过色谱柱的体积或质量数值,mL 或 g。

24.3　结果和讨论

24.3.1　赭曲霉毒素 A 的分析

对每种咖啡样品采用标准方法,并根据监测值确定低和高加标水平。

24.3.2　咖啡

从预实验的回收率来看,3%碳酸氢钠∶甲醇(50∶50)和3%碳酸氢钠∶甲醇(40∶60)两种溶剂可用。根据两种溶剂的回收率确定最佳溶剂的使用。然后,使用德国拜发的 Ochraprep 免疫亲和柱对所有提取物进行洗脱。

方差分析结果表明,用 3%碳酸氢钠∶甲醇(50∶50)萃取的效率最高,而其他溶剂萃取的回收率明显较低。因此,在 5 μg/kg 加标水平和 10 μg/kg 加标水平下使用该溶剂进行进一步提取。表 24.1 和表 24.2 显示了在 5 μg/kg 和 10 μg/kg 的加标水平下,使用 3%碳酸氢钠:甲醇(50:50)萃取所得提取物的回收率。

表 24.1　两种不同萃取溶剂混合物的回收率

萃取溶剂	加标水平 (μg/kg)	回收率(%)			
		Rep 1	Rep 2	Rep 3	Avg
SB1:M2 (50:50)	5	83	87.6	83.6	80.6
SB:M (40:60)	5	64.06	45.55	43.64	51.1

注　SB1=3%碳酸氢钠;M2=100% 甲醇。

表 24.2　用 3%碳酸氢钠:甲醇(50:50)萃取的青咖啡样品中 OTA 的回收率分析

加标水平 (μg/kg)	回收率(%)					
	Rep1	Rep 2	Rep 3	Rep 4	Rep 5	Avg
5	74.7	74.1	83	87.6	83.6	80.6
10	97.4	64.5	89.2	97.7	80.1	85.8

用 3%碳酸氢钠:甲醇(50:50)萃取的咖啡样品回收率在 64.5% 到 97.7% 之间。Lombaert 等(2002)和 Pardo 等(2004)也得出了类似的结果。

24.3.3　青咖啡样品中 OTA 的定量

根据抽样程序对样本进行分类。共分析了 21 个咖啡样品,每份样品重复 3 次。在分析的所有样本中,95.23%(20/21)的 OTA 值处于可检测水平,4.76%(1/21)低于检测线。

在可对 OTA 进行量化的样品中,污染水平介于 21.9 μg/kg 和 0.6 μg/kg 之间(表 24.3,图 24.1 和图 24.2)。在 21 个样品中,只有一个来自乌干达必和必拓的样品(21.9 μg/kg)的 OTA 高于检测限,这是因为其质量低劣,去除异物和外壳后,OTA 污染显著降低。

表 24.3　咖啡豆样品的平均 GC-OTA(μg/kg)

序号	来源	平均 GC-OTA(μg/kg)
1	乌干达必和必拓	9.51
2	乌干达阿拉比卡	0.6

续表

序号	来源	平均 GC-OTA（μg/kg）
3	印度尼西亚罗布斯塔 30/35	7.4
4	秘鲁	1.4
5	越南罗布斯塔	2.8
6	肯尼亚必和必拓	21.9
7	洪都拉斯	8.5

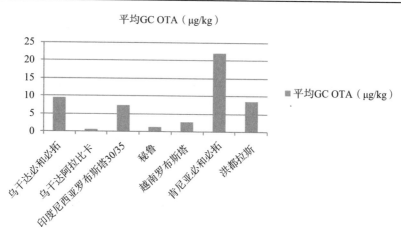

图 24.1　GC-OTA 均值

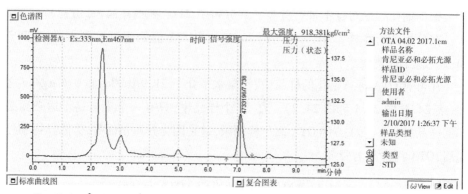

注　1kgf/cm^2＝9.81×10^4 Pa。

图 24.2　肯尼亚必和必拓样品的色谱图

24.4 结论

本研究中,在分析青咖啡豆中的 OTA 时,萃取溶剂的回收率与其他溶剂相比最高(83.2% 和 82.7%)。原产地是乌干达阿拉比卡的样本的 OTA 污染率较低,而肯尼亚必和必拓 OTA 污染率较高,去除谷壳和异物后显著降低。研究还表明,热破坏也可以降低咖啡豆中的 OTA 污染。尽管肯尼亚必和必拓的 OTA 污染率较高,但加工过程可将 OTA 浓度显著降低至监管机构可接受的最低限值。"Broca"也被称为咖啡浆果蛀虫(*Hypotenemu shampei*)是赭曲霉(*A. ochraceus*)的载体(Mantle 和 Chow,2000),已发现用于控制这些昆虫的杀虫剂可以降低咖啡豆的 OTA 污染。

杀虫剂的使用有助于减少产赭曲霉毒素的真菌。收割时,各种其他因素也会影响收割,如收割前和收割期间的天气条件、干燥时间、干燥器、谷物的物理参数、收割温度、真菌间相互作用、收割者的卫生、运输等(Pardo 等,2004)。豆子储存后,必须定期检查,并确保安全的储存条件。确保食品安全的一些重要因素是储存容器的清洁度、无结构性泄漏、冷凝和温度。在咖啡中,管理 OTA 污染的风险涉及关键因素,包括整个生产链中良好的卫生习惯,快速干燥,通过确保清洁干燥的储存运输来避免返潮(Pardo 等,2004;Pitt 和 Hocking,2009)。本章重点介绍了综合控制各种因素的方法,这些因素有助于避免豆类的变质,无 OTA 的豆类将提供高品质的产品。

参考文献

[1] Abdulkadar AHW, Al-Ali AAA, Al-Kidi AM, Al-Jedah JH (2004) Mycotoxins in food products available in Qatar. Food Control 15:543-548

[2] Araguas C, Gonzalez-Peans E, Lopez de Cerain A (2005) Study on ochratoxin A. Food Chem 92:459-464

[3] Boqué R, Maroto A, Riu J, Rius XF (2002) Validation of analytical methods. Grasas Aceites 53:128-143

[4] Brera C, Grossi S, Santis BD, Miraglia M (2003) High performance liquid chromatographic method for the determination of ochratoxin A. J Liq Chromatogr Relat Technol 26(4):585-598

[5] FAO (1997) Worldwide regulations for mycotoxins, 1995: a compendium. Food and nutrition paper 64. Food and Agricultural Organization, Rome

[6] Guillamont EM, Lino CM, Baeta ML, Pena AS, Silveira MIN, Vinuesa JM (2005) A comparative study of extraction apparatus in HPLC analysis of ochratoxin A in muscle. Anal Bioanal Chem 383:570-575

[7] Huff WE, Hamilton PB (1979) Mycotoxins—their biosynthesis in fungi; Ochratoxins—metabolites of combined pathways. J Food Prot 42:815-820

[8] Joosten HMLJ, Goetz J, Pittet A, Schellenberg M, Bucheli P (2001) Production of ochratoxin A by Aspergillus carbonarius on coffee cherries. Int J Food Microbiol 65:39-44

[9] Lau BPY, Scott PM, Lewis DA, Kanhere SR (2000) Quantitative determination of ochratoxin A by liquid chromatography/electrospray tandem mass spectrometry. J Mass Spectrom 35:23-32

[10] Lombaert GA, Pellaers P, Chettiar M, Lavalee D, Scott PM, Lau BPY (2002) Survey of Canadian retail coffees for ochratoxin A. Food AdditContam 19(9): 869-877

[11] Mantle PG, Chow AM (2000) Ochratoxin formation in Aspergillus ochraceus with reference to spoilage of coffee. Int J Food Microbiol 56(1):105-109

[12] Moss MO (1998) Recent studies of mycotoxins. Symp Ser Soc Appl Microbiol 27:62S-76S

[13] Pardo E, Marim S, Ramos AJ, Sanchis V (2004) Occurrence of ochratoxigenic fungi and ochratoxin A in green coffee from different origins. Food Sci Technol Int 10:45-50

[14] Pitt JI, Hocking AD (eds) (2009) Fungi and food spoilage, 3rd edn. Aspen Publishers, Inc., Gaithersburg, MD

25 3D 食品打印：定制艺术食品的技术

摘要 3D 食品打印是结合 3D 打印和烹饪技术而开发的一项技术，可作为根据个人需求定制食品的工具。随着公众兴趣的增加，这项技术有可能成为定制个性化营养食品的最佳方法。通过大规模定制，可以将艺术食品的概念引入食品加工行业。食品是通过一层一层地模压印刷的，质量一致，无须人工干预。它是新产品开发的典范，还可以在短时间内以经济的方式，用更少的资源为客户提供服务来重组食品供应链。然而，该技术的应用仍处于初级阶段，需要研究设计平台、印刷技术及其对食品加工的影响。

关键词 3D 食品印刷；艺术食品；制作；伦理问题

25.1 引言

21 世纪以来，在食品供应技术革新的过程中，3D 食品打印技术作为一种工具发展迅速。研究企业广泛探索 3D 打印技术的增材制造的范围，以实现定制食品几何形状、颜色、形状、质地、风味、材料和定制营养成分，并以经济高效的方式扩大手工烹饪领域。食品部门对消费者的未来需求进行了大量研究，以发展下一代技术如 3D 食品印刷来探索食品制造的新领域。如今，在线快餐配送服务已经让我们的生活从家庭烹饪和日杂管理中解脱出来。无论我们的烹饪技术未来有多么巨大的进步，科学家的创新性思维中都考虑了人造食品生产的每一个要素。数字化食品生产用于在固体可食基质表面定制糖果形状和彩色图像（Zoran 和 Coelho，2011）。这个数字命令的运行给未来带来惊喜。旧金山的一个汉堡店机器人餐厅中建立了具有加工和易腐成分的动量机器设置的自动汉堡分配器。制作定制食品的工程学是一个三维实体，不仅将菜谱作为信息提供给界面，而且可编译和执行对象的蓝图（Wegrzyn 等，2012）。食品定制意味着任何这样的数据蓝图都可以由我们自己选择的材料制作，只要它具有纯粹的化学和物理可行性水平。其可以制作有不同总热量的非常相似的饼干（Lipson 和 Kurman，2013）。

这些进步的灵活性使厨房的选择多样化,也满足了高度个性化的需求。3D 食品印刷的发展集成了减材和增材制造方法,如选择性烧结、挤压、动力床黏合剂喷射和喷墨印刷技术,它们允许使用原材料的不同组成相。通过结合生产方法和对原材料特性的探索,可以得到理想的餐盘。可食生长基质饼干是创新食品制作实验的一部分,其中种子和孢子基质可萌发出可食有机蘑菇和芽菜,借助 3D 打印机在矩阵上构建饼干,从而改变基质的味道和质地。各行业对 3D 打印的适应将从集中生产单元转向更贴近终端消费者的网点生产,通过减少批量运输重新定义供应链模式(Chen,2016;Jia 等,2016;Sun 等,2015)。先进的技术可能为更美好的未来铺平道路。因此,本章旨在更好地了解 3D 集成生产技术。对 3D 食品印刷技术的优势、劣势、机遇和挑战(SWOT)进行了简要分析。

25.2　3D 食品印刷技术背后的动机

大规模食品生产效率低,成本高,但在 3D 食品打印机中,它提高了生产效率,降低了成本。机器人是一个自动化的过程,它取代了食品制造业中的手工过程。但 3D 食品打印机也具有相同的功能,它还可以根据用户的创意制作各种形式的食品和材料,并可以在加工过程中进行控制。

3D 食品打印机根据消费者的营养饮食需求打印满足消费者个性需求的食品。它可以根据消费者的饮食控制卡路里、能量摄入、蛋白质和脂肪含量。从长远来看,3D 食品打印可通过在短时间内提供优质食品,有助于改善公众健康。

25.3　3D 食品打印的发展

Charles Hull 于 1984 年利用立体光刻技术创建了第一台商用 3D 打印机。2001 年,Nanotek Instruments Inc 获得了 3D 食品快速成型和制造方法的专利。NicoKabler 将分子美食学的应用与 3D 技术相结合。麻省理工学院用 3D 打印机工作,将数字烹饪技术应用于食品打印,并引入了 3 种设计。这些设计都是真实的,并侧重于混合、建模和转换。

3D 食品打印的关键技术是几何复杂性和大规模定制。3D 食品印刷也被称为增材制造,因为它直接将配料添加到打印机中,而不是从打印机中取出。它使用原料形成组件层。它将所有的添加物混合成一种精细的糊状物,并作出难以手工制作的复杂形状。3D 食品打印机使用 CAD 软件,只需单击鼠标按钮即可轻松操作。为了构建食物块,3D食品打印机使用数字烹饪和3D技术。使用3D食品打印机中设计的数据文件,可以在任何地方制作食品。顾客可以在网上找到食品设计,并将设计数据发送到附近的印刷服务机构,在那里生产并交付给顾客。它花费非常少的时间,效率高,成本低,而且产品新鲜,吸引人。

25.4　3D食品印刷技术在食品制造中的作用

在当前形势下,食品产品的装饰,如在饼干上刻字母、巧克力和饼干的磨砂图案、喷在食品上的标志,在食品行业中格外受欢迎。这种装饰食品是由训练有素的工匠制作的,往往需要很长的时间来准备,而且比批量生产的食品更昂贵。先进的食品加工技术设计传统食品无法满足消费者的需求(Zoran和Coelho,2011)。为了弥补这一缺陷,3D食品印刷技术也称为食品分层生产(Wegrzyn等,2012)应运而生。这项技术的引入有助于根据消费者的需要制作出具有不同艺术特征的食品,根据消费者的健康状况和营养摄入量满足消费者的个性需求。

在食品印刷中,将要印刷的产品进行预处理,使其适合印刷,并在加工后具有热稳定性。因此,印刷中烹饪方法与传统食品的烹饪方法略有不同(Lipton等,2010)。在每次打印前,人们有必要对具有非常明确特性的成分进行定制。

25.5　食品印刷平台

食品印刷平台借助计算机控制的物料供给系统实时操控食品生产。食品印刷平台基本上由三个坐标轴 $x-y-z$(即笛卡尔坐标系)、分配/烧结单元和用户界面组成。商业化和自主开发的程序都已用于食品印刷技术。

25.5.1　商用/通用平台

商业平台已广泛用于食品印刷过程,以简化开发过程并缩短开发时间。研究人员也用它快速制作3D食品形状和研究食品的特性。但由于它们仅限于某些材料,因此不能用于深入研究。

25.5.2　自主开发的平台

研究人员使用该平台支持与其制造相关的研究。研究人员可以根据个性需求设计平台以优化食品制造(Hao等,2010)。

25.6 用户界面

用户友好的界面是基于消费者的知识水平和需求,并考虑到平台开发和工作环境而构建的。Lipton 等(2010)和 Malone 和 Lipson(2007)曾尝试开发一个开放访问的基于 web 的模板库,为食品设计的更多创新铺平道路。

25.7 印刷材料

食品印刷行业使用的印刷材料可分为 3 大类:

(1)本机可打印材料

人们借助喷射器,可以轻松挤出本机可打印材料。而且他们发现,即使在沉积后,也能更稳定地保持形状。

(2)不可印刷的传统食品材料

考虑到其黏度、稠度和固化特性,面团是最成功的可印刷传统食品材料(Fabaroni 等,2007)。人们大量食用的食物如大米、小麦、肉类和蔬菜,自然无法打印。因此,为了让它们脱颖而出,人们采用了添加水胶体这样的烹饪技巧。

(3)替代成分

替代成分包括从藻类、真菌、海草,羽扇豆中提取的蛋白质和纤维。农业和食品加工残渣可以改性成生物活性代谢物和作为环保印刷材料来源的酶。

食品印刷食谱

通过食品印刷制作的食谱分为两类:基于元素的食谱打印和传统食谱印刷。

在基于元素的食谱印刷中,制作的食品块通过使用一套控制颜色、味道、质地和风味的标准配料获得。在传统食谱印刷中,定制食品的生产是通过修改现有配方来实现的。将基于元素的食谱印刷和传统食谱印刷相结合,可以让我们试验不同的食谱,还可以让消费者或用户定制待制造食品的形状和设计。

25.8 食品制造中的食品印刷技术

通过 3D 食品印刷技术,将食品加工和制造成各种形状,具体技术有:烧结工艺、挤压技术、粉床黏结剂喷射、喷墨打印技术。

25.8.1　烧结工艺

在烧结工艺中,激光和热风都可以用作烧结(粉末)源,用于熔化粉末颗粒并形成固体层。烧结源(热风/激光)在 x-y 轴上移动,以熔化粉末颗粒。通过重复烧结过程连续覆盖熔融表面,直到形成 3D 物体。烧结部分形成熔融物,而未烧结部分维持食品结构的形成,然后回收利用。熔点相对较低的食品材料,如糖基和脂肪基材料,适合采用这种技术(Deckard 和 Beaman,1988)。

25.8.2　挤压技术

Crump(1991)描述了热熔挤出技术,也称为熔融沉积成型(FDM)。从可移动的 FDM 喷头中挤出熔化的半固态热塑性材料,然后沉积在基板上。材料被加热到略高于其熔点,以便挤出后立即凝固,并与前一层熔结在一起。挤压技术应用在创建个性化 3D 巧克力产品方面(Hao 等,2010 ;Causer,2009)。"Digital Chocolateir"是一种基于挤压技术的功能性原型打印机,可使用热熔巧克力生产定制巧克力糖(Zoran 和 Coelho,2011)。基于挤压技术的 3D 打印机维护成本低,尺寸紧凑。由于温度波动而导致的生产时间长和分层是需要注意的一些缺点。

25.8.3　粉床黏合剂喷射

制造平台均匀分布于每个粉层,两个连续的粉层通过液体黏合剂喷雾器进行黏合。水雾稳定了黏合剂给粉末材料造成的干扰。为了制造定制形状和复杂结构,糖和淀粉的混合物被用作粉末材料,黏合剂 3D 打印机用作制造平台(Walters 等,2011)。高制造率和低维护成本是黏合剂 3D 打印机的优点,缺点是粗糙的表面光洁度和高机器成本。

25.8.4　喷墨打印

在注射器头平台上工作,该平台按需分配蒸汽或液滴。3D 可食用食品(如饼干、蛋糕和糕点)必须经过多层加工才能成层,还涉及食品的预加工。

除了 3D 打印技术外,静电纺丝和微胶囊等成熟技术的引入将进一步改进食品打印工艺。在食品科学领域,静电纺丝和微胶囊技术应用于提取纤维和封装营养素,这是食品印刷的来源。借助一个多打印头平台,这两种技术可以在食品打印过程中实现,以控制纤维和营养分配,这是定制和制作按需食品的一种潜在方法。3D 食品打印技术在小规模生产中是经济的。与手工定制食品制作相比,它不需要任何昂贵的设置。制造食品的质量是通过工艺和计划实现的,而不是通过技能和人力。它可以很容易地根据消费者的需求进行控制,可以说是食品加工的一种补充技术。

25.9　3D 食品印刷技术在个性化营养中的作用

在当前形势下,食品行业更加重视根据个人的饮食需求、过敏体质或口味偏好来确定个人的营养摄入量,而不是探索现有的营养偏好。研究表明,一个人对各种营养素的反应可能不尽相同,同时还指出,根据个人体质,饮食成分可能会对其健康产生益处或风险。因此,个性化营养是根据个人健康状况和体型要求制定饮食计划的一种方式。荷兰应用科学研究组织 TNO 建议,不同饮食需求的人,如老年人、运动员、孕妇和婴儿可以根据他们身体所需的蛋白质和脂肪来印刷定制膳食(Gray,2010)。有学者已经开发了一种使用注射泵的 3D 可食用凝胶打印机(Serizawa 等,2014),以方便老年人消费。

在传统食品生产中,制作个性化的营养食品几乎是不可能的,因为它需要额外的成本和很长的时间。这种个性化食品的营销和分销在许多方面似乎都不可行。从技术角度来看,用有限的原料配比制备个性化营养食品是一项具有挑战性的任务。

食品印刷可以提供满足个性需求和偏好的定制食品,还可以通过大量生产健康新鲜的加工食品精确控制个人的饮食。通过控制印刷食品的数量并在设计过程中校准营养成分,食品印刷可以制作出个性化的营养食品。由于食品可以在房屋或服务商店印刷,因此可以降低额外的配送成本。具有众所周知的材料特性的原料必须经过定制才能进行食品印刷。制造这种高度定制的食品需要付出更多的努力。

25.10　优势

25.10.1　节省时间和精力

在尝试鸡尾酒装饰、巧克力、糖蛋糕装饰时,3D 食品印刷可以节省时间和精力。即使是训练有素的糕点厨师也无法达到 3D 打印所能达到的完美程度。

25.10.2　健康食品的创新

如今,3D 打印已经超越了厨房。荷兰食品设计师 Chloé Rutzerveld 利用食品打印机制造出类似饼干的酵母结构,其中包括随时间发芽的孢子和种子。他认为,像这样的零食和其他类似的天然、可运输的产品总有一天会改变食品行业。

25.10.3　食品可持续性

与传统食品制造系统相比,3D 食品印刷技术能够满足日益增长的世界人口的需求。同时,食品印刷机还可以通过使用与水结合时形成凝胶的水胶体墨盒来减少浪费。即使是像浮萍、草、昆虫或藻类这样很少使用的原料也可以用来制作熟悉的菜肴。

25.10.4　个性化可再生营养

因为 3D 食品打印机遵循数字指令,能够为特定年龄或性别制作含有合适营养成分百分比的个性化食品的想法似乎并不遥远。食品打印机可以轻松输入定量的维生素、碳水化合物和脂肪酸,而无须任何艰苦工作。

25.11　伦理问题

肉类印刷是食品印刷技术面临的有争议的伦理问题之一。高质量的蛋白质可以从 3D 打印的肉类中获得,而不会增加耕地或渔场的压力。然而,素食主义者认为印刷肉类是不道德的,因为它会伤害并破坏动物作为食物。在过去的几年中,3D 打印技术得到了广泛的研究,甚至一些 3D 打印食品也得到了成功的商业开发。表 25.1 简要列出了与 3D 打印食品相关的最新进展。

表 25.1　3D 食品打印的最新进展

食品产品	3D 食品打印机说明书	主要发现	参考文献
柠檬汁凝胶作为 3D 食品印刷材料	该打印机主要部分如下: 1. 带增强型混合器和输送机的进料斗 2. 挤压系统 3. 使用步进电机的 x–y–z 定位系统 食品产品的挤压是打印机工作的基本原理	• 含有 15 g/100 g 马铃薯淀粉的柠檬汁凝胶的流变性能和机械性能适合 3D 食品的设计 • 在 3D 打印的工艺优化过程中,喷嘴直径、喷嘴移动速度和挤出速率等因素会影响产品质量 • 为了获得良好的印刷线路和精美的产品,必须考虑以下参数:喷嘴直径(1 mm)、挤压速率(24 mm^3 362 /s)和喷嘴移动速度(30 mm/s) • 提出了一个新的方程来解释喷嘴直径、喷嘴移动速度和挤出速率之间的关系	Yang 等(2018)

食品产品	3D 食品打印机说明书	主要发现	参考文献
定制食品发展中的 3D 打印食品糊由蛋白质、淀粉和富含纤维的材料制成	1. 挤压技术 2. 食品糊通过注射器的喷嘴(尖端)进行气压控制挤出 3. 为 3D 打印准备的食品糊填充于体积为 3 mL 的注射器中	• 含 10%冷膨胀淀粉、15%SMP、60% SSMP、30% 黑麦麸皮、35% OPC 或 45%FBPC 的糊料印刷效果最佳 • 各种食品材料(如冷膨胀淀粉、奶粉、黑麦麸皮、燕麦和蚕豆浓缩蛋白、纤维素纳米纤维)在 3D 食品印刷中的适用性是未来开发健康、定制 3D 打印食品的基础	Lille 等(2018)
3D 打印汉堡、披萨	名为"Foodini"的 3D 食品印刷机是基于熔融沉积模型工作的,食品材料被挤出不锈钢容器	• 从甜味到咸味,各种菜肴均可印制 • 打印时间比常规食品加工快 • 更灵活和精确的 3D 打印和特殊形状排列的食品,可以使用"Foodini"打印	Prisco(2014)
3D 打印巧克力	3Dsystems 公司的 CocoJet 打印机打印定制设计的牛奶,白巧克力	• 为了创造独特、令人兴奋的和个性化的食用体验,3D Systems 与好时公司合作,推出了 CocoJet 巧克力 3D 打印机设备 • CocoJet 被认为是"目前最先进的 3D 巧克力打印机" • 被称为"面包师和巧克力制造商的理想选择"	Horsey(2015)
3D 打印糖、糖果	3D systems ChefJet 专业版,使用挤压技术(FDM,熔合沉积建模),还利用了粉末 3D 打印技术	• 可以制作各种口味的糖果和甜品 • ChefJet 专业 3D 打印机可精确满足糖结构中的复杂几何结构 • ChefJet 专业版使用与喷墨打印机非常相似的技术在薄薄的糖层上打印出设计 • ChefJet 专业版具有直观、对厨师友好的数字烹饪书软件	Shukla(2015)
3D 打印披萨	BeeHex 公司的 Chef 3D 披萨打印机,通过喷嘴一层一层地涂抹液化面团加压系统将墨盒中的每种原料推送管道,然后从喷嘴中排出	• 美国国家航空航天局正在为未来的火星任务寻找一种可以轻松制作美味、正常、开胃的太空食品的设备,BeeHex 在设计 Chef 3D 时提供未来可能的解决方案 • Chef 3D 可以制作任何类型的比萨 • BeeHex 的系统支持任何 jpg 文件并将其转换成比萨形状 • 客户可以通过 BeeHex 应用程序订购比萨 • 顾客可以根据自己的意愿选择比萨的大小、面团、酱汁和奶酪	Garfield(2017)

食品产品	3D 食品打印机说明书	主要发现	参考文献
3D 打印巧克力、糖、曲奇饼和糖霜	XYZ 3D 食品印刷机以挤压技术为基础,采用压力注射法	• 这款 3D 食品打印机已在拉斯维加斯举行的 2015 年国际消费电子展(CES)上进行了展示,该展会是世界上最大的消费科技大会之一 • 可通过从网络或 USB 输入预制设计来选择印刷食品所需的设计 • 也可以通过触摸屏进行选择设计,触摸屏可以让我们轻松选择预设的食品形状 • XYZ 3D 食品打印机非常经济,这意味着它将在未来几年用于餐馆、面包店和私人厨房	Alec(2015)
3D 打印面食	Barilla 3D 食品打印机——首先下载打印面食的 3D 模型。接下来打印机装入粗面粉面团墨盒。接下来它打印面食,通过一个沿 x、y 和 z 轴移动的喷嘴一层一层地制作面团并稳定地将面团吐出	• 为使 3D 打印机制作出创新面食,世界最大的面食公司 Barilla 每年都会举办一场比赛 • 2015 年,Barilla 建造了自己的食品印刷机 • Barilla 最终专注于 3D 打印面食的创新 • 它坚持开发能够雕刻出单靠手工或机械挤压无法完成的形状的软件 • 它还可用于确定打印机的几何形状如何影响面食的风味和口感	Siniauer(2017)

25.12　SWOT 分析

25.12.1　优势

①3D 食品打印机可以打印出更诱人的、外观让人垂涎三尺的食品(Sun 等,2015)。

②通过使用个人生物识别技术,3D 打印可以为不同的人定制不同食品的营养成分(Lipson 和 Kurman,2013)。

③但 3D 食品打印机也具有相同的功能,除此之外,它还可以根据用户的需求操作各种食品形式和材料并能够控制主要过程。

④使用 3D 食品打印机中的设计数据文件,可以在任何地方制作食品(Beetz 等,2011)。

⑤顾客可以在网上找到食品设计,并将设计数据发送到附近的印刷服务机

构,在那里生产并交付给顾客。

⑥花费的时间少,效率高,成本低,产品新鲜且有吸引力(Winger 和 Wall, 2006)。

⑦天然形式不可直接食用的食品可以使用 3D 打印机打印出来,人们可以从甜菜叶和昆虫中获得肉类蛋白,这种替换的变化可以通过 3D 打印机完成(Koslow,2015)。

⑧3D 打印机可以在很短的时间内准备食物,而且食物不会被浪费。另外,食物会更新鲜、更健康。

⑨传统食品印刷的外观和口感可以通过控制食品材料的宏观和微观结构水平来改善(Jelmer Luimstra,2014)。

⑩3D 食品印刷技术可以制作出更加复杂和巨量的食品设计。即使是个人也可以通过使用带前缀的数据文件从 3D 食品打印机中准备食品(Sun 等, 2015)。

⑪3D 食品打印机提供了不同的复杂形状和结构及新风味。

⑫3D 食品打印机通过减少运输空间、包装、配送和总成本,使食品供应链变得更加简单和容易(Chen,2016;Jia 等,2016;Sun 等,2015)。

⑬使用高纤维植物和动物为基础的产品,非传统食品材料被用于打印 3D 食品(Payne 等,2016;Severini 和 Derossi,2016;Tran,2016)。

25.12.2　缺点

①市场上已有 3D 食品打印机,可供家用,它可以通过简单地逐层原料沉积来制作产品。而多材料打印及其相关项目仍处于早期阶段,对这一主题领域的兴趣仍在增长(Lipson 和 Kurman,2013)。

②在过去的 30 年里,3D 食品打印技术仍在悄然发展,但坏消息是我们还没有成功。但近年来研究人员对许多新的 3D 食品打印机技术的研究和创新表现出了兴趣。因此,我们的未来看起来比现在更光明。

③目前 3D 食品打印机的主要缺点是能耗太高。英国拉夫堡大学的研究人员致力于"阿特金斯计划",他们发现 3D 食品打印机的电力消耗比注塑机多。除此之外,他们发现 3D 食品打印机产生的垃圾要少得多,但这是因为它含有的材料更少。如果是支撑材料,那么在 3D 食品打印过程结束时,用户将丢弃它。如果使用辅助材料作为打印部件,则损耗会增加。

④3D 食品打印机的初始费用太高。尤其是单个 3D 食品打印机的资本投资

较高。

⑤3D 食品打印机使用的原料比传统制造的原料更昂贵。

⑥食品材料在进入 3D 食品打印机之前应制成糊状,这是一个耗时的过程(Lipton 等,2010)。食品成分必须处于干燥和稳定状态,因为大多数蛋白质和乳制品都会导致变质。因此,3D 食品打印机只适合稳定、干燥的产品,这是 3D 食品打印机的主要缺点之一。

25.12.3　机遇

①为了给宇航员提供太空任务所需的食物,美国宇航局预测 3D 食品印刷技术可用于在太空烹饪食物(Terfansky 等,2013)。

②在不久的将来,消费者可以随时制作速食食品,无须依赖食品的制造和准备。这导致劳动力减少,从而降低了食品成本和劳动力成本。个人可以在舒适的家中随时制备食品。3D 食品打印机是下一代厨房用具。

③使用 3D 食品打印机批量生产的存储成本可以忽略不计。

④3D 打印技术需要熟练的设计师和技术人员,因此这增加了就业机会。对于从事地质和环境贡献工作的科学家来说,他们可能需要留在偏远地区工作,因此可能需要 3D 打印的食品,因为在这样一个偏远地区准备食品是危险的。

25.12.4　挑战

①2013 年,伊利诺伊理工学院研究人员发现,在封闭场所使用的 3D 食品打印机可能会产生有毒气体,并有可能致癌。在 3D 桌面计算机打印过程中,产生了超细颗粒和危险的挥发性有机化合物。其释放的辐射与燃烧香烟的辐射相同,可能导致癌症、哮喘和其他疾病等健康风险。

②低成本的 3D 食品打印机将比最昂贵的打印机产生更多的超细颗粒和有害挥发性有机化合物。

③3D 打印机在特定时间打印出食品,并省去了食品供应链中涉及的大部分中间过程,因此不需要人工。因此,这会导致制造业失业,也会影响依赖低技能工作的国家经济。

④潜在欺诈行为是 3D 食品印刷的主要挑战之一。拥有食品设计蓝图的人可以复制它,而且不可能发现其欺诈行为,因此拥有生产产品唯一技术的专利持有人将蒙受损失。

⑤3D 打印食品具有多孔性,因此有细菌生长的风险。因此,终产品的保质

期将受到影响。

⑥3D 打印食品多孔,因此很容易被细菌污染。当儿童接触到 3D 打印的食品时,会受到细菌感染。

25.13　太空中的 3D 打印食品

Terfansky 等(2013)在开发太空 3D 打印食品上进行了广泛的研究,其口味与地球上的味道保持一致。其介绍了轮廓工艺技术(一种食品印刷的分支技术),并进行了各种实验。他们表示,通过印刷出更美味、质量与地球上提供的食品相同的食品,有可能让太空生活变得美好。

25.14　结论

随着普通消费者越来越负担得起 3D 打印机,3D 食品打印将从这项新发现的技术中获益匪浅。食品印刷商已经认可 3D 食品印刷机的能力,如促进烹饪创意、营养和成分的可定制性以及食品可持续性。因此,我们得出结论,3D 食品印刷技术将以其独特的功能和前所未有的能力在不久的将来彻底改变食品行业。

参考文献

[1] Alec (2015) XYZ printing shows off their $500 3D food printer at CES 2015 in Las Vegas. https://www. 3ders. org/articles/20150106-xyzprinting-shows-off-their-3d-food-printer-at-ces-2015-in-las-vegas. html. Accessed 25 Apr 2019

[2] Beetz M, Klank U, Kresse I (2011) Robotic room-mates making pancakes. In: 11th IEEE-RAS international conference on humanoid robots Causer C (2009) They've got a golden ticket. Potent IEEE 28(4):42-44

[3] Chen Z (2016) Research on the impact of 3D printing on the international supply chain Advan Mat Sci Engg 1:16

[4] Crump SS (1991) Fast, precise, safe prototypes with FDM. In: ASME annual winter conference, Atlanta, USA, pp 50,53-60

[5] Deckard C, Beaman J (1988) Process and control issues in selective laser sintering. Am Soc Mechan Eng Product EngDiv PED 33:191-197

［6］Fabaroni（2007）Fabaroni：a homemade a 3D printer. http://fab. cba. mit. edu/ classes/MIT/863. 07/11. 05/fabaroni/. Accessed Apr 2019

［7］Garfield L（2017）This robot can 3D-print and bake a pizza in six minutes. https://wwwbusinessinsiderin/This-robot-can-3D-print-and-bake-a-pizza-in-six-minutes/articleshow/57456221cms. Accessed 25 Apr 2019

［8］Gray N 2010, Looking to the future: Creating novel foods using 3D printing, FoodNavigator. com, Retrieved from: http://www. foodnavigator. com/Science-Nutrition/Looking-to-the-future-Creating-novel-foods-using-3D-printing

［9］Hao L, Mellor S, Seaman O, Henderson J, Sewell N, Sloan M（2010）Material characterization and process development for chocolate additive layer manufacturing. Virt Phys Prototyping 5:57-64

［10］Horsey J（2015）CocoJet chocolate 3D printer unveiled by 3D systems at CES 2015. https://www. geeky-gadgets. com/cocojet-chocolate-3d-printer-unveiled-by-3d-systems-atces-2015-07-01-2015/. Accessed 25 Apr 2019

［11］JelmerLuimstra（2014）MELT Icepops:3D printing an ice cream of your own face. 3DPrinting. com, Jan 21. http://3dprinting. com/news/melt-3d-printice-cream-face/. Accessed 30 Mar 2015

［12］Jia F, Wang X, Mustafee N, Hao L（2016）Investigating the feasibility of supply chain-centric business models in 3D chocolate printing: a simulation study. Technol Forecast Soc Chang 102:202-213

［13］Koslow T（2015）3D systems textiles:3D printed fashion out-of-the-box & into the cube. http://3dprintingindustry. com/2015/09/08/3dsystems-textiles-fashion-out-of-the-boxinto-thecube-3d-printer/. Accessed 8 Sept 2015

［14］Lille M, Nurmela A, Nordlund E, Metsä-Kortelainen S, Sozer N（2018）Applicability of protein and fiber-rich food materials in extrusion-based 3D printing. J Food Eng 220:20-27

［15］Lipson H, Kurman M（2013）Fabricated:the new world of 3D printing. Wiley, Indianapolis, IN

［16］Lipton J, Arnold D, Nigl F（2010）Multi-material food printing with a complex internal structure suitable for conventional post-processing. In: Solid freeform fabrication symposium, Austin, TX, USA

［17］Malone E, Lipson H（2007）FabHome:the personal desktop fabricator kit. Rapid

Prototyp J 13:245-255

[18] Payne CLR, Dobermann D, Forks A, House J, Josephs J, McBride A, Müller A, Quilliam RS, Soares S (2016) Insects as food and feed: European perspectives on recent research 703 and future priorities. J Insect Food Feed 2:269-276

[19] Prisco J (2014) 'Foodini' machine lets you print edible burgers, pizza, chocolate. https://edition. cnn. com/2014/11/06/tech/innovation/foodini - machine-print-food/index. html. Accessed 25 Apr 2019

[20] Serizawa R, Shitara M, Gong J (2014) 3D jet printer of edible gels for food creation. In:Proceeding of SPIE smart structures and materials + nondestructive evaluation and health monitoring, San Diego, 9-13

[21] Severini C, Derossi A (2016) Could the 3D printing technology be a useful strategy to obtain 728 customized nutrition? J Clin Gastroenterol 50:S175-S178

[22] Shukla V (2015) 3D systems corporation unveils chef jet 3D printer at CES. https://www. valuewalk. com/2015/01/3d - systems - unveils - chefjet - 3d - printer-at-ces/. Accessed 25 Apr 2019

[23] Siniauer P (2017) 3D printers make incredible pastas your nonna could only dream about. https://www. saveur. com/3d - printers - pasta - barilla # page - 3. Accessed 25 Apr 2019

[24] Sun J, Zhou W, Huang D, Fuh JYH, Hong GS (2015) An overview of 3D printing technologies for food fabrication. Food Bioprocess Technol 8:1605-1615

[25] Terfansky M, Thangavelu B, Fritz B, Khoshnevis B (2013) 3D printing of food for space missions.

[26] In:AIAA SPACE 2013 conference and exposition; San Diego, CA, Sept 10-12, 2013. University of Southern California, San Diego, CA

[27] Tran JL (2016) 3D - printed food. Minn J L Sci Technol 17:855. https:// scholarship. law. umn. edu/mjlst/vol17/iss2/7

[28] Walters P, Huson D, Southerland D (2011) Edible 3D Printing. In:Proceeding of 27th international conference on digital printing technologies, Minnesota, USA

[29] Wegrzyn TF, Golding M, Archer RH (2012) Food layered manufacture: a new process for constructing solid foods. Trends Food Sci Technol 27:66-72

[30] Winger R, Wall G (2006) Food product innovation: a background paper. http:// www. fao. org/docrep/016/j7193e/j7193e. pdf

［31］Yang F,Zhang M,Bhandari B,Liu Y（2018）Investigation on lemon juice gel as food material for 3D printing and optimization of printing parameters. LWT-Food Sci Technol 87:67-76. https://doi. org/10. 1016/j. lwt. 2017. 08. 054

［32］Zoran A, Coelho M（2011）Cornucopia:the concept of digital gastronomy. Leonardo 44:425-431